LINYI GENGDI

# 临沂耕地

丁文峰　姚　静　陈乃存　赵锦彪　主编

中国农业出版社
北　京

# 编 辑 委 员 会

　　"地者，万物之本原，诸生之根菀也。"（《管子·水地》）有了土地，才有了人类文明与社会发展，才有了大千世界和万物众生。"有土斯有人，万物土中生"，这已是尽人皆知的道理。

　　习近平总书记多次强调，土地是人类生存和经济社会发展的重要基础，是安邦定国的基本依托，耕地是我国最为宝贵的资源，是粮食安全的重要保障，要像保护大熊猫一样保护耕地。我国人口众多、人均土地资源相对不足，人多地少的矛盾日益突出。目前，我国以不到世界10％的耕地，养活了世界近20％的人口，这里面既离不开国家对耕地保护和质量提升的重视，也离不开国家对有限耕地资源的合理利用和科学管控。然而，对于我们这样一个发展中国家来说，土地问题始终是现代化进程中一个带有全局性、战略性的重大问题，经济建设占用一定数量的耕地不可避免，土地供需矛盾日益尖锐的趋势短期内无法改变，这就要求我们必须坚持最严格的耕地保护制度，摸清家底，坚守红线，切实提高耕地的利用效率，保护和提升耕地质量。

　　临沂市耕地地力调查与质量评价始于2007年，根据《农业部办公厅和财政部办公厅关于申报2007年测土配方施肥补贴项目实施方案及补贴资金的通知》要求，开展测土配方施肥的项目县，需同时开展耕地地力调查与评价工作。2007—2011年，历经5年时间，全市12个项目县完成了耕地地力调查与评价工作，并通过了省级验收。从 2012 年开始，转入市级耕地地力评价与汇总阶段，到 2015 年底，完成了市级耕地地力评价与汇总，通过省级验收。后经数次资料完善，2019 年底，临沂市耕地地力调查与评价工作全部结束。

本次耕地地力调查与评价是临沂市首次对全市耕地的全面摸底，获得了大量数据和丰硕成果。《临沂耕地》是对全市耕地地力调查与评价成果的系统梳理和归纳。本书从 2017 年开始编写，几易其稿，评价成果通过与耕地现状复核，力求对全市的耕地立地条件、利用管理现状、土壤养分动态变化规律、科学施肥等准确阐述，提出耕地质量保护提升和化肥使用减量增效的建议，以便为各级领导及相关部门的决策提供理论支撑，为全市农民科学合理、安全高效利用耕地提供依据。

在临沂市的耕地地力调查与评价工作中，山东省土壤肥料总站、山东农业大学资源与环境学院、山东天地亚太国土遥感公司和临沂市统计局、气象局、自然资源与规划局等单位提供了大量的资料和技术支持；全市各县区农业农村局土肥系统科技人员在土壤基本情况调查、土样采集和化验分析工作中不辞劳苦，认真负责，该书正是他们艰辛劳动的结晶；山东金沂蒙生态肥业有限公司以提升全市耕地质量为己任，为该书的编纂修正出版做了大量的工作，一并向他们表示诚挚的感谢！

由于编者水平有限，书中存在的不足之处，敬请广大读者批评指正。

编 者

2020 年 9 月

CONTENTS 目 录

# 第一章
## 自然与农业生产概况

耕地是人类赖以生存的物质基础和农业生产的前提条件，是农业生产不可替代的重要生产资料，是保持社会和国民经济可持续发展的重要资源。耕地地力的高低与质量好坏是在多种自然条件作用下形成的，并在人类活动的影响下发生深刻变化，对农作物的产量、品质有着直接影响。对耕地进行科学的地力评价，掌握耕地和土壤资源状况、耕地肥力状况及动态变化，对指导农业生产、调整种植业结构、加强耕地质量保护与提升、提高农业综合效益、促进经济社会可持续发展，具有重要的现实意义和深远的历史意义。

## 一、自然条件

### （一）地理位置与行政区划

临沂，古称琅琊，为山东省地级市，位于山东省东南部，地近黄海，东连日照，西接枣庄、济宁、泰安，北靠淄博、潍坊，南邻江苏。临沂地处长江三角洲经济圈与环渤海经济圈结合点，位于鲁南临港产业带、海洋产业联动发展示范基地、东陇海国家级重点开发区域和山东西部经济隆起带的叠加区域。地理坐标为东经 $117°24'\sim119°11'$，北纬 $34°22'\sim36°22'$。南北最大长度 228km，东西最大宽度 161 km，总面积 17 191.2 km²，是山东省面积最大的市。

临沂历史悠久，是中华文明的重要发祥地之一，秦时属琅琊郡和郯郡。抗战时期中国共产党在临沂地区创建了沂蒙革命根据地，1945 年 8 月在莒南县大店镇成立了山东省政府。1994 年 12 月，国务院批准撤销临沂地区和县级临沂市，设立地级临沂市。临沂有临沂商城、沂蒙山、岱崮、王羲之故居、竹泉村、天上王城、汤头温泉等景点，有曾子、荀子、诸葛亮、王羲之、颜真卿、萧道成等历史名人。曾获"全国文明城市""中国最佳文化生态旅游城市""中国十佳生态宜居典范城市""中国最具投资价值十大城市""中国大陆最佳商业城市""世界滑水之城"等荣誉称号。

临沂市辖兰山、罗庄、河东 3 个区和郯城、兰陵、沂水、沂南、平邑、费县、蒙阴、莒南、临沭 9 个县，设有临沂高新技术产业、临沂经济技术、临沂临港经济 3 个开发区，共计 156 个乡镇办事处，3 990 个行政村，人口 1 113 万。临沂是一个多民族聚居市，据说有 48 个少数民族，少数民族人口 54 907，占全市总人口的 0.48%。全市行政区划及土地面积如表 1-1 所示。

表 1-1　全市行政区划及土地面积

| 县 区 | 区划代码 | 土地面积（km²） | 所辖乡镇办事处（个） | | | | 行政村（个） |
|---|---|---|---|---|---|---|---|
| | | | 合计 | 乡 | 镇 | 办事处 | |
| 全　市 | 371300 | 17 191.21 | 156 | 9 | 119 | 28 | 3 990 |
| 兰山区 | 371302 | 891.01 | 12 | | 8 | 4 | 322 |
| 罗庄区 | 371311 | 568.56 | 9 | | 3 | 6 | 119 |
| 河东区 | 371312 | 833.77 | 11 | | 3 | 8 | 189 |
| 沂南县 | 371321 | 1 719.28 | 15 | 1 | 13 | 1 | 296 |
| 郯城县 | 371322 | 1 195.12 | 13 | 3 | 9 | 1 | 160 |
| 沂水县 | 371323 | 2 413.96 | 18 | 1 | 16 | 1 | 359 |
| 兰陵县 | 371324 | 1 724.02 | 17 | 1 | 15 | | 600 |
| 费　县 | 371325 | 1 659.90 | 12 | 2 | 9 | 1 | 421 |
| 平邑县 | 371326 | 1 822.95 | 14 | | 13 | 1 | 515 |

（续）

| 县 区 | 区划代码 | 土地面积（km²） | 所辖乡镇办事处（个） | | | | 行政村（个） |
|------|---------|----------------|------|------|------|--------|----------|
| | | | 合计 | 乡 | 镇 | 办事处 | |
| 莒南县 | 371327 | 1 750.85 | 16 | | 15 | 1 | 242 |
| 蒙阴县 | 371328 | 1 601.61 | 10 | 1 | 8 | 1 | 345 |
| 临沭县 | 371329 | 1 010.19 | 9 | | 7 | 2 | 236 |
| 高新区 | | | | | | | 38 |
| 开发区 | | | | | | | 72 |
| 临港区 | | | | | | | 27 |

## （二）地形地貌

临沂地处鲁中南低山丘陵区东南部和鲁东丘陵南部，在地质构造上以断裂构造为主，地势西北高东南低，地形起伏较大。自北而南，有鲁山、沂山、蒙山、尼山四条主要山脉呈西北东南向延伸，控制着沂沭河上游及其主要支流的流向。以沂沭河流域为中心，北、西、东三面群山环抱，向南构成扇状冲积平原。按土壤普查分类标准，全市地貌类型的大体比例是四山三丘三分平。全市地形复杂，差异明显，山区重峦叠嶂，千峰凝翠，丘陵逶迤蜿蜒，连绵起伏，平原坦荡如砥，一望无际，河道纵横交差，碧水如练。

### 1. 山地

全市山地集中分布于西北部的沂水、沂南、平邑、蒙阴、费县等县境内。山体大多由结晶岩构成，也有沉积岩盖层构成的，或者下部是结晶岩、上部是沉积岩。结晶岩山体与沉积岩山体并存，是本市山地的突出特征。

结晶岩构成的山体，通称"沙石山"，主要有蒙山山系、四海山山系、鲁山山系、沂山山系和崤子山山系，占全市山地面积的60％。这类山地岩石组成以黑云母混合片麻岩、斜长角闪岩、黑云母变粒岩和多种混合岩为主，变质深，片理、节理发达，褶皱紧密。山体表面的岩石由于长期出露地表，经风化剥蚀，多形成厚层松散的沙粒状物质，结持力弱，易流失。

沉积岩构成的山体，通称"青石山"，占山地面积的 40％，多与"沙石山"相间，在山地的南北两侧分布。沉积岩以寒武、奥陶两系为主。海拔高度一般为 300～400 m。寒武系地层以一套红色、紫红色页岩和厚层鲕状灰岩或薄层灰岩为主；奥陶系以厚层灰岩为主。此外，石炭纪中上统和二叠纪的沙页岩、薄层灰岩及煤互层在市辖三区附近也有分布；蒙阴、费县一带还有典型的白垩纪岩层。

中切割中山主要分布在费县、平邑、蒙阴三县交界处和沂水的北部，包括蒙山山系和鲁山山系，其特点是：全部由前震旦纪的变质岩组成，山体峻拔陡峭；海拔高度在 800 m 以上。山地顶部一般平坦，并发育有肥沃深厚的土层，向下山坡呈阶梯状，陡缓相间，由于风化物较厚，植被一般较茂密。

中切割低山主要分布于沂水、沂南、蒙阴和平邑、费县南部，海拔高度为 300～500 m，山体较陡峭，相对高度 200 m 以上。在中切割低山山体中既有"沙石山"，也有"青石山"，还有基部为沙石、上部为厚层灰岩（青石）的方山，群众叫作"崮"，切割深、坡度大而水土流失严重。

浅切割低山主要分布在莒南县与日照市交界处和蒙阴县城南北两侧，以及沂水县的北部。这类山地多由结晶岩构成，相对高度为 80～200 m，坡度稍缓，土层较深厚。

### 2. 丘陵

丘陵区主要分布在沭河以东，海拔高度为 50～200 m，自然条件虽不及平原优越，但由于地近黄海，气候湿润，是省内著名的茶乡和花生种植基地。

20 世纪 90 年代前，临沂市域山、丘区面积占全市总面积的 70％以上，是仅次于烟台和泰安的多山丘地区；20 世纪 90 年代后，由于日照、沂源和莒县 3 个多山丘县市被相继划出，使全市的山地、丘陵面积大为减少，山、丘区与平原区的比例现分别占全市总面积的 60.3% 和 39.7%。由于比例的明显变化，临沂市域山、丘区面积占总面积的比例已由全省第三位降至第六位，退出了多山区地市的行列（前 5 个市的山、丘区均占其总面积的 70% 以上），成为平原与山丘呈四六开分布的地市（属于这一类型的还有潍坊和淄博两市）。这一地形结构的明显变化，将在客观上减轻山区致富奔小康的负担，有益于临沂的经济腾飞。

全市丘陵主要分布于山地外围，在沂河以东分布最广，多由结晶岩组成。

**(1) 高丘**

主要分布在沂水的高桥和兰陵的车辋一带。这类丘陵由寒武纪灰岩、奥陶纪灰岩、二叠纪凝灰岩等沉积岩和混合岩化变质岩、泰山杂岩等结晶岩组成，切割程度大，相对高度为 100～150 m，坡度较陡，土层薄且沙砾多。

**(2) 中丘**

主要分布在莒县、沂水、沂南三县交界处，莒县南部，市辖三区北部、西部，莒南南部、西北部，蒙山山体的东部、北部，兰陵县东北部，平邑县西南部和临沭县东北部。中丘起伏不大，相对高度较小，土壤沙性大，适耕性好，但保水保肥能力差。

**(3) 低丘**

主要分布于莒南南部和郯城的东部。低丘相对高度不大，坡度较小，土层较深厚。

**(4) 缓丘**

主要分布在莒县南部，市域东部有连片分布。缓丘地区剥蚀强烈，土层较薄，农作物产量很低。

**3. 平原**

全市平原多由河流冲积、洪积而成，表层附有深厚的第四纪冲积、洪积物。相对高度不大于 20 m，土壤深厚肥沃，是本市主要产粮区。

沂沭河冲积平原主要分布在沂水南部，沂南东部，市辖三区东部，兰陵、郯城北部，由沂、沭两大河流冲积而成。土层深厚，土壤肥沃，适种各种粮食作物和蔬菜。

山间沟谷平原集中分布于费县、平邑县中部，蒙山前平坦谷地和蒙阴、沂南、沂水等县的山间沟谷之中，主要由冲积扇群和河流冲积物组成。虽相对高差变化较大，但在一个小范围内，比较平坦，土层深厚，质地适中，适种小麦、玉米等作物。

涝洼平原主要分布于兰陵县、郯城县南部。海拔不足 50 m，相对高度小于 20 m，比降为 0.4‰，汇水面积大，土壤黏重，排水不畅，易涝，多种小麦和水稻。

## （三）成土母质

母质是形成土壤的物质基础，母质的性质对土壤的形成和性质起积极的作用。本市成土母质类型较多，在山丘地区主要为各种岩石风化物，分为残积-坡积物、坡积-洪积物，在平原区则为各类洪积-冲积物、冲积物等，此外，还有红土堆积物和零星黄土。

### 1. 残积-坡积物

残积-坡积物在山地丘陵区、山地与丘陵的岭坡台地和剥蚀平原上。残积-坡积物以岩浆岩风化物为主，沉积岩次之。从抗风化能力方面分析，一般岩浆岩高于沉积岩，酸性盐大于基性岩，但由于各类母质风化的时间长短不同，所处的外界条件和人为干扰也不一样，因而至今风化壳的厚度与上述序列并不完全一致，一般说来，东部较西部厚，但很少超过 2 m，多数少于 1 m，根据母岩性质不同，将残积-坡积物分为酸性岩类、基性岩类和钙质岩类 3 种类型。

### （1）酸性岩类残积-坡积物

各类酸性岩主要由花岗岩、花岗片麻岩、角闪片麻岩等风化物组成，分布最为广泛，在沭东丘陵分布最为集中。其风化物化学全量组成 $SiO_2$ 为 65.83%、$CaO$ 为 2.43%、$Al_2O_3$ 为 15.68%，呈酸性反应，多形成粗骨棕壤。

### （2）基性岩残积-坡积物

在临沂市北部山区蒙阴县的城关和沂水县的马站、圈里分布集中，但面积较小，约为 54.55 万亩[1]，母岩多为安山岩、玄武岩、侏罗纪凝灰岩等，成土母质质地较细，多形成粗骨褐土，颜色较深，钙、镁、钾、钠等盐基离子含量丰富。

**(3) 钙质岩残积-坡积物**

石灰岩及钙质沙、页岩风化物，主要分布于临沂市石灰岩体上，其化学全量组成 $SiO_2$ 为 66.08%、$CaO$ 为 5.18%、$Al_2O_3$ 为 5.73%。在本市气候条件下，成土过程部分处于脱钙阶段，一般形成褐土。

### 2. 坡积-洪积物

临沂市坡积-洪积物主要分布于山丘地区的山麓、岭坡的缓坡地段，山前洪积扇和沟谷两岸阶地上，厚度一般为 1~2 m，坡积-洪积物由于搬运距离短，分选作用差，含有大量棱角砾石，在化学组成上与坡积物差别不大。因坡积、洪积物来源不同，分为两类：一类为酸性盐区的坡积-洪积物，棕色或者红棕色，质地沙壤至中壤。呈酸性至微酸性反应，pH6.5~6.8，无石灰反应，为普通棕壤和潮棕壤的成土母质。另一类为石灰岩区或钙质沙、页岩区的厚层坡积-洪积物（不包括地质时间更早的红土），棕色或褐色，质地为中壤，呈中性至微碱性反应，pH6.8~7.5，有不同程度的石灰反应。

### 3. 洪积-冲积物

临沂市洪积-冲积物主要分布于河流上游沿岸，厚度较大，一般为 2~3 m，底部有鹅卵石，剖面中也有一定数量的砾石，但从质地来说，较坡积-洪积物细。洪积-冲积物也有酸性岩洪积-冲积物和钙质岩洪积-冲积物之分，在化学组成和其他性状上与坡积-洪积物基本相同，酸性岩洪积-冲积物多发育形成潮棕壤、棕壤，钙质岩洪积-冲积物多发育形成潮褐土、褐土。

### 4. 冲积物

临沂市冲积物主要为第四纪以来因河流泛滥而形成的河流沉积

---

[1] 亩为非法定计量单位，15 亩＝1hm²。

物，主要分布于河流中下游的冲积平原，地势平坦、土层深厚、地下水位1～3 m。由于冲积物搬运距离长，分选作用好，故质地较细，无砾石，冲击层次可辨，各种岩石风化物混杂，多数无石灰反应，但局部、零星有石灰反应，pH6.5～7.0，冲积物母质类型多，形成潮化土壤。

### 5. 红土及黄土堆积物

红土及黄土是新生代期间的疏松堆积物，其成因虽不同，但土层深厚、质地均一、盐基饱和度高为其共同特点，对土壤形成有特殊影响。

红土主要分布于石灰岩山区坡麓地带，多呈环形带状分布。临沂市红土厚度变化较大，一般为数米，以红棕色为主，多系下更新统所堆积，质地黏重，多为重壤至黏土，粗粉沙含量较黄土低，而黏粒含量却显著增多，$CaCO_3$含量甚微，$Fe_2O_3$和$Al_2O_3$的含量都高于黄土，土体中常见有铁锰结核，下部多见砂姜，有的砂姜甚至和基底岩石胶结在一起。由于该母质风化时间长，淋溶强烈，故土体中钙质含量较少，红土母质多形成淋溶褐土。

临沂市黄土母质仅在北部山区有零星分布，多残存于山间谷地与坡麓地带，面积较小，且不成片。

## （四）自然气候

临沂市气候属暖温带亚湿润季风区大陆性气候，气温适宜，四季分明，光照充足，雨量充沛，雨热同季，无霜期长。春季回暖快，少雨多风，气候干燥，常有干旱、寒潮、晚霜冻灾害性天气；夏季温高湿重，雨量充沛，盛东南风，洪涝、大风、冰雹灾害性天气较为频繁；秋季气温急降，雨量骤减，天气晴和，凉爽宜人，亦有秋旱或连阴雨灾害性天气出现；冬季寒冷干燥，雨雪稀少。

### 1. 太阳辐射能

临沂市年太阳总辐射量为490～527 kJ/cm²，蒙阴、平邑一带为高值区，年总辐射量均为502.08 kJ/cm²，沂沭河两岸为低值区，年总辐射量在490～498 kJ/cm²。尽管临沂市各县区年总辐射量不尽相同，但太阳辐射能月际变化基本一致，即 1～5 月月总辐射量逐渐增加，6～12 月月总辐射量逐渐减少，且 2～3 月增加幅度最大，6～7 月和 10～11 月减少幅度最大。

### 2. 气温

临沂全年平均气温为 14.5 ℃，年平均最高气温为 18 ℃，年平均最低气温为 8 ℃。极端最高气温为 42.5 ℃，最低气温为 −24.1 ℃，在 20 世纪 50 年代，冬季最低气温曾达 −24 ℃。一般西部气温高于东部，南部气温高于北部，沿海气温低于同纬度的内陆。最热日出现在 7～8 月，平均气温为 25.4～26.3 ℃；最冷日在 1 月，平均气温为 −2.8～−1.1 ℃。全市秋温高于春温，冬夏寒暑分明。

全市≥0 ℃的积温为 4 600～5 000 ℃，沂水县的马站最低，为 4 563 ℃，费县最高，为 4 997 ℃；≥10 ℃年积温费县最高，为 4 509 ℃，其余各县市为 4 200～4 400 ℃。全市无霜期为189～230 d，总的趋势是南部长于北部，沿海长于内陆，一般各地在 200 d 左右。

### 3. 降水

临沂市为全省降水量最丰沛地区。据气象资料显示，近 50 年来平均降水量为 815.9 mm，最大降水量是 1974 年的 1 179.8 mm，最小降水量是 1988 年的 510.4 mm，最大降水量是最小降水量的 2 倍。夏季平均降水量为 516.3 mm，占全年降水量的 63.3%。年降水量时空分布不均，雨量受季风影响显著，南部平原多于北部山区，春秋易旱，夏季雨量充沛。同时相对变率大，不稳定性强，一般由沿海向内陆，自东南向西北递减。

同时，反映在本市气候中，还常有旱、涝、山洪、冰雹、大风、台风、干热风、霜冻、倒春寒和三夏及秋季连阴雨等一些主要的自然灾害出现，常给农业生产带来不同程度的灾害和损失。

### 4. 蒸发

临沂市年平均蒸发量在 1 444～2 283 mm，可见蒸发量远大于降水量。蒙阴县蒸发量最大，年平均蒸发量为 2 282.7 mm，其次为平邑，年平均蒸发量为 2 096.4 mm，其他县市年平均蒸发量多在 1 700～1 900 mm，年蒸发的大小分布总的趋势是：由东南到西北、由沿海到内陆逐渐增加，北部山区蒸发量大于南部平原。蒸发量的月际变化与降水量的月际变化基本一致，1 月最小，一般在 46.7～62.4 mm，此后逐月增加，北部山区 5 月为全年蒸发量之最大月份，为 270～330 mm，其他各地 6 月蒸发量最大，多在 250～260 mm。

**5. 风**

受地理环境和季风影响，全年各地盛行风向不一致，多为西北、北、东北、东南和西南风。年平均风速为 3.0 m/s 左右，是全省风速最小的地区之一，春季风速为 4.0 m/s 左右。

**6. 日照**

据相关气象分析数据显示，临沂全年平均日照时数为 2 385.2 h，日照率为 55.0 %。最多年日照时数为 1992 年的 2 728.0 h，最少年日照时数为 1977 年的 1 991.7 h，两者相差 736.3 h。日平均气温稳定 0 ℃，日照时数为 2 247.2 h，占全年的 94.2%；日平均气温稳定 20 ℃，实际日照时数为 860.3 h，占全年的 36.1 %。一年中实际日照时数平均以 5 月最多，为 241.6 h，日照率为 58%；12 月最少，为 171.4 h。从历年日照变化过程看，年日照时数呈明显的线性减少趋势，山区受山峰遮光影响，实际日照时数减少。

# （五）水文地质条件

临沂市水资源丰富，水质优良，大多符合人畜饮水和工农业用水标准。多年平均年地表水资源量为 51.6 亿 $m^3$，水资源总量为 59.6 亿 $m^3$。

**1. 河流**

临沂市境内水系发育呈脉状分布。有沂河、沭河、中运河、滨海四大水系，区域划分属淮河流域。主要河流为沂河和沭河，较大支流有东汶河、蒙河、柳青河、祊河、涑河、李公河、白马河等，流域面积超过 10 790 km²，中小支流 15 000 余条，10 km² 以上河流 300 余条。

**(1) 沂河**

沂河古称沂水，是淮河流域泗沂沭水系中较大的河流。位于山东省南部与江苏省北部，曾为古淮河支流泗水的支流。沂河发源于沂源县，有南、北两源。北源源于沂源县西北三府山；南源为大张庄河，为沂河主源，发源于沂源县西南县界牛角山北麓（另传统称源出鲁山），北流过沂源县城后折向南，干流经沂源、沂水、沂南、临沂、兰陵、郯城，流入江苏省邳州，至骆马湖，又东出湖经新沂河由灌河口入黄海。河全长 386km，其中山东省境内河长 287.5 km。流域总面积为 11 600 km²，其中山东境内 10 772 km²。山东境内河道平均比降为 0.155%，流域内支流密布，较大支流都从右岸注入。

**(2) 沭河**

沭河发源于山东省沂山南麓，流经沂水、莒县、河东、临沭、郯城等县区，至江苏境内流入黄海。临沂市境内流长 252.6km，最大流量为 7 290 m³/s（1974 年）。沭河，古称沐水，后作沭水，早在战国时期的著作《周礼·职方氏》中就有记载："正东曰青州……其浸沂、沭。"意思是：正东地区是青州，那里有沂河和沭河可供灌溉田地。较大支流有浔河、高榆河、汤河分沂入沭水道、夏庄河、朱范河等，流域面积为 5 320 km²。每到汛期由于排泄不畅，常引起洪水泛滥。中华人民共和国成立后，通过整治，沭河分二路入江苏省：一路循沭故道，由山东省临沂市大官庄南下江苏，经新沂市，到沭阳县进新沂河入海；一路由大官庄向东，另辟新沭河入江苏注入石梁河水库，然后沿东海县、赣榆区界上的沙河故道，至连云港市的临洪口入海州湾。沂沭两河流域面积占全市总面积的 70% 以上。

**(3) 中运河**

中运河原为发源于山东的泗水下游故河道，后为黄河所夺，又为南北漕运所经，成为大运河的一部分。属中运河水系的河流有武河、武河引洪道、东加河、西加河和燕子河等，都经兰陵县境内，南至江苏省境流入中运河。

**(4) 滨海水系**

滨海水系河流有绣针河、相邸河、青口河等，皆入黄海。境内河流，均属山洪河道，上游支流众多，源短流急，雨季洪水暴涨，峰高量大，而枯水季则多数断流。

**2. 水库**

全市有大小水库90座，库容量为34亿 m³。境内建有岸堤、跋山、沙沟、陡山、许家崖、唐村、会宝岭等大型水库7座，中型水库29座，小型水库899座，拦河闸坝22处。沂沭河下游兴建了沂河沭河洪水东调工程和武河分洪工程，兴利除害，河流状况大为改善。

**(1) 岸堤水库**

岸堤水库位于蒙山北麓，沂河支流东汶河上，坝址坐落在东汶河与梓河交汇处。1959年11月兴建，1960年4月竣工蓄水。岸堤水库是山东省第二、临沂市第一的大Ⅱ型水库，控制流域面积为1 690 km²，总库容为7.49亿 m³，相应水位为180.0 m；兴利库容为4.51亿 m³，相应兴利水位为176.0 m；警戒水位为177.8 m，相应库容为5.85亿 m³；死水位为160.3 m，相应死库容为2 000万 m³。1989年开始，对水库投资5 914万元进行除险加固，1997年竣工验收，工程质量达到优良等级，水库达到百年一遇设计标准（三日净雨340 mm，最大洪峰13 770 m³/s，进库水量5.77亿 m³）、万年一遇校核标准（三日净雨1 040 mm，最大入库洪峰流量31 020 m³/s，进库水量17.6亿 m³）。

**(2) 跋山水库**

跋山水库位于沂水县城西北15 km处，水库最宽处1 200 m，总库容为5.2亿 m³，为山东省第三大水库，被誉为"沂蒙母亲湖"。1959年10月兴建，1960年5月建成蓄水，后经1968年和1977—1979年两次加高至最大坝高33.65 m，最大水域面积为1 799 hm²，兴利库容为2.67亿 m³，总库容为5.28亿 m³，控制流域面积为 1 782 km²，位居全省第三。保护着下游山东、江苏两省境内 9 个县市（区）150 万人口，210 万亩耕地及兖石、陇海、青沂铁路，京沪、日东高速公路等国家和人民群众财产的安全。

**（3）沙沟水库**

沙沟水库位于沂水县沂山南麓，是沭河干流上游的一座以防洪、灌溉为主，兼顾发电、养殖等综合功能的大Ⅱ型水库。1959年建成蓄水，控制流域面积为 163 km²，总库容为 1.04 亿 m³，兴利库容为 0.46 亿 m³。除渔业和发电外，累计灌溉农田 5 万 hm²。沙沟水库灌区设计灌溉面积为 12.9 万亩，有效灌溉面积为 5.1 万亩，多年平均实灌面积为 3.0 万亩。2005 年 7 月，沙沟水库除险加固主体工程建设基本完成。水库工程原有险情全部消除，水库防洪标准为 100 年一遇设计，5 000 年一遇校核。

**（4）陡山水库**

陡山水库位于莒南县城北 17km 处，坐落在沭河一级支流浔河中下游，控制流域面积为 431 km²，水库总库容为 2.92 亿 m³，兴利库容为 1.7 亿 m³，是一座以防洪、灌溉为主，兼有发电、水产养殖、旅游等综合功能的大Ⅱ型水库。陡山水库于 1958 年 9 月兴建，1959 年 7 月竣工。水库多年平均灌溉面积为 8.7 万 hm²，水库电站自 1977 年投产发电至 2005 年，已累计发电 6 956 万 kW·h，平均年发电量为 240 万 kW·h。

**（5）许家崖水库**

许家崖水库，又名天景湖，位于费县境内，是温凉河上游的以防洪、灌溉为主，结合发电、供水、养殖等综合功能的大Ⅱ型山区水库。控制流域面积为 580 km²，总库容为 2.929 亿 m³，是山东省八大水库之一。许家崖灌区开发于 1960 年 11 月，灌溉面积为 8.2 万 hm²，控制灌溉 6 个乡镇、212 个自然村的土地。到2005 年，共发电 8 670 万 kW·h。许家崖水库建成后不断增加配套、加固、完善，先后完成了灌区开发建设、水库溢洪闸续建工程、水电站工程和水库大坝加固改造工程。灌区内地势西高东低。灌区内作物以小麦、水稻、玉米为主，是费县的主要商品粮生产基地。

**（6）唐村水库**

唐村水库位于平邑县境内祊河上游，是一座以防洪、灌溉为主，兼顾旅游、发电、养鱼等综合功能的大Ⅱ型水库。唐村水库于1959年建成，控制流域面积为263 km²，总库容为1.44亿m³，兴利库容为0.944亿m³。唐村水库设计灌溉面积为1.12万hm²，有效灌溉面积为6 611.67 hm²，灌溉平邑县、泗水县7个乡镇、175个自然村的土地。1981年建成唐村水库电站，总装机容量为1 655 kW，至2005年共发电2 234万kW·h。

**（7）会宝岭水库**

会宝岭水库位于淮河水系中运河支流西泇河上游，位于兰陵县（原苍山县）城西北部西泇河源头，是由南北两库中间有连通沟连接的连环库。水库流域面积为420 km²，总库容为1.97亿m³，兴利库容为1.03亿m³。会宝岭水电站自1979年运行以来，年平均发电量为140万kW·h，水库宜养殖水面为1 147 hm²，有效灌溉面积为7 533 hm²。灌区以小麦、玉米、水稻等农作物为主。近年来，灌区内蔬菜特别是大棚蔬菜种植发展迅猛，使兰陵县成为著名的"山东南菜园"，带动了兰陵经济的发展。

**3. 地下水**

**（1）地下水资源种类及赋存特征**

根据地下水赋存条件、岩石的水理性质及地下水的水力特征，临沂市地下水可分为松散岩类孔隙水、碎屑岩类孔隙-裂隙水、碳酸盐岩类裂隙-岩溶水和基岩裂隙水4种类型。

①松散岩类孔隙水。主要分布于市区、郯城和兰陵境内冲积平原、蒙阴和平邑谷地、沂沭河断裂带的地堑区域、山前倾斜平原和山间河谷地带。含水岩层为冲积洪积沙砾石层、冲积沙砾层及残坡积薄层沙夹层。一般为潜水，局部微承压，水位埋深1~3 m，含水层厚度为5~20 m，最大可达120 m，水化学类型以重碳酸钙型水为主，矿化度<0.5g/L，pH7.0~8.5。冲积洪积平原区一般单

井涌水量为 1 000～3 000 m³/d，最大可达 5 000 m³/d，坡积残积地段单井涌水量＜100 m³/d。

②碎屑岩类孔隙-裂隙水。主要分布于沂沭断裂带内的沂水盆地及其两侧、蒙阴盆地及马陵山附近。含水层为第三系、白垩系和侏罗系、二叠系和石炭系的砾岩、沙岩和黏土岩及薄层泥灰岩等。地下水多赋存于风化裂隙及构造裂隙中，风化裂隙一般含水较少，出水量均＜100 m³/d；构造裂隙含水量较大，单井最大可达1 000 m³/d。该类地下水属重碳酸盐钙型水，矿化度＜1 g/L，pH 7.0～8.5。

③碳酸盐岩类裂隙-岩溶水。在本区分布相当广泛，主要分布于蒙阴谷地和平邑谷地、沂水—夏家楼和沂南—葛沟、马牧池—依汶和探沂—临沂、岔路口以西和费县、兰陵一带。含水层由震旦系、寒武系、奥陶系灰岩、页岩和沙岩组成。在低山丘陵区以潜水为主，地下水位深，富水性较差，多形成缺水区。在单斜构造的前缘，地形平坦，含水层隐伏于第四系或埋藏于其他地层之下，地下水具承压性，多形成富水地段，局部以泉的形式排泄，单井涌水量＜500 m³/d，个别地段为500～1 000 m³/d。多为重碳酸型及重碳酸钙型水，矿化度＜0.5 m/L，pH7.0～8.5。

④基岩裂隙水。该类岩石的富水性一般较弱，单井涌水量＜100 m³/d，构造条件有利地段涌水量可达500 m³/d。分布于沂沭断裂带以东的莒南、临沭县及蒙阴、沂水、平邑等县的低山丘陵区。含水层由片麻岩、片岩、安山岩、玄武岩凝灰岩、混合花岗岩等组成。地下水赋存于构造裂隙和风化裂隙中。因此，地下水的富集程度取决于裂隙的发育状况，此类岩石的裂隙发育深度为5～15 m，最大可达30 m，水位埋深为1～5 m。水化学类型属重碳酸钙钠型及重碳酸氯化钙钠型，矿化度为0.5～1.0 g/L，pH 7.0～8.5。

**（2）地下水资源开发利用状况**

①地下水资源的地区分布。临沂市地下水的主要补给来源是大气降水入渗，地区分布特征受地形、地貌和地层岩性、地质构造和

降水影响较大。一般山区地下水资源量较小，平原区相对较大；基岩区相对较小，松散岩区相对较大；裂隙岩溶发育的区域较不发育的区域大。地下水最丰富的地区是沂沭河冲积平原区，包括临沂市区、郯城、兰陵等地；地下水最贫乏的地区是沭东丘陵及山区，包括莒南、平邑和蒙阴等地（表1-2）。

表1-2 临沂市地下水资源

| 县区 | 资源量（×$10^4$ $m^3$） | | | | 可采量（×$10^4$ $m^3$） | | | | 模数（×$10^4$ $m^3$/$km^2$） | | |
| --- | --- | --- | --- | --- | --- | --- | --- | --- | --- | --- | --- |
| | 多年平均 | 50% | 75% | 95% | 多年平均 | 50% | 75% | 95% | 总补给 | 资源 | 可开采 |
| 全市 | 236 312 | 231 176 | 193 385 | 150 735 | 181 060 | 172 344 | 144 999 | 113 854 | 14.3 | 13.8 | 10.5 |
| 市区 | 41 843 | 41 094 | 33 474 | 25 524 | 33 420 | 32 752 | 26 736 | 20 386 | 26.0 | 24.0 | 19.0 |
| 郯城 | 30 221 | 29 646 | 25 633 | 20 913 | 23 866 | 23 434 | 20 399 | 16 833 | 24.2 | 23.1 | 18.7 |
| 兰陵 | 32 022 | 31 429 | 26 624 | 20 877 | 29 296 | 24 049 | 20 446 | 16 163 | 18.2 | 17.8 | 14.1 |
| 莒南 | 14 630 | 14 394 | 12 241 | 9 685 | 9 596 | 9 444 | 8 052 | 6 401 | 8.5 | 8.4 | 5.5 |
| 沂水 | 24 946 | 24 224 | 19 897 | 15 006 | 17 989 | 17 471 | 14 361 | 10 846 | 10.5 | 10.3 | 7.4 |
| 沂南 | 23 205 | 22 576 | 18 653 | 14 140 | 17 459 | 17 164 | 14 153 | 10 877 | 13.4 | 13.1 | 9.8 |
| 蒙阴 | 16 073 | 15 656 | 12 945 | 9 888 | 11 625 | 11 439 | 9 540 | 7 398 | 10.5 | 10.5 | 7.3 |
| 平邑 | 17 325 | 16 908 | 14 157 | 11 253 | 12 813 | 12 515 | 16 569 | 8 516 | 9.9 | 9.5 | 7.0 |
| 费县 | 24 407 | 23 763 | 19 842 | 15 387 | 17 180 | 16 361 | 14 068 | 11 025 | 13.3 | 12.8 | 9.0 |
| 临沭 | 11 640 | 11 486 | 9 919 | 8 062 | 7 816 | 7 715 | 6 675 | 5 414 | 11.3 | 11.2 | 7.5 |

②开发利用现状。目前，临沂市地下水资源的利用率仅为39.4%，远低于全省69%的利用率，也比本市地表水利用率低15.1%，在全市水资源利用总量中地下水仅占21.3%，可见其开发利用潜力之大。地下水水质好、污染轻，是理想的饮用水源，应该得到充分的开采利用。

## （六）动植物资源

生物资源种类较多。全市有高等植物151科，1 043种（包括变型或亚种）。其中木本植物 65 科，367 种，主要有油松、赤松、侧柏、刺槐、板栗、柿子、核桃、山楂、梨、苹果、桃、杏、花椒、杨、柳、泡桐、马尾松、水杉、毛竹、茶树、紫穗槐、胡枝子、酸枣、白蜡、荆条等。

有动物约 14 纲，1 049 种，其中淡水鱼 15 科 57 种，鸟类 37 科 171 种，哺乳类 7 目 25 种。

临沂市盛产金银花、银杏、大蒜、板栗、山楂、黄梨、苹果、花椒、蚕茧、白柳、琅琊草、全蝎、蟾酥等。

## （七）矿产资源和土地资源

### 1. 矿产资源

矿产资源种类较多，分布广泛。已发现矿产 84 种，其中金属矿产 17 种，非金属矿产 45 种，燃料矿产 1 种，水气矿产 3 种。占全省已发现 140 种矿产的 47.14%。主要矿产有铁、钛、铜、铅、铝、金、银、金刚石、耐火黏土、白云岩、萤石、重晶石、明矾石、石英砂岩、陶瓷土、页岩、黏土、花岗石、石灰岩、石膏、玄武岩、河沙煤、矿泉水、地热及宝石、玉石、彩石、砚石等。已探明储量的矿产 25 种，占全省探明储量的 37 种矿产的 34.25%。白云岩储量居全国第一位，金刚石储量居全国第二位，石英砂岩、陶瓷土、明矾石、白云岩、黏土、花岗石矿产储量居全省第三位。全市已开采的矿产 37 种，共有各类矿山 1 650 座。天然饮用矿泉水资源丰富，质量上乘，产地 15 处，矿泉水含锶、硅、锂、锌、钼等多种元素。临沂市共发现地热异常区 49 处，总面积为 1 417.85km$^2$，预计远景地热资源总量为 $5.4 \times 10^{18}$ J，相当于 1.84 亿 t 标准煤的产热量。河东汤头温泉和沂南县新王沟温泉均为高温热水，水温分别为 66 ℃和 72～74 ℃，水量分别为 200～300 m$^3$/d 和 73.71 m$^3$/d。前者矿化度为 3.74 g/L，pH3.73，氡气 $59.2 \times 10^3 \sim 66.6 \times 10^3$ Bq/m$^3$，属裂隙氯化物钠钙型高温泉水；后者为含氟高温矿化度硫酸盐氯化物钠钙型水，都是著名的疗养温泉。

## 2. 土地资源

全市土地总面积为 1 719 121.3 hm²，其中耕地 844 732.39 hm²，占比 49%；园地 105 797.44 hm²，占比 7%；林地 196 610.30 hm²，占比 11%；草地 56 293.55 hm²，占比 3%；城镇工矿用地 231 102.77 hm²，占比 13%；交通运输用地 63 006.97 hm²，占比 4%；水域及水利设施用地 101 753.91 hm²，占比 6%；其他土地 119 823.85 hm²，占比 7%。境内西部、北部为山区，东部为丘陵区，中南部为平原。全市农作物播种面积为 108.6 万 hm²。山地丘陵为林果业、畜牧业主要基地，盛产黄烟、花生、甘薯、玉米等。沂沭河冲积平原土层深厚，土质肥沃，灌溉便利，是粮食和蔬菜的主要产区。沂沭河冲积平原为山东三大粮仓之一。

土壤分为棕壤、褐土、潮土、砂姜黑土和水稻土五大类，11 个亚类。棕壤面积为 84.03 万 hm²，主要分布于沭东丘陵和蒙山、四海山等山体及其周围。棕壤剖面为红棕色，呈微酸性或酸性反应，pH6.5 左右，分为棕壤、白浆化棕壤、潮棕壤和棕壤性土。除一部分棕壤性土作为林地外，其余大部分已垦为农田。褐土面积为 60.57 万 hm²，主要分布于沂、沭河以西石灰岩山体上及其周围。土壤剖面中部有明显的淋溶淀积黏化层，并有明显的褐色胶膜及钙质斑点或斑纹，一般为中性到微碱性，有微弱或中度石灰反应。分为褐土、淋溶褐土、潮褐土、褐土性土和石灰性褐土。潮土面积为 24.48 万 hm²，分布于沂、沭河及其他河流两岸，临郯苍平原及滨海平原上。质地适中，土体中无障碍层，养分含量高，适宜种植小麦、玉米、棉花等作物。分为普通潮土、湿潮土和盐化潮土。砂姜黑土面积为 8.14 万 hm²，分布于沂沭河冲积平原，涝洼平原和蒙山山体洪积扇缘的低洼地带。土质黏重，地下水排泄不畅，地下水位通常在 1～2 m。具有旱耕熟化的特点，适宜种植小麦、玉米、水稻、大蒜等作物。水稻土面积为 4.89 万 hm²，分布在临沂兰山区、河东区、罗庄区和郯城、兰陵等县。临沂市种稻历史较短，水稻土发育特征不太明显，属幼年水稻土亚类。

# 二、社会经济与农业生产情况

## （一）社会经济情况

2018年，临沂市各级在市委市政府的领导下，坚持以习近平新时代中国特色社会主义思想和党的十九大精神为指导，深入实施新旧动能转换工程，全市经济社会保持平稳健康发展。初步核算并经省统计局审核，全市实现生产总值4 717.8亿元，增长7.3%。其中，第一产业增加值369.68亿元，增长3.1%；第二产业增加值2 028.75亿元，增长7.6%；第三产业增加值2 319.37亿元，增长7.8%。一、二、三产业增加值占比分别为7.8%、43%、49.2%，第三产业所占比重同比提高0.7%。

### 1. 农林牧渔业

农业生产形势良好。2018年全市粮食总产量为409.2万t，同比下降1.5%；亩产419.5 kg，同比上升0.3%。生猪出栏802.3万头，同比增长3.6%；牛出栏21.3万头，同比下降22.6%；羊出栏262.5万只，同比增长4.4%；家禽出栏22 242.3万只，同比增长12.7%。肉类总产量为102.9万t，同比增长3.2%；禽蛋产量为31.2万t，同比下降4.1%；奶产量为10万t，同比增长5.5%。全市农、林、牧、渔业分别实现增加值247.1亿元、23.3亿元、80亿元和19.4亿元，农、林、牧业增加值分别比2017年增长3.5%、7.8%、1.5%，渔业增加值比2017年下降0.2%。

现代农业进一步得到发展提升。全市市级以上农业产业化龙头企业达到700家，其中国家级4家，省级82家。全市共有"三品一标"有效用标企业209家，产品350个，地理标志农产品达37个。全市新增省级农业标准化生产基地32处，累计达134处，市级优质农产品基地（园区）939个。新型经营主体蓬勃发展，全市农业专业合作社新注册1 284家，达到20 616家，其中国家示范社56家，省级示范社224家，市级示范社1 083家。家庭农场新注册1 766家，达到7 611家，其中省级示范场44家，市级示范场315

家，均居全省前列。

乡村振兴开局良好。推动主要农产品稳产提质，粮食、蔬菜、肉蛋奶产量分别达到409万t、1 418万t、190万t，新认证"三品一标"53个。推进30个田园综合体建设，示范带动农村"新六产"发展，"朱家林经验"列入全国首个田园综合体地方标准体系。加大新型农业经营主体培育力度，培训农民20万人次，新创建省级以上农业产业化龙头企业19家。扎实开展乡风文明和美丽乡村建设，改造农村危房5 678户，改造旱厕13.7万户，新改建"四好农村路"4 974km。

**2. 工业、建筑业**

工业生产平稳增长。2018年全市规模以上工业企业发展至4 376家，规模以上工业增加值增长8.7%。38个工业行业大类中有31个产值同比实现增长，增长面为81.6%。列入统计的195种工业产品中有128种产量同比增长，增长面为65.6%。主导产业支撑作用突出，八大传统优势产业完成产值7 514亿元、增长12.9%。其中，机械产业产值1 289.5亿元、增长16.4%，木业产业产值1 328.5亿元、增长9.2%，食品产业产值1 753.6亿元、增长6.4%，冶金产业产值935.7亿元、增长27%，化工产业产值752.5亿元、增长10.9%，医药产业产值499.4亿元、增长16.1%，纺织产业产值263.2亿元、增长2.8%，建材产业产值691.7亿元、增长18.9%。新兴及高端产业增长较快，四新一高产业、装备制造业、高技术制造业分别实现产值1 950.3亿元、1 689.7亿元和620.7亿元，增长22.5%、17.9%和18%。企业群体不断壮大，产值过亿元企业1 853家，完成产值8 475.1亿元、增长23.3%；611家年初以来新纳入企业实现产值571.9亿元、增长156%。全年累计工业用电355.7亿kW·h、增长9.6%。全市规模以上工业实现企业主营业务收入增长11.9%，利润增长16.8%。有1 809家企业主营业务收入过亿元。全市有资质等级的总承包和专业承包建筑企业470家，完成建筑业总产值1 002.5亿元，同比增长14.9%。全年房屋建筑施工面积9 006.6万m²，房屋竣工面积 2 653.8 万 m²。

### 3. 固定资产投资、招商引资

2018 年全市固定资产投资增长 7.8%，其中第一产业投资增长 6.2%，第二产业投资增长 8.9%，第三产业投资增长 6.8%。全市工业投资增长 7.6%，工业技改投资增长 31.6%，高新技术产业投资增长 17.8%，民间投资增长 9.5%。全市新开工亿元以上项目完成投资 1 097.2 亿元、下降 1.4%。

全市房地产开发投资完成 535.6 亿元、增长 31.4%；新开工面积 1 555.7 万 m²、同比增长 21.5%。商品房销售面积 1 357.6 万 m²、增长 17.1%；商品房销售额 788.8 亿元、增长 42.7%。

2018 年度，全市共引建招商引资项目 1 021 个，到位市外资金 852.6 亿元。

### 4. 国内市场、物价和外经外贸

消费市场运行平稳。2018 年全市社会消费品零售额 2 482.2 亿元、增长 8.5%。从行业看，批发业完成零售额 274 亿元、增长 8.6%，零售业完成零售额 2 021.8 亿元、增长 8.3%；住宿业完成零售额 17.1 亿元、增长 9.1%，餐饮业完成零售额 169.3 亿元、增长 9.5%。从区域看，城镇实现社会消费品零售额 1 936.2 亿元、增长 8.5%，乡村实现社会消费品零售额 546 亿元、增长 8.7%。从类别看，限额以上企业 27 大类商品类值中有 23 类商品保持增长、增长面达 85.2%，其中，粮油、食品类、金银珠宝类、中西药品类、化妆品类和服装鞋帽类商品零售额分别增长 15.2%、13.5%、10.4%、9.5% 和 3.6%。

2018 年末市场主体 67.7 万户，注册资本（金）10 780.3 亿元，分别增长 19.8% 和 23.7%；其中新增市场主体 14.9 万户、新增注册资本（金）2 129.2 亿元，分别增长 29% 和 15.6%。

临沂商城交易活跃。临沂商城实现市场交易额 5 056.3 亿元，同比增长 11.1%；物流总额 7 461.41 亿元，同比增长 11.2%；网络交易额 2 288.01 亿元，同比增长 27.6%，其中，网络零售额 290.94 亿元；举办展会及会议论坛 184 场次，展出面积 194.61

万 m²，实现展会成交额 154.3 亿元；实现市场采购贸易方式出口 73.4 亿元。临沂商城发展景气总指数收于 1 133.07 点、同比上涨 6.75 点，商城价格总指数收于 100.86 点、同比上涨 2.12 点。

全年居民消费价格上涨 2.6%，工业生产者出厂价格和购进价格均上涨 3.1%。

全市实现进出口总额 680.7 亿元、比 2017 年增长 0.6%，其中出口 539.2 亿元、比 2017 年增长 7.3%；备案外资项目 56 个、比 2017 年增长 55.56%，合同利用外资 20 亿元，实际利用外资 15.5 亿元、比 2017 年增长 25.37%；对外投资 2.34 亿元。

全市实现网络零售额 268.5 亿元、比 2017 年增长 22.7%。成功举办资本交易大会、临沂国际商贸物流博览会、兰陵（苍山）蔬菜产业博览会、临沂书圣文化节、秋季全国五金商品交易会等各类展会 209 个，展出总面积 202.6 万 m²。

### 5. 财税、金融

财政收支稳定增长。2018 年全市一般公共预算收入 311.8 亿元、增长 9.3%。其中，地方级税收收入 264.0 亿元、比 2017 年增长 16.0%，占一般公共预算收入的 84.7%。15 个发展主体实现一般公共预算收入 291.7 亿元、比 2017 年增长 12%。一般公共预算支出 639.1 亿元、比 2017 年增长 8.4%。其中，民生支出 516.7 亿元、比 2017 年增长 6.3%，占全市财政支出的 80.8%。2018 年税务部门收入合计 503.8 亿元、比 2017 年增长 12.3%。

全市保险机构实现保费收入 255 亿元，比 2017 年增长 6.5%。其中，财产险保费收入 78.3 亿元，比 2017 年增长 2%；人身险保费收入 176.7 亿元，比 2017 年增长 8.6%。支付各项赔款 76 亿元，比 2017 年增长 14.8%，其中，财产险业务赔付 46.9 亿元，比 2017 年增长 13.4%；人身险业务赔付 29.1 亿元，比 2017 年增长 17%。

金融业形势良好。2018 年全市金融机构人民币存款余额 6 347.6 亿元、比 2017 年增加 501.3 亿元，其中，住户存款 3 945.6 亿元、比 2017 年增加 341.9 亿元。金融机构人民币贷款余额5 088.3亿元、比 2017 年增加 616.3 亿元，其中，住户贷款2 514.9亿元、比 2017 年增加 506.5 亿元；非金融企业及机关团体贷款2 573.3亿元、比 2017 年增加 109.8 亿元。

### 6. 体育事业

体育事业蓬勃发展。2018 年临沂市共派出 347 人次参加省第二十四届运动会，共获得金牌 20 枚、银牌 6 枚、铜牌 15 枚，金牌数创历届新高；举办临沂国际马拉松、世界皮划艇冠军挑战赛等国际级赛事 2 项、国家级赛事 9 项、省级赛事 15 项，"美丽乡村"迷你马拉松、"红色之旅 沂蒙骑行"等市、县级赛事活动 513 项，参与市民达百万人次；完成市体育中心概念性设计和立项，优化提升了滨河百里健身长廊，新建农民体育健身工程 1 013 个；县乡村级体育总会实现全覆盖，完成国民体质监测 5 000 余人，新培训社会体育指导员 3 153 人。体育产业总产值保持在全省前 8 位，新增省级产业基地 2 个、引导资金项目 5 个。体育彩票销售额达 31.55 亿元，保持在全省第 3 位。

### 7. 科学技术、技术监督、安全生产

2018 年全市累计联合实施科研项目 460 项；全市共建设省级工程技术研究中心 8 家，市级技术创新战略联盟 3 家，院士工作站10 家，省级科技企业孵化器 10 家、省级众创空间 12 家，孵化面积180 万 $m^2$；与市外高等院校、科研所建立产学研合作关系企业99 家；全年共申请发明专利 2 234 件、增长 17.83％，授权 538件、下降 5.45％；创建国家知识产权示范企业 2 家，国家知识产权优势企业 12 家，山东省知识产权示范企业 18 家。

全市拥有 3 个国家级知名品牌示范区；新增山东名牌 43 个，其中新增山东省优质产品生产基地 2 个。新增 1 个国家级、19 个省级标准化试点项目，2 个国家级试点项目通过中期评估，13 个省级试点项目通过考核验收。

### 8. 居民生活、就业和社会保障、生态环境

居民收入持续增长。2018 年全市居民人均可支配收入 25 545元、比 2017 年增长 8.6％，其中，城镇居民人均可支配收入35 727

元、比 2017 年增长 7.4%，农村居民人均可支配收入 13 638 元、比 2017 年增长 8.1%。全市居民人均消费支出 13 221 元、比 2017 年增长 9.2%，其中，城镇居民人均消费支出 17 090 元、比 2017 年增长 8.6%，农村居民人均消费支出 8 698 元、比 2017 年增长 8.4%。

就业形势总体稳定。新增城镇就业 12.4 万人，城镇登记失业率控制在 2.27%。全年共组织职业技能培训 4.6 万人、创业培训 1.1 万人。

社会保障不断加强。全市共征缴各项社会保险费 279.9 亿元。城镇职工养老、城镇职工基本医疗、失业、工伤、生育保险参保人数分别达到 154.2 万人、113.6 万人、64.8 万人、102.8 万人、61.9 万人。城乡居民养老保险参保人数达到 540 万人，居民医疗保险参保人数达到 924.6 万人。

生态环境持续改善。10 个国家地表水考核断面水质达标率为 100%，36 个市控考核断面达标率为 88.7%，集中式饮用水源地水质考核指标全部达标。

## （二）农业生产情况

临沂市是一个农业大市，改革开放以来，临沂市农业生产结构已逐渐由以种植业为主的单一传统农业，逐步转变为农林牧副渔综合发展的多元化现代农业，基本实现了产加销一条龙经营、贸工农一体化发展。目前，全市现有乡镇 156 个，乡村户 2 794 486 户，乡村人口 8 887 537 人，乡村劳动力资源 5 521 489 个，全市耕地面积 1 255 万亩，粮食种植面积 975.49 万亩，是全省重要的粮食油料和蔬菜生产基地。种植业形成了以粮食、油料、黄烟等为主的传统产业，以蔬菜、林果为主的优势产业，以食用菌、花卉、中药材等为主的新兴产业。

### 1. 粮食生产

临沂市现有耕地面积 1 255 万亩，粮食作物主要有小麦、玉米、水稻、甘薯。2018 年全市粮食作物播种面积为 975.49 万亩，总产量为 409.2 万 t，每亩产量为 419.5 kg。其中小麦播种面积为 444.15 万亩，总产量为 170.16 万 t，每亩产量为 383.1 kg；玉米播种面积为 390.26 万亩，总产量为 169.42 万 t，每亩产量为 434.1 kg。水稻播种面积为 55.02 万亩，总产量为 34.61 万 t，每亩产量为 629.1 kg。花生播种面积为 256.3 万亩，总产量为 81.6 万 t，每亩产量为 318.4 kg，莒南县花生高产攻关亩产达 763.6 kg，创 2018 年全国最高纪录。近几年，随着国家粮食产业工程项目的实施、惠农政策的落实以及耕地基础地力的提升和作物栽培管理技术的提高，小麦、玉米等粮食作物播种面积和产量稳中有升，全市粮食生产供求基本平衡。

### 2. 蔬菜生产

2018 年，全市蔬菜种植面积为 202.3 万亩（含菜用瓜），总产量为 757.7 万 t，总产值为 251.4 亿元。设施蔬菜播种面积近 130 万亩，其中温室约 50 万亩、大中拱棚约 70 万亩、小拱棚约 10 万亩。临沂市种植面积在 10 万亩以上的蔬菜种类有大蒜、黄瓜、辣（甜）椒、马铃薯、大白菜、西瓜、生姜、萝卜。经过近年来的发展，临沂市蔬菜产业布局渐趋合理，特色蔬菜基地已形成规模优势，标准化生产技术不断完善，产品质量不断提高，"蔬菜规模化生产基地-产地蔬菜批发市场-运销队伍-销地批发市场"相联结的产销体系基本形成。

### 3. 果品、茶叶生产

2018 年，全市水果园面积发展到 166.8 万亩，总产 311 万 t，面积、产量分别比 2017 年增加 4.8 万亩、11 万 t；茶叶面积达到 12 万亩，干毛茶总产 0.47 万 t，面积、产量分别比 2017 年增加 1 万亩、0.06 万 t。在 2018 年中国果品区域公用品牌价值评估中，"蒙阴蜜桃"品牌价值 44.21 亿元，"沂蒙绿茶"品牌价值再创新高，达到 10.22 亿元，"沂水苹果"入选亚洲果蔬产业博览会组委会发起的 2018 年度中国最受欢迎的苹果区域公用品牌十强，彰显了我市果品品牌发展的成就。

### 4. 畜牧业生产

2018 年末，全市大牲畜存栏 23.83 万头；牛存栏 23.78 万头，其中奶牛 3.37 万头,当年出售和自宰的肉用牛有 21.31 万头;猪存栏 393.95 万头,出栏 802.26 万头;羊存栏 196.86 万只,出栏 262.51 万只;家禽存养量 7 479.54 万只,出栏 22 242.31 万只;家兔存养量 486.13 万只,出栏 711.26 万只。牛羊奶产量约 10 万 t,其中牛奶约 97 151t。肉类总产量约 102.85 万 t,其中猪肉约 63.39 万 t,牛肉约 4.49 万 t,羊肉约 3.60 万 t,禽肉约 30.44 万 t,兔肉约 9 101 t。禽蛋产量约 31.20 万 t。畜牧业产值约 108.07 亿元,占农牧渔业总产值的 27.9%。

### 5. 渔业生产

全市水产养殖面积 24 790.0 hm²,除三区外,分布比较均匀。2018 年全市水产品产量约 12.695 万 t,其中淡水捕捞约 1.55 万 t,淡水养殖约 11.15 万 t。淡水养殖主要以鱼类为主,产量占比约为 99.85%。2018 年全市渔业产值 17.04 亿元,占农牧渔业总产值的 4.4%。

### 6. 品牌农业建设

临沂市强力推进优质农产品基地品牌建设,围绕建设农产品质量安全放心市,通过抓宣传、定规划、搞示范、建基地、创品牌、拓市场、增投入,大力发展品牌农业,着力提高农产品质量安全水平。扎实开展"产自临沂"品牌提升行动,制定了临沂市农产品品牌发展规划,发布了山东省首个地市级农产品区域公用品牌"产自临沂",在全国首次引入以德务农的概念。2018 年,成功举办了第六届沂蒙优质农产品交易会、"中国·临沂草莓·大会(2018)",组织参加了上海全国优质农产品博览会、第二届中国国际茶叶博览会等展会,进一步提升了临沂优质农产品的影响力和知名度。"产自临沂"线上+线下融合发展体系初步建成。培育品牌价值过 10 亿元区域公用品牌 7 个、企业品牌 8 个,"三品一标"认证产品累计达到 1 952 个,数量居全省第一位,被评为"品牌评价示范基地"。

全市农产品标准化生产快速发展。省级标准化园区 2018 年发展到 130 家,市级农业标准化园区 507 家,"生态沂蒙山、优质农产品"知名度不断扩大。

在农产品质量安全监管方面，持续推进农产品质量安全市建设，市级追溯平台已建成。兰陵、莒南、费县、临沭、河东、沂水、郯城等 7 个县及自主创建的兰山区全部通过省级农产品质量安全县实地核查；蒙阴县通过国家级农产品质量安全县核查验收，国家级农产品质量安全县达到 2 个，分别是沂南县和蒙阴县。

### 7. 休闲农业建设

临沂市大力发展休闲农业，着力提高农业"新六产"融合发展水平。市委市政府将农业"新六产"作为 8 大新兴产业之一，着力实施新旧动能转换工程。各县区提报乡镇现代农业重点项目 169 个，其中过亿元项目 94 个，符合终端型、体验型、智慧型、循环型等新业态特征的农业"新六产"项目 61 个，总投资 562.91 亿元。兰陵县被列为"2018 年全国农村一、二、三产业融合发展先导区"。实施"四个一百"示范工程，推荐递补了 1 家农业产业化国家级龙头企业，市级以上农业产业化龙头企业 700 家，省级以上的 86 家，总数全省第一。家庭农场 6 754 家，居全省前列。2018 年临沂市临沭夹谷关景区、朱家林田园综合体被评定为山东省休闲农业和乡村旅游示范点；沂水县诸葛镇耿家王峪村被评定为山东省美丽休闲乡村；兰山区李官镇被评定为齐鲁美丽田园；费县桂荷休闲农业示范基地有限公司、沂南县戴氏庄园礼乐文化主题田园综合体被评定为山东省生态休闲农业示范园区（农庄）。截止到 2018 年底，全市已拥有休闲农业和乡村旅游示范点 11 个、省级美丽休闲乡村 4 个、齐鲁美丽田园 5 个、省级生态休闲农业示范园区（农庄）7 个。

### 8. 智慧农业建设

临沂市大力发展智慧农业，着力提高农业信息化建设水平。结合临沂市农业信息化实际需要，规划具有临沂本地特色的"互联网＋"现代农业大数据信息平台建设方案，完成了临沂市农产品大数据监测预警平台开发应用。一是提高农业信息化水平。实施智慧农业工程和"互联网＋"现代农业行动，综合运用云计算、大数据、物联网、移动互联网等现代信息技术，结合全市实际搭建具有临沂特色的"互联网＋"现代农业综合信息服务体系，推动现代信息技术与农业生产、经营、管理、服务各环节以及农村经济社会各领域深度融合。二是加快建设"网上农业服务大厅",促进物联网、遥感、大数据、云计算等信息技术与农业融合,推广成熟可复制的农业物联网应用模式,适度扩大农业物联网区域试验工程范围,在应用前景广阔的畜禽养殖、水产养殖、设施农业、种业等领域开展农业物联网应用示范工程建设。

## (三)发展优势与潜力

临沂市农业生产在资源、区位、生产条件、市场前景等方面优势明显、潜力巨大。

### 1. 良好的自然资源环境条件

临沂市山地集中分布在沂水、沂南、蒙阴、平邑、费县、莒南等县,植被比较茂密,是发展林果业、畜牧业的主要基地。丘陵主要分布于山区外围,沂水、沂南、莒南、兰山、兰陵、临沭、郯城、平邑等地都有分布,在沭河以东分布最广;丘陵地带的土壤沙性大,适耕性好,土层较薄,保水肥能力差,是花生、甘薯、玉米、黄烟等作物的主要产地。平原有沂沭河冲积平原、山间沟谷平原、涝洼平原,沂沭河冲积平原主要分布在沂水南部、沂南东部、河东区、兰山区、罗庄区、兰陵县、郯城县。临郯苍平原土层深厚,土质肥沃,是粮食和蔬菜的主要产区,素有"粮仓"之誉;山间沟谷平原主要分布在费县、平邑县中部,蒙山前平坦谷地,蒙阴、沂南、沂水等县的山间沟谷之中,土层深厚,质地适中,多种小麦、玉米等作物;涝洼地平原主要分布于兰陵县和郯城县南部,土壤黏重,排水不畅,易涝,多种小麦、水稻、蔬菜等作物。

### 2. 农业综合生产能力不断提高

临沂是国家优质粮食生产基地、全国重要的农产品生产和加工基地、全国蔬菜之乡。在今后的发展中,农业生产将会得到国家更多的政策支持。特别是中央对建设社会主义新农村采取"城市支持农村,工业反哺农业""多予、少取、放活"等政策和国家对"菜篮子""米袋子"工程的高度重视,以及临沂市农业产业结构调整确定的特色农业、有机农业的定位，为发展现代农业打下了良好的政策基础。

### 3. 农业产业化基础扎实

临沂市切实转变农业增长方式，以农业龙头企业和各类新型农业经营主体为载体，推动一、二、三产业深度融合发展。改革开放以来，以农副产品加工、流通为重点的农村二、三产业发展较快。农业发展深加工水平、产业化水平不断提高，产业集群发展、抱团发展的趋势明显，实现了农村经济由第一产业为主向第三产业协调发展的历史性跨越。2018 年，发展市级以上农业产业化龙头企业 700 家（其中省级以上 86 家），较 2013 年增加 194 家，增长 44.29%，数量跃居全省第一位，销售收入过亿元的农业产业化龙头企业 236 家，带动农户 167.9 万户，占全市总农户的 56.1%。已培育了山东金胜集团、玉皇粮油、费县中粮集团等 200 余家油料加工企业，莒南县已成为亚洲最大的花生加工和销售集散地；培育了万德福食品有限公司、山东兴大集团等 500 余家蔬菜加工企业，冻干脱水蔬菜生产线占全世界的 50% 以上，脱水蔬菜出口量连续多年居全国第一位；培育了金锣集团、山东龙盛集团等 100 余家禽畜加工企业，金锣集团目前是中国最大的生猪屠宰加工和肉制品生产企业；培育了山东康发食品饮料公司、临沂奇伟罐头有限公司等 75 家果品罐头加工企业，平邑县成为全国最大的果品罐头加工基地。

### 4. 农产品质量监管体系完善

临沂市努力争创国家级农产品质量安全放心市，持续推进农产品质量安全市建设，市级追溯平台已建成，拥有国家级农产品质量安全县 2 个、省级农产品质量安全县 10 个。市级及 12 个县区实现了农产品质量检测中心（站）建设项目全覆盖，成立了市级农业综合执法支队，聘任了 6 742 名村级农产品安全监管员（信息员）。

### 5. 位置优势明显

临沂市交通十分便利，兖石、胶新铁路十字交叉，京沪、日东、青兰、长深、临枣 5 条高速公路纵横交错，高速公路、公路通车里程分别达 516 km、2.4 万 km，均居全省前列；市区距岚山、日照、连云港三大港口 120 km 左右，距青岛港 150 km；临沂飞机场为国家二级机场，目前已开通航线 20 多条，使临沂市与外界的往来更加便捷。

### 6. 注重农业科技创新

习近平总书记在山东省农业科学院召开座谈会时指出，农业出路在现代化，农业现代化关键在科技进步。我们必须比以往任何时候都更加重视和依靠农业科技进步，走内涵式发展道路。2018 年全市农业部门扎实开展科技兴农工作，切实引进推广新品种、新技术，努力发展新业态，开展新型农民科技培训、农民创业培训和农村劳动力实用技术培训"三大农民培训"。我市创造的新型职业农民"一点两线、全程分段"培训模式和"六统一"农民田间学校建设经验在全国推广。全市主要农作物良种覆盖率达到 98.5%，较 2013 年提高 0.5 个百分点，连续 5 年保持在 98% 以上；农业科技进步贡献率达到 60%，较 2013 年提高 5 个百分点。全市累计培训新型职业农民 8.6 万人次，年均培训 2.15 万人次，认定颁发新型职业农民证书 9 157 人，其中到 2018 年底预计全年培训 2.8 万人，认定 0.4 万人，较 2013 年增加 2.77 万人，多认定 3.765 万人。扎根小山村的优秀新型职业农民典型代表牛庆花成立果品专业合作社，吸纳社员 100 多户，发展蜜桃、苹果等标准化电商种植基地 500 余亩，帮助建档立卡贫困户网销农特产品，销售额累计超过 120 万元，带动贫困户 42 户、带动贫困人口 86 人脱贫致富，人均纯收入增加 2 600 元，被父老乡亲称为"绽放在山村的电商玫瑰"，其事迹被央视纪录片《职业农民》进行了专题报道。在全国地市级率先创建了 20 个"临沂市现代农业产业发展创新团队"，创新建设农科教产学研一体化农业技术推广联盟。加大外联力度，推动中国人民大学、临沂大学、临沂市政府三方合作，成立了中国合作社研究院临沂分院；与浙江大学新农村发展研究院筹备合作成立浙江大学（临沂）现代农业创新发展研究院，挂牌成立中国品牌农业区域研究中心，努力实现新技术新知识成果运用转化，促进临沂市现代农业快速发展。

2018 年，全部农业系统组织申报市科学技术进步奖 15 项、获批山东省农业重大应用创新项目立项 1 个。推动县区成立农技推广服务联盟，培育 5 000 余名农业科技示范主体，开展了 960 名基层农技人员素质提升工作，农业主推技术到位率 98％以上，基层农技推广服务水平明显提高。市级新型职业农民创业联盟成立，吸纳会员 2 638 人。沂南县获评全国农村创业创新典型县。

### 7. 坚持开放发展

一是优化对外合作布局。在巩固农产品传统出口市场的基础上，充分发挥海外临沂商城的区域辐射力、引领带动力，积极开辟新的贸易渠道，拓展对"一带一路"沿线国家的农业投资和农产品贸易。二是创新对外合作方式。围绕临沂市农产品加工原料与市场需求，在"一带一路"沿线以及其他重点区域建设境外农业合作示范区，形成境外产业集群和平台带动效应。三是强化农业国际合作。加快农业科技"走出去"，针对不同国家和地区，推广临沂市先进适用和实用的农业技术资源、优良动植物品种和农业设施设备，增加合作产能；加快农业科技"引进来"，加强与美国、以色列等农业科技领先国家和地区的交流合作，加大国外优良品种、先进技术、经营管理和现代服务的引进力度，尽快将世界农业发达国家的技术优势转化为临沂市的产能优势，延伸产业链条、补齐产业短板。2018 年全市农产品加工业与农业总产值比达到 3.32：1。

### 8. 农业产业振兴有特色

习近平总书记强调，把实施乡村振兴战略摆在优先位置，让乡村振兴成为全党全社会的共同行动。乡村振兴，产业振兴是基础，也是全市现代农业建设的核心。全市农业部门坚持项目带动、科技驱动、督导推动，全力推动乡村产业发展，全面推动全市优势特色"粮、油、果、菜、茶、菌、药、畜、渔、加"十大产业提质增效和"新品种、新技术、新业态"三新农业发展。明确每个产业的任务目标、主要措施、重点项目，深入推进产业融合发展，促进农业"新六产"蓬勃发展和农业新旧动能加速转换，全市农业农村经济发展呈现稳中有进、提质增效的良好态势。经过努力，全市涌现出了多个典型。沂南县朱家林作为全省唯一国家级田园综合体建设试点，通过大力打造农业产业集群、稳步发展创意农业、开发农业多功能性，推进农业产业与旅游、教育、文化、康养等产业深度融合，实现了田园生产、田园生活、田园生态的有机统一和一、二、三产业的深度融合，为农业农村和农民探索了一套可推广可复制的、稳定的生产生活方式，走出了一条生产美、生活美、生态美"三生三美"的乡村发展新路子。兰陵县代村探索现代农业发展新模式，2017年综合收入突破1.5亿元，提供就业岗位近1 500个；郯城县薛庄杞柳电商产业，吸引30家电商入驻，柳编工艺品销售额已连续3年突破2亿元，增加居民人均收入2 000元，增加村集体收入10万元；沂水县尹家峪兴产业、促融合，聚力田园谋振兴，2017年，合作社成员在实现正常收益的同时，兑现二次分红66万元，吸纳周边村106名农村劳动力为固定员工，农民在家门口就可实现年人均收入2万～3万元，季节性用工达800余人，田间变车间，农民变工人，农民足不出户就能实现稳定增收。

# 三、农业基础设施情况

## （一）农田水利概况

临沂市境内北部为沂蒙山区，群山起伏、沟壑纵横、水库众多，河道切割深、比降陡。南部为冲积平原，河网密布、地势低洼。中华人民共和国成立以来，临沂市委市政府一直高度重视农田水利基本建设工作，组织发动群众坚持不懈大搞农田水利基本建设，为全市农业的发展提供了坚实的水利保障。

全市农田水利灌排设施建设发展主要经历了以下三个大的发展阶段：

一是20世纪60年代初至80年代中期的冬春农田水利大会战阶段。各级政府在统一规划的基础上，组织群众实施冬春农田水利基本建设大会战，县乡实行"工换工、几年清"的方式，组织群众投工投劳大规模集中建设农田灌排工程，工程投入的主体是集体和群众，财政仅有少数的材料补助，每年冬春农闲季节，县县有建设重点、乡乡有会战场面、村村有出工任务，到 80 年代中期，通过这种形式，全市先后建设了河东葛沟、罗庄小埠东、莒南陡山、沂水跋山、兰陵会宝岭、临沭龙窝等 6 处有效灌溉面积 30 万亩以上的大型灌区、75 处万亩以上中型灌区，以及众多小型灌排工程，基本上完成了主要的农田水利灌排设施的规划与建设，形成了以土渠、土沟为主的全市农田灌排设施的主体框架，全市有效灌溉面积最高达到 560 万亩。

二是 20 世纪 90 年代中期—2010 年的财政补助资金、受益群众投工投劳共同开展农田灌排工程建设阶段。其间，国家开始实施了黄淮海农业综合开发项目，国家投入为主、受益群众投劳为辅，对退化、老化的田间灌排工程实施规模化改造建设。水利部门开始对大型灌区骨干渠系实施续建配套与节水改造，国家投入 30％的资金，其余由地方和受益群众自筹解决，1998—2010 年共实施 34 批次，完成投资 5.631 6 亿元，其中财政资金 1.6 亿元。同时，各级财政还对其他小型农田水利项目的建设实施了一定的财政补助，鼓励受益群众参与小型农田水利工程建设，推广发展节水灌溉技术。全市年度各级财政农田水利灌排设施建设投入由阶段初的 2 000 万元，逐步增加到 2007 年的近 1 亿元，尤其是 2008 年扩内需政策实施后，全市财政农田水利灌排设施建设投入超 2 亿元，部分改善了 20 世纪 80 年代中后期全市农田灌排设施老化、退化，有效灌溉面积逐年递减的局面，使全市有效灌溉面积维持在 500 万亩左右。

三是 2011 年以来的财政投入为主农田灌排工程建设阶段。2011 年，中央 1 号文件《加快水利发展改革的决定》出台以来，各级财政加大了对农田灌排工程建设改造的投入力度，全市农田灌排设施建设再次驶入快车道：2011 年以来，水利部门共投入农田灌排工程建设资金 14.09 亿元，扩大恢复改善灌溉面积 194.1 万亩，其中，以田间灌排工程为主的小型农田水利重点县项目，完成小型农田水利投资 11.03 亿元，按照"耕地灌区化、灌区节水化、节水长效化、工程生态化"的农田灌排工程建设思路,通过竞争立项全市 10 个县和区共实施 34 个小型农田水利重点项目,扩大恢复改善灌溉面积 151 万亩,建设高效节水灌溉面积 101 万亩;大中型灌区续建配套与节水改造项目全部由财政投资,全市共完成 11 期,投入建设资金 2.32 亿元,共计完成渠道衬砌 70.7 km,扩大灌溉面积 5.85 万亩,恢复改善灌溉面积 38.85 万亩;其他小型农田水利项目投资 7 400 万元,扩大恢复改善灌溉面积 5.2 万亩。加之农业开发部门实施的农业综合开发项目、国土部门实施的土地整理项目、发展改革部门实施的千亿斤粮食增产项目,全市年度各级财政部门农田灌排设施投资近 6 亿元,使农田灌溉条件得到有效改善,结束了全市农田灌排设施老化、退化,有效灌溉面积逐年递减的局面,并出现逐步回升状态。

截至 2018 年底,全市有水库 901 座,塘坝 9 774 座,窖池 19 668 座,全市总灌溉面积达到 41.671 万 hm²,其中耕地有效灌溉面积 35.991 万 hm²、林地灌溉面积 1.978 万 hm²、园地灌溉面积 3.702 万 hm²。全市节水灌溉面积 22.871 万 hm²,其中喷灌面积 5.304 万 hm²、微灌面积 0.676 万 hm²、低压管灌面积 9.267 万 hm²,其他方式节水灌溉面积 7.624 万 hm²。初步形成具有防洪、供水、灌溉、发电、养殖等综合功能的水利基础设施体系。

## (二) 农业生产机械

2018 年全市农机总动力达到 7 641 803kW,农用拖拉机保有量 49.11 万台,大中小型拖拉机配套农具 64.53 万台(套),联合收获机 17 331 台,秸秆粉碎还田机 7 786 台,打捆机 472 台,谷物烘干机 769 台,植保无人机 134 架。全市机耕面积为 663 618hm²,机播面积为 803 304hm²,机电灌溉面积为 358 811 hm²、机械植保面积为 167 924hm²、机械铺膜面积为 35 260hm²、机械收获面积为 787 593hm²,机械脱粒粮食数量为 3 778 747 t (表 1-3)。

**表1-3 农业生产机械与作业面积一览表**

| 项　　目 | 单　　位 | 2018年数据 |
|---|---|---|
| 农业机械总动力 | kW | 7 641 803 |
| 柴油发动机动力 | kW | 6 837 385 |
| 农用拖拉机 | 台 | 491 113 |
| 中型拖拉机（22.1～73.5 kW） | 台 | 56 088 |
| 大型拖拉机（73.5 kW以上） | 台 | 2 819 |
| 大型拖拉机配套机械 | 套 | 28 744 |
| 联合收获机 | 台 | 17 331 |
| 秸秆粉碎还田机 | 台 | 7 786 |
| 打捆机 | 台 | 472 |
| 谷物烘干机 | 台 | 769 |
| 植保无人机 | 架 | 134 |
| 机耕面积 | hm² | 663 618 |
| 机播面积 | hm² | 803 304 |
| 机电灌溉面积 | hm² | 358 811 |
| 机械植保面积 | hm² | 167 924 |
| 机收面积 | hm² | 787 593 |
| 机械铺膜面积 | hm² | 35 260 |
| 机械脱粒粮食数量 | t | 3 778 747 |

全市秸秆切碎还田装置达到7 786台（套）。临沂市委市政府高度重视秸秆切碎还田工作，市政府拿出专项资金，对实施小麦、玉米秸秆还田技术的农机合作社进行补贴，为改善土壤结构，增加土壤有机质含量打下了坚实基础。

农业机械化在现代农业和新农村建设进程中起到的不可替代的基础支撑和主力军作用进一步显现，农机化事业呈现又好又快发展的良好态势。

# 第二章
# 土壤与耕地资源状况

## 一、土壤类型与分布

### （一）土壤分类的原则和依据

土壤分类是土壤科学的高度概括。土壤和其他历史自然客体一样，有其自身发生发展的规律，不同的成土因素的组合使土壤类型复杂多样、属性不一。土壤分类就是根据土壤发生发展的规律，在系统识别土壤的基础上，将外部形态和内在性质相同或近似的土壤个体并入相应的分类单元，纳入一定的分类系统，以正确反映土壤之间以及土壤与环境之间在发生学上的联系，反映他们的肥力特征和利用价值，为合理利用土壤、改良土壤和提高土壤肥力提供依据。

为了对种类繁多的土壤进行深入的研究，综合考虑自然和社会的成土条件、成土过程及其综合属性，是土壤分类的基本原则和依据。不仅要反映土壤的系统性和严密性，更要反映其生产特性和它的发生发展规律以及改良利用的特点。

1979—1987 年，我国进行了第二次土壤普查。根据《全国第二次土壤普查暂行技术规程》和山东省《土壤普查工作分类暂行方案》的要求，采用土壤发生学分类的原则和土类、亚类、土属和土种四级分类制，将临沂市土壤划分为 7 个土类、19 个亚类、39 个土属、110 个土种。

## 1. 土类

土类是土壤高级分类中的基本单元，它是在一定的自然条件和人为因素的作用下，经过一个主导或几个相结合的成土过程，以及具有反映这些过程特点的土壤属性的一群土壤个体。每一土类都具有一定的成土条件、成土过程和土壤属性，在土壤形成的主要过程、发育方向、发育阶段以及剖面结构方面，不同土类间的土壤属性在性质上有明显的差异。划分的主要依据：

（1）土壤发生类型与当地生物气候条件吻合。

（2）在自然因素和人为因素的影响下具有一定的成土过程。

（3）每一土类具有相同的剖面形态特征和土壤属性。

（4）同一土类具有相似的肥力特征、改良利用方向和途径。

（5）同一土类具有一个可供鉴别的诊断层次。

临沂市共划分了棕壤、褐土、砂姜黑土、潮土、粗骨土、水稻土、石质土 7 个土类。

## 2. 亚类

亚类是土类的辅助级别和续分，是在土类范围内和土类之间的过渡类型。主要依据主导成土过程的不同发育阶段或附加成土过程的特征，使土壤属性有较大差异，划分出亚类。如棕壤土类的形成过程外，附加了潮土化过程，则区分出棕壤亚类和潮棕壤亚类；褐土续分出褐土、石灰性褐土、潮褐土、淋溶褐土和褐土性土等亚类。亚类划分的依据：

（1）同一土类的不同发育阶段在附加成土过程和剖面形态特征上互有差异。

（2）不同土类之间相互过渡。

## 3. 土属

土属在土壤发生和土类上具有承上启下的作用，它既是亚类的续分，又是土种的归纳，是同一亚类在区域地质因素的影响下，使综合的成土因素产生了区域性的变异，划分的主要依据：

（1）成土母质类型，成土母质类型的区别是临沂市土属划分的主要依据，根据质地、岩性、沉积类型和水分状况，全市共划分为

38 个土属。

（2）区域水文地质条件及潜水化学。

（3）历史成土过程遗迹，如红土母质。

### 4. 土种

土种是基层分类的基本单元。在同一土属中具有相似的发育程度和剖面层次排列。土种的形态具有一定的稳定性，非一般耕作措施在短期内所能改变。划分土种的主要依据：

（1）景观特征相同，即小地形部位水、热条件以及植被情况基本一致。

（2）土体构型基本相同。所谓的土体构型即剖面中各层次的排列状况。在划分时考虑 1 m 以内的土层排列状况。

（3）表层质地一致，表层质地及表层土壤沙粒程度，划分时把土壤质地分为六级。

（4）土壤肥力基本一致，特别是表层有机质含量基本相同。

土壤质地即土壤的沙黏程度，是划分土种的主要依据。本次质地划分以物理性黏粒（粒径小于 0.01 mm）在土壤中所占的百分数大小为依据，把质地分为三类九级（表 2-1）。

表 2-1  土壤质地分级表

| 类型 | 质地名称 | 物理性黏粒含量（%）（>0.01mm） | 物理性黏粒含量（%）（≤0.01mm） |
|---|---|---|---|
| 沙土 | 松沙土 | 100～95 | 0～5 |
| | 紧沙土 | 95～90 | 5～10 |
| | 沙壤土 | 80～70 | 10～20 |
| 壤土 | 轻壤土 | 70～55 | 20～30 |
| | 中壤土 | 55～40 | 30～45 |
| | 重壤土 | 40～25 | 45～60 |

（续）

| 类型 | 质地名称 | 物理性黏粒含量（%）（＞0.01mm） | 物理性黏粒含量（%）（≤0.01mm） |
|---|---|---|---|
| 黏土 | 轻黏土 | 25～15 | 60～75 |
| | 中黏土 | 25～15 | 75～85 |
| | 重黏土 | ≤15 | ＞85 |

山丘地区薄层石渣土分为砾质土和砾石土，砾质土砾石含量＜30%。砾石土的砾石含量＞30%。同时，根据细粒部分的质地状况，细分为：砾质沙土、砾质壤土、砾质黏土、砾质砾石土、壤质砾石土、黏质砾石土。

土层厚度（限于山地土壤）分为积薄层＜15cm、薄层15～30 cm、中层30～60 cm；并根据下部母质（基）岩的坚硬程度细分为：极薄层酥石棚、薄层酥石棚、中层酥石棚、极薄层硬石底、薄层硬石底、中层硬石底。

层位的划分：根据群众的习惯叫法，分为"表""心""腰""底"4个层位。表为0～20 cm、心为20～60 cm、腰为60～100 cm、底为＞100 cm。

障碍层的划分：

沙层、黏层：薄层10～30 cm，厚层＞30 cm；砾石层、砂姜层、铁盘层：薄层5～10 cm，厚层＞10 cm。

## （二）土壤命名

土壤命名，是本着既反映土壤本身的发生发展，又体现剖面综合属性的精神，采用分级处理、连续命名的方法。

土类和亚类属于高级分类，采用发生学名称。如棕壤、褐土、淋溶褐土；又考虑耕种熟化程度，从群众名称中加以提炼，如潮棕壤、潮褐土、潮土等。

土属土种属于基层分类，采用连续命名，能较清楚地反映土壤发生的地域性特点及土壤耕层性状，土体构型和土壤肥力演变方向。连续命名，以土类为首，依次为亚类、土属、土种。具体命名时，要从低级到高级，依次为土种、土属、亚类、土类，如轻壤浅位黏质酸性岩坡洪积棕壤。

土种有很强的地区性和生产实用性，为克服连续编码的不通俗性，以便于广大基层干部和群众应用并理解，土种的命名多数是在群众名称的基础上，经评比整理和提炼而加以命名的。

## （三）土壤分类系统

按全国第二次土壤普查分类系统，土壤质地划分采用卡庆斯基制，临沂市土壤共划出棕壤、褐土、潮土、砂姜黑土、粗骨土、水稻土、石质土 7 个土类，19 个亚类，39 个土属，110 个土种（表 2-2）。

**表 2-2　临沂市土壤分类系统表**

| 土类 | 亚类 | 土属 | 土种 |
|---|---|---|---|
| 棕壤 | 棕壤 | 酸性岩坡积洪积棕壤 | 轻壤表浅位黏层酸性岩坡积洪积棕壤 |
| | | | 沙壤表浅位黏层酸性岩坡积洪积棕壤 |
| | | | 中壤表深位黏层酸性岩坡积洪积棕壤 |
| | | | 沙壤均质酸性岩坡积洪积棕壤 |
| | | | 轻壤均质酸性岩坡积洪积棕壤 |
| | | | 轻壤中层酸性岩坡积洪积棕壤 |
| | | | 轻壤表深位砾石层酸性岩坡积洪积棕壤 |
| | | | 轻壤表浅位沙层酸性岩坡积洪积棕壤 |
| | 白浆化棕壤 | 滞水型白浆化棕壤 | 轻壤表浅位白浆层滞水型白浆化棕壤 |
| | | | 中壤表浅位白浆层滞水型白浆化棕壤 |
| | | | 轻壤表深位白浆层滞水型白浆化棕壤 |
| | | | 沙壤表浅位砾石层滞水型白浆化棕壤 |
| | | | 沙壤表浅位白浆层滞水型白浆化棕壤 |
| | | | 沙壤表浅位铁盘层滞水型白浆化棕壤 |
| | 潮棕壤 | 酸性岩洪积冲积潮棕壤 | 轻壤表浅位黏层酸性岩洪积冲积潮棕壤 |
| | | | 轻壤表深位黏层酸性岩洪积冲积潮棕壤 |
| | | | 轻壤均质酸性岩洪积冲积潮棕壤 |
| | | 酸性岩冲积潮棕壤 | 轻壤表浅位沙层酸性岩洪积冲积潮棕壤 |

（续）

| 土类 | 亚类 | 土属 | 土种 |
|------|------|------|------|
| 棕壤 | 酸性棕壤 | 酸性岩残坡积酸性棕壤 | 沙质壤土表薄层硬石底酸性岩残坡积酸性棕壤 |
| | 棕壤性土 | 酸性岩残坡积棕壤性土 | 沙质砾石土表中层酥石棚酸性岩残坡积棕壤性土 |
| | | | 沙质砾石土表薄层酥石棚酸性岩残坡积棕壤性土 |
| | | | 壤质砾石土表中层酥石棚酸性岩残坡积棕壤性土 |
| | | | 砾质沙土表薄层硬石底酸性岩残坡积棕壤性土 |
| | | | 砾质壤土表中层硬石底酸性岩残坡积棕壤性土 |
| | | | 砾质沙土表薄层硬石底酸性岩残坡积棕壤性土 |
| | | | 沙质沙石土表极薄层酥石棚酸性岩残坡积棕壤性土 |
| 褐土 | 褐土 | 钙质岩坡积洪积褐土 | 中壤表深位黏层钙质岩坡积洪积褐土 |
| | | | 轻壤表浅位黏层钙质岩坡积洪积褐土 |
| | | 非石灰性沙页岩坡积洪积褐土 | 中壤表深位黏层非石灰性沙页岩坡积洪积褐土 |
| | | 轻壤均质钙质岩坡积洪积褐土 | 轻壤均质钙质岩坡积洪积褐上 |
| | 淋溶褐土 | 坡积洪积淋溶褐土 | 轻壤均质坡洪积淋溶褐土 |
| | | 基性岩坡洪积淋溶褐土 | 中壤表浅位黏层基性岩坡洪积淋溶褐土 |
| | | 钙质岩坡积洪积淋溶褐土 | 重壤均质钙质坡积洪积淋溶褐土 |
| | | | 轻壤表中层钙质岩坡积洪积淋溶褐土 |
| | | | 轻壤表浅位黏层钙质岩坡积洪积淋溶褐土 |
| | | | 中壤表深位黏层钙质岩坡积洪积淋溶褐土 |
| | | | 中壤表深位砾石层钙质岩坡积洪积淋溶褐土 |
| | | | 中壤表浅位砾石层钙质岩坡积洪积淋溶褐土 |
| | | | 轻壤表浅位铁盘层钙质岩坡积洪积淋溶褐土 |
| | | 非石灰性沙页岩坡积洪积淋溶褐土 | 中壤表中层非石灰性沙页岩坡积洪积淋溶褐土 |
| | | | 轻壤表浅位黏层非石灰性沙页岩坡积洪积淋溶褐土 |
| | | 红土母质淋溶褐土 | 中壤表浅位黏层红土母质淋溶褐土 |
| | | | 轻壤表深位黏层红土母质淋溶褐土 |
| | | | 轻壤表中层红土母质淋溶褐土 |

（续）

| 土类 | 亚类 | 土属 | 土种 |
|---|---|---|---|
| 褐土 | 石灰性褐土 | 钙质岩坡积洪积石灰性褐土 | 中壤均质坡积洪积石灰性褐土 |
| | | | 轻壤中层钙质岩坡积洪积石灰性褐土 |
| | | 钙质岩洪冲积石灰性褐土 | 中壤均质钙质岩洪冲积石灰性褐土 |
| | | | 轻壤表深位砾石层钙质岩洪冲积石灰性褐土 |
| | 潮褐土 | 洪积冲积潮褐土 | 轻壤表深位黏层洪积冲积潮褐土 |
| | | | 中壤表浅位黏层洪积冲积潮褐土 |
| | | 冲积潮褐土 | 中壤表深位黏层冲积潮褐土 |
| | | | 中壤均质冲积潮褐土 |
| | | | 中壤表浅位黏层冲积潮褐土 |
| | | | 轻壤表浅位沙层冲积潮褐土 |
| | 褐土性土 | 基性岩残坡积物褐土性土 | 砾质壤土表中层酥石棚基性岩残坡积物褐土性土 |
| | | | 壤质砾石土表极薄层酥石棚基性岩残坡积物褐土性土 |
| | | | 砾质壤土表薄层硬石底基性岩残坡积物褐土性土 |
| | | | 壤质砾石土表薄层酥石棚基性岩残坡积物褐土性土 |
| | | 钙质岩残坡积物褐土性土 | 砾质壤土表薄层硬石底钙质岩残坡积物褐土性土 |
| | | | 壤质砾石土表极薄层硬石底钙质岩残坡积物褐土性土 |
| | | | 壤质砾石土薄层酥石棚底钙质岩残坡积物褐土性土 |
| | | | 壤质砾石土表薄层硬石底钙质岩残坡积物褐土性土 |
| | | | 砾质壤土表中层硬石底钙质岩残坡积物褐土性土 |
| | | | 壤质砾石土表极薄层硬石底钙质岩残坡积物褐土性土 |
| | | 非石灰性沙页岩残坡积物褐土性土 | 砾质壤土表薄层酥石棚非石灰性沙页岩残坡积物褐土性土 |
| | | | 壤质砾石土表中层酥石棚非石灰性沙页岩残坡积物褐土性土 |
| | | | 沙质砾石土表中层酥石棚非石灰性沙页岩残坡积物褐土性土 |
| | | 泥质页岩残坡积物褐土性土 | 壤质砾石土表薄层酥石棚泥质页岩残坡积物褐土性土 |
| | | | 砾质壤土表中层酥石棚泥质残岩坡积物褐土性土 |

（续）

| 土类 | 亚类 | 土属 | 土种 |
|---|---|---|---|
| 潮土 | 潮土 | 沙质河潮土 | 沙壤表质沙质河潮土 |
| | | | 沙壤表质底型河潮土 |
| | | | 沙土壤表体型河潮土 |
| | | | 沙壤壤沙体型河潮土 |
| | | 壤质河潮土 | 轻壤表壤均质河潮土 |
| | | | 中壤表壤均质河潮土 |
| | | | 轻壤表蒙金型壤质河潮土 |
| | | | 轻壤表蒙淤型壤质河潮土 |
| | | | 轻壤表夹沙型壤质河潮土 |
| | | 沙质石灰性河潮土 | 沙壤表沙体型沙质石灰性河潮土 |
| | | | 沙土表沙均质石灰性河潮土 |
| | | 壤质石灰性河潮土 | 轻壤表壤均质石灰性河潮土 |
| | | | 轻壤表蒙金型石灰性河潮土 |
| | 湿潮土 | 黏质冲积黑潮土 | 重壤表黏均质冲积黑潮土 |
| | | | 轻壤表黏体型冲积黑潮土 |
| | | | 中壤表夹黏型冲积黑潮土 |
| | | 黏制冲积湿潮土 | 重壤表黏均质冲积湿潮土 |
| 水稻土 | 淹育水稻土 | 潮土型淹育水稻土 | 黏质潮土型淹育水稻土 |
| | | | 黏质倒蒙金潮土型淹育水稻土 |
| | 潜育水稻土 | 湿潮土型潜育水稻土 | 中壤蒙淤湿潮土型幼年水稻土 |
| | | | 黏质湿潮土型潜育水稻土 |
| 砂姜黑土 | 砂姜黑土 | 砂姜黑土 | 中壤砂姜黑土 |
| | | | 中壤浅砂姜层砂姜黑土 |
| | | | 中壤深砂姜层砂姜黑土 |
| | | | 黏质砂姜黑土 |
| | | | 黏质深砂姜层砂姜黑土 |
| | | 覆盖砂姜黑土 | 轻壤黄土覆盖浅位黑土层砂姜黑土 |
| | | | 中壤黄土覆盖浅位黑土层砂姜黑土 |

（续）

| 土类 | 亚类 | 土属 | 土种 |
|---|---|---|---|
| 粗骨土 | 酸性粗骨土 | 酸性岩类酸性粗骨土 | 薄层酸性岩类酸性粗骨土 |
| | | | 酸性岩类酸性粗骨土 |
| | | | 砾石质酸性岩类酸性粗骨土 |
| | 钙质粗骨土 | 石灰岩类钙质粗骨土 | 薄层石灰岩类钙质粗骨土 |
| | | | 石灰岩类钙质粗骨土 |
| | | | 砾石质石灰岩类钙质粗骨土 |
| | | 基性岩类钙质粗骨土 | 基性岩类钙质粗骨土 |
| | | 沙页岩类钙质粗骨土 | 薄层沙页岩类钙质粗骨土 |
| | | | 沙页岩类钙质粗骨土 |
| | | | 砾石质沙页岩类钙质粗骨土 |
| 石质土 | 酸性石质土 | 酸性岩类酸性石质土 | 酸性岩类酸性石质土 |
| | 钙质石质土 | 石灰岩类钙质石质土 | 石灰岩类钙质石质土 |
| | | 沙页岩类钙质石质土 | 沙页岩类钙质石质土 |

# （四）土壤分布

土壤类型的形成与分布是由其所处的综合自然环境决定的。临沂市地带性植被为中生型落叶、阔叶林。南北跨度不太大，基本属于同一个生物气候带，母岩母质是制约临沂市土壤的重要因素，因此地带性土壤棕壤和褐土并存是临沂市土壤分布的特点。由于地质地貌分布不同，水热条件东西南北有一定差异，因而临沂市土壤也呈现水平分布的特点，沂沭河以东主要有棕壤，沂河以西棕壤与褐土都有分布，但棕壤主要分布于蒙山山系、四海山系、鲁山山系附近，而褐土在蒙阴岱崮和费县、平邑县南部、兰陵县北部分布集中，中南部冲积平原主要分布有潮土、砂姜黑土和水稻土。在西部、北部山地丘陵区的中低山、丘陵上分布着一定面积的粗骨土、石质土。

临沂市山丘地区峰与谷有一定的高差和坡度，使上下水热条件悬殊，上部水土流失，下部接受沉淀，使从下至上形成阶梯式条带状等高土壤分布。主要有潮棕壤-棕壤-棕壤性土，潮褐土-褐土-石灰性褐土-褐土性土，河潮土-棕壤-棕壤性土等几种分布类型。

## （五）主要土类性质

在农业生产中，土类应用最为普遍，棕壤、褐土、潮土、砂姜黑土、粗骨土、水稻土、石质土是临沂市的主要土壤类型。

### 1. 棕壤土类

棕壤又称棕色森林土，主要分布于暖温带湿润半湿润地区。棕壤的成土母质以花岗岩和片麻岩等酸性岩类风化物为主，其次是普通沙页岩、片岩、正长石等风化物。棕壤成土过程具有明显的黏化作用、淋溶作用和强盛的生物积累作用，在人为耕作影响下还具有明显的旱耕熟化作用。全市棕壤面积为 419 055.14hm²，约占全市土壤总面积的 33%。

棕壤母质为残积、坡积、洪积、冲积物，表土多为轻沙壤质，土壤结构成碎块状或棱柱状，土壤中含有少量的铁锰结核，又因淋溶作用较强，全剖面不含游离碳酸钙，故土壤通体无石灰反应，呈微酸性，土层深浅不一，耕性好，土壤保肥蓄水能力各有差别，一般排水条件良好。如能保证灌溉和施肥，可适合多种作物生长，一般一年一熟或两年三熟。下面介绍各主要亚类和主要土种的特征及主要生产性能。

### （1）棕壤性土亚类（$A_a$）

棕壤性土又称粗骨棕壤，当地群众俗称岭沙土、白沙土、马牙沙土等。主要分布在花岗岩、片麻岩，非石灰性沙岩、页岩、片岩等组成的岩石区域。所处地形多为低山丘陵中部及上部。母质为基岩风化物的残积、坡积物。棕壤性土有 5 个明显的特点：①土壤剖面发育不完全，无心土层，表层以下即半风化或未风化的母岩，只有小面积的林地。荒地有一层 3～10 cm 的落叶与草根层，其下为半风化的母岩。②土层浅薄，一般仅有 10～30 cm，少数梯田边沿土层能达到 60 cm 左右，下部即半风化或未风化的母岩。③土体内粗沙、砾石较多，孔隙大而多，主要通气孔隙疏松、易旱、不保水、不保肥；有机质含量少、养分贫乏、肥力低，是低山丘陵最瘠薄的土壤。④土壤侵蚀严重，水、肥、土流失是形成棕壤性土和使棕壤性土成为最贫瘠的土壤的主要原因。⑤地下水不丰富或极少，是发展灌溉的一大障碍。

**（2）棕壤亚类**（$A_c$）

棕壤亚类俗称"黄土""黄黏土""夹沙黄泥头"等。多处于花岗岩、片麻岩等酸性岩和非石灰性沙、页岩组成的区域。成土母质是以上几种岩石风化物的坡积、洪积物或厚层红色黏质土，主要分布在山丘下部的岭坡和山麓地带，地形平坦，土层较深厚，有明显的淋溶淀积作用及较黏重的心土层，淀积层内有铁锰的淀积；保肥保水性能好，耕层土壤容重为 1.46 g/cm³，有机质含量为 12.9 g/kg，全氮含量为 0.81 g/kg，碱解氮含量为 106 mg/kg，有效磷含量为 16.8 mg/kg，速效钾含量为 100 mg/kg，是一种产量较高的土壤，一般种植花生、地瓜等耐瘠作物。沟谷地带土层深厚，可达 5 m 以上，质地较黏重，保肥保水性能好，但通气透水性差，耕作困难，群众有"黄泥头累死牛"的说法。主要种植小麦、玉米、地瓜。

**（3）潮棕壤亚类**（$A_e$）

俗称"老黄土"或"油黄土"。该亚类在石灰反应、pH、淋溶作用、黏化作用、较强的旱耕熟化作用等方面与棕壤亚类基本相似，但是在棕壤形成过程的基础上还附加了一个成土过程。其形成的条件和特征：①潮棕壤所处地理位置多是低山丘陵前的缓平地或河流两岸的平缓地。②地下水埋深一般在 2～3 m，雨季有时上升到 1～2 m，水分借毛管上升参与了土壤的形成过程，影响了土壤属性。③成土母质多是酸性岩地区的洪积冲积物，土层深厚。④形态特征与棕壤亚类不同，全剖面除表土外，一般黏粒含量比棕壤亚类高，底层由于受地下水影响，土色较暗，普遍有铁锈斑和少量潜育斑，由于土层深厚，土壤水分状况较好，浅层地下水一般水质较好，土壤生产性能在棕壤中占首位，适合各种作物生长，且稳产高产。

**（4）白浆化棕壤亚类**（$A_f$）

它的成土过程与棕壤土类基本一致，但在棕壤主导的成土过程以外还附加了一个白浆化成土过程，使这一亚类的土壤属性起了很大的变化。所谓白浆化过程是在季节性还原条件下，加上侧渗水和直渗水活动，被还原的铁、锰离子被带走，使土壤的基色变白。该亚类土主要分布在剥蚀缓丘的中下部，该土有两个障碍层次，在犁底层以下有一层坚硬、紧实、养分贫乏且含大量铁锰结核的白土层，厚度一般为 10～40 cm，其下为黏重、紧实、透水不良的黏土层，此种土壤的生物积累作用差，养分含量低，耕层土壤容重为 1.52 g/cm³，有机质含量为 13.3 g/kg，全氮含量为 0.75 g/kg，碱解氮含量为 101 mg/kg，有效磷含量为 13.8 mg/kg，速效钾含量为 99 mg/kg，严重缺磷，怕旱、怕涝，土壤板结，物理性状不良，是一种低产土壤。群众有"涝时一包浆，旱时硬邦邦，打墙的好材料，庄稼长不强"的说法。主要种植花生、地瓜、小麦等耐瘠作物。

**2. 褐土土类**

褐土又称褐色森林土，发育在富钙母质上。全市褐土面积为 326 601.48 hm²，约占全市土壤总面积的 25.7%。褐土在水平分布上处于棕壤带的西部，在垂直地带谱中出现于棕壤的下部。该土壤成土母质为富钙坡积洪积物，剖面中有不同程度的石灰反应，呈中性至微碱性，是盐基饱和度很高的一种土壤。心土层多，底土较少，土层深厚，河阶地有部分轻壤，微斜平地为重壤，蓄水保肥能力强，表层质地适中，耕性好，排水条件良好，适合各种作物的种植，是临沂市境内较好的土壤，可一年两收。下面介绍各主要亚类和主要土种的特征及生产性能。

**(1) 褐土性土亚类**（$B_a$）

褐土性土俗称石渣土、石皮土等。主要分布在石灰岩或紫色页岩、黄绿色页岩、少量玄武岩组成的低山丘陵区，多为荒草坡或岭坡梯田，少数为石质山地。褐土性土由于受地形的影响，是褐土中水土流失最严重的亚类，成土母质为岩石风化的残积物、坡积物。一般在 0～30 cm，少数土层＜15 cm 或＞60 cm。土壤质地一般比棕壤性土细，养分含量也比棕壤性土高，这主要与母岩有关。其特点：①土壤发育不全，无心土层，在表土层以下，就是半风化或未风化的母岩。特别是发育在钙质岩上的土壤，表土层以下就是未风化的岩石。②土层浅薄，一般仅为 0～30 cm；＞60 cm 的土层较少。由于水土流失土壤中石渣多，砾石多，但土壤质地较细，保肥保水性能好于棕壤性土。③土壤侵蚀在整个褐土土类中最为严重，使土壤肥力状况在整个土类中属于较差的一类。但是有些褐土性土由于耕种措施得当，修筑梯田水土保持较好，土层较厚，作物产量高。④地下水缺乏，有时干旱严重，不能解决吃水问题，是发展灌溉的一大障碍。从利用方式看，坡度在 20°以上的褐土性土除少数裸岩地以外，荒坡地较多。大面积的山林也较少，只有小面积林地，在10°～20°，部分可开垦为农田。主要种植花生、地瓜，也有土层较厚的种植棉花、谷子等作物，少数种植黄烟。一般一年一作，产量低而不稳。其他多为经济林和荒坡地。

**(2) 淋溶褐土亚类**（$B_c$）

淋溶褐土主要发育在低山丘陵的中下部比较平缓的坡麓地带以及沿河阶地上，成土母质为钙质岩，非钙质岩坡积物、洪积物，少部分为人工堆积物，因岩石复杂，地形变化多，有不少地方淋溶褐土与棕壤成复区存在。土壤中淋溶作用比较强，有些淋溶褐土虽然发育在钙质岩地区，但土体中无钙质层，无假菌丝体，无石灰反应，但 pH 比棕壤的 pH 略高。由于淋溶过程较强，土壤剖面层次发育比较完全，心土层中黏化作用比较明显，一般都有一层比较黏重的土层，而且剖面中黏膜与铁锰胶膜都比较明显，有的剖面还存有大量铁锰结核。淋溶褐土由于所处地形部位比较平坦，土层深厚，除少数作为果园外，其余被开垦为农田，主要种植小麦、玉米、棉花、花生等作物。淋溶褐土还是生长土烟的主要土壤，也是适宜种植优质黄烟的土壤。成土母质主要是坡积物、洪积物。淋溶褐土只有一个土属，即坡积、洪积发育的淋溶褐土。主要分布在钙质岩与非石灰性沙页岩、页岩区域低山丘陵中下部比较平缓的地带，主要特点是土壤深厚，发生层次明显，耕作层质地较细，多为中壤土，少数为轻壤质，土壤疏松，植物根系分布比较多，心土层黏化过程比较明显。质地为重壤土，少数为黏土，坚实，一般呈块状结构与棱块状结构，结构面上有黏粒胶膜，个别裂隙铁锰胶膜也比较明显，无钙质层，无石灰反应。土壤耕作层由于施肥、耕种的关系，颜色多为暗褐色，而心土层与底土层颜色比较鲜艳，一般为暗棕色、棕色。剖面中常有石块侵入，石块棱角明显，磨圆度差，有的土壤剖面夹有很明显的砾石层，有少数土壤质地比较均一。

**(3) 褐土亚类**（$B_d$）

褐土亚类具有褐土土类的典型特征，主要分布在钙质岩、钙质沙页岩的低山丘陵区，所处地形部位为低山丘陵的中下部，地势比较平缓，成土母质为坡积物、洪积物，土壤中富含钙质，通体游离石灰含量较高，在成土过程中脱钙作用明显，淋溶层、钙质层比较明显，一般上层游离石灰少，下层较多。还有少数土壤剖面的下部有假菌丝体出现，但代表面积极小。该亚类土层深厚，土壤质地适中，现已全部开垦为农田。农业种植方式为一年两作，主要是小麦、玉米。

**(4) 潮褐土亚类**（$B_f$）

潮褐土过去曾称"草甸土"，俗称"老黄土"。潮褐土亚类在淋溶作用、脱钙作用、黏化作用、旱耕熟化作用等各方面都与褐土基本相同，不同特点是潮褐土在褐土形成过程的基础上又附加了一个成土过程，使土壤属性发生了很大的变化，这一附加过程过去称草甸过程，现在称潮化过程。这一过程主要是地下潜水埋深较浅，一般为 2～4 m，潜水可沿土壤毛管上升参与土壤的成土作用。其特征为：①潮褐土地形部位多处丘陵下部的倾斜平地上，地面平缓，地表水流失较差。②地下潜水埋深一般 2～4 m，但在一年之中由于旱季与雨季不同，潜水埋深也有变化，一般旱季 3～5 m，雨季 1～3 m。由于潜水可借毛管上升参与成土作用，使土壤的成土过程又附加了新的成土过程。③潮褐土的成土母质主要是钙质岩地区的坡积-洪积物。④形态特征与褐土土类中的其他亚类有不同之处。全剖面除表土以外，心土层与底土层由于受地下潜水的影响，土壤颜色较暗，土壤结构面上有铁锰的新生体，铁锰斑纹和少量的潜育斑。

潮褐土土层较厚，一般在 1.5 m 以下，土壤质地较好。特别是土壤水分状况较好。浅层地下水一般水质好，水源丰富，排灌条件好。因而使土壤的生产性能在褐土中占首位。适宜种植各种作物，且稳产高产。

### 3. 潮土土类

潮土是直接发育在河流沉积物上、受潜水作用形成的一类土壤。全市潮土面积 205 145.03 hm²，约占全市土壤总面积的 16.1%。其形成显著地受到沉积母质、地下水及人为耕作的影响。土壤质地受沉积的分选影响，离河远的地段质地细，近河地段质地较粗，河床相则更粗。由于沉积受不同时间、不同流速和流量的影响，沉积物层理明显，从上到下产生均质、夹沙或夹黏等层次。潮土地下水位较高，随着地下水位的降升，土壤剖面中产生氧化和还原交替过程，在中、下部土层形成明显的锈纹锈斑或细小的铁锰结核、蓝灰色潜育层。潮土分布地形平坦，地下水位较高，土层深厚，沉积层较为明显，是临沂市的粮食高产土壤，土壤形成主要由沭河冲积沉积而成。土壤保肥蓄水能力强，一般种植小麦、玉米、水稻等高肥水作物，下面介绍各亚类和主要土种的特征及生产性能。

### (1) 潮土亚类 （$C_b$）

该亚类距河流最近，地下潜水一般是 1～3 m，雨季可升到1 m 左右。潮土亚类一般都呈条带状分布在河流两岸远处与褐土化潮土或湿潮土相接，山间谷地的潮土则与棕壤或褐土相接，质地变化是近河粗、远河细。在颜色上近河浅、远河深，山间谷地的潮土不只是冲积物，有的和洪积物混合为洪积-冲积物。

潮土的发育情况有很大不同，近河发育差，远河发育明显，近河铁锈斑纹少而不稳定，取回剖面过一段时间，锈斑消失，远处铁锈斑纹明显，而且多而稳定。

潮土由于质地变化大，各种质地层次对农业的影响也比较大，因此在农业利用上也有很大不同，一是靠近河两岸的沙滩多植树，通过常年植树，表土层养分含量有所增加，有少量粒状结构，颜色有的变暗。二是靠河较远点的紧沙土或沙壤土一般用来种植花生、地瓜，少数种植西瓜等，再远一点的面积最大的潮土用来种植作物，一般一年两作，小麦和玉米年产量为 500 kg 左右，是一种较好的土壤。

**(2) 湿潮土亚类**（$C_e$）

该亚类主要分布在沿河阶地与近山阶地之间的交接洼地上，是在较长期或季节性积水和较高潜水条件下形成的土壤，该土壤除潮化过程和旱耕熟化过程之外，还附加了沼泽化和脱沼泽化过程。主要分布在临沂三区、郯城、兰陵冲积平原的低洼地带，在沂南东部、临沭、莒南等县也有分布，成土母质为河流冲积物，土体颜色较黑较暗，在理化性状上与砂姜黑土相似。

**4. 砂姜黑土土类**

全市砂姜黑土面积为 70 684.86 hm²，约占全市土壤总面积的 5.6%。砂姜黑土是夹杂分布在潮土区域内的一个土类。它出现的部位较低，成土母质是河流沉积物。土壤的地下水水位旱季在 1～2 m，雨季上升到 1 m 之内，往往造成明涝内渍的现象。由于排水条件差，季节性积水严重，在土壤形成过程中有沼泽化过程，草甸植物经过生生死死，形成了腐泥状的黑土层。又由于成土母质或地下水所含碳酸钙随水升降，经过长期积累，形成了不同形态的砂姜。

砂姜黑土所处位置地势较洼，地下排水不畅，地下水埋深度通常为 1～2 m，在低洼地段，甚至有积水现象，雨季易涝，春秋干旱，成土母质为沼湖相沉积物，它有两个基本发生层段，即黑土层和砂姜层，由于砂姜黑土所处位置地势低洼，所以也是冲刷物质的沉积区，耕层土壤容重为 1.38 g/cm³，有机质含量为 18.1 g/kg，全氮含量为 0.95 g/kg，碱解氮含量为 102 mg/kg，有效磷含量为 13.8 kg/cm³，速效钾含量为 106 mg/cm³，一般种植小麦、地瓜、水稻等作物，两年三熟或一年一熟。下面介绍各土属的特征及生产性能。

砂姜黑土有一个砂姜黑土亚类，该亚类所处位置地势较洼，土性较冷，发老苗不发小苗，质地黏重，通透性很差，适耕期短，下部有砂姜或砂姜层，有机质含量较高，但矿化速率慢，供肥力差，缺磷现象较为严重，土壤熟化程度差，是一种低产田，但是这种土壤具有较大增产潜力，经改良方能提高产量，现主要种植小麦、水稻、玉米等作物，一般两年三熟。为提高作物产量，应增施有机肥，培肥地力，追肥注意少量多施，减少养分的流失。

砂姜黑土亚类分砂姜黑土和覆盖砂姜黑土两个土属，其中覆盖砂姜黑土表土覆盖了一层黄土，表层质地较轻，宜耕作，水源丰富，土壤肥力较黑土裸露砂姜黑土高，但由于黑黏土层出现在 60 cm 土体内，对作物根系下扎、水分上升下移都有一定的影响。主要种植小麦、玉米、高粱等作物。

### 5. 水稻土土类

水稻土是水稻田在淹水条件下，经过人为活动和自然因素的双重作用而产生水耕熟化和氧化还原交替过程所形成的具有特殊剖面特征的土壤。全市水稻土属于幼年水稻土亚类、幼年水稻土土属，面积为 37 990.38 hm²，约占全市土壤总面积的 2.99%，主要分布在郯城县、罗庄区、河东区、莒南县、沂南县。有厚黏心轻壤土、厚黏心中壤土、厚黏腰轻壤土、厚黏腰中壤土、均质轻壤土、均质中壤土、均质重壤土 7 个土种。

土壤主要特征：起源于湿潮土、河潮土等潮土的亚类，表面土壤颜色灰蓝，夹有锈纹和锈斑，耕层较浅，平均为 10～20 cm，耕层下部土壤的特征与原来的土壤类似。存在的主要障碍因素一是较浅的耕作层影响根系伸展，二是土壤本身的水耕潜在肥力不高，中下部土层质地偏轻，渗透性较大，水分和养分易渗漏损失。

#### 6. 粗骨土类

粗骨土类由原粗骨棕壤和褐土性土亚类组成，此次划分为酸性粗骨土、中性粗骨土和钙质粗骨土三个亚类。这一类土壤面积为161 615.32 hm²，主要分布在临沭县、费县、莒南县、平邑县。下面介绍各亚类的特征及生产性能。

**(1) 酸性粗骨土亚类**

酸性粗骨土原属棕壤土类中棕壤性土亚类，又名粗骨棕壤，俗称为岭沙土、岗子地。母岩母质为花岗岩、片麻岩等酸性岩类的风化产物，剖面通体无石灰反应，呈微酸性到中性。这种土壤出现在低山丘陵的上、中部，直接发育在基岩上，由于地形部位较高，偏坡较大，土壤侵蚀比较严重，细土流失。土壤以残积坡积为主，剖面层次少，发育不完全，无心土层，潜水位在10 m以下，灌溉条件差。土层以下多数为半风化石，俗称酥石。由于土壤母岩含钙少，又经过长时间的淋溶作用，通体无石灰反应。

**(2) 钙质粗骨土亚类**

钙质粗骨土原属褐土性土亚类，其分布高度、剖面特征、土体厚度与棕壤性土相似，但褐土性土发育于钙质岩或石灰沙页岩之上，呈微碱性反应，有不同程度的石灰反应，土呈褐至暗褐色，质地好于棕壤性土。钙质粗骨土与酸性粗骨土的主要区别是含钙较多，呈微碱性，可施用生理酸性肥料。

#### 7. 石质土土类

石质土土类原属棕壤性土亚类，这类土壤出现在低山的上、中部，直接发育在基岩上，地形部位较高，偏坡较大，土壤侵蚀比较严重，细土流失，俗称"石盖子"。现依据山东省有关要求划为石质土类、酸性石质土亚类、酸性岩类酸性石质土土属。

# 二、土地利用现状

根据全国土地利用现状调查技术规程统一制定的土地利用现状分类系统，临沂市土地总面积为1 719 121.3 hm²，其中耕地面积

844 732.39 hm²，占比 49%；园地 105 797.44 hm²，占比 7%；林地 196 610.30 hm²，占比 11%；草地 56 293.55 hm²，占比 3%；城镇工矿用地 231 102.77 hm²，占比 13%；交通运输用地 63 006.97 hm²，占比 4%；水域及水利设施用地 101 753.91 hm²，占比 6%；其他土地 119 823.85 hm²，占比 7%。

## (一) 农用地

农用地按利用方式分为耕地、园地、林地、牧草地和其他农用地。其中耕地面积为 844 732.39 hm²，占比 49%；园地面积为 105 797.44 hm²，占比 7%；林地面积为 196 610.30 hm²，占比 11%；草地面积为 56 293.55 hm²，占比 3%。全市农用地以耕地为主。耕地集中分布在临郯苍平原、沂河谷地、祊河谷地，以沂水县、沂南县、兰陵县、郯城县、莒南县、费县为主。园地、林地集中分布在山地丘陵区，以沂水县、沂南县、费县、平邑县、蒙阴县、莒南县为主。其他农用地主要是田坎、农村道路和农田水利用地，分布上以沂水县、费县、平邑县、莒南县、蒙阴县等为主。

## (二) 建设用地

建设用地中，城镇工矿用地 231 102.77 hm²，占比 13%；交通运输用地 63 006.97 hm²，占比 4%。全市建设用地的分布与经济发展水平基本一致，兰山区、罗庄区、河东区建设用地面积占全市建设用地面积的 20%，其次是沂水县、兰陵县、费县、平邑县、莒南县。

## (三) 其他用地

其他土地中，水利设施用地 101 753.91 hm²，占比 6%；其他土地 119 823.85 hm²，占比 7%。全市其他土地主要分布在蒙阴县、平邑县、沂水县、沂南县、费县等地。

## (四) 土地利用类型分布

临沂市各类土地在空间分布上受地形、地貌、水文等自然条件的影响。农用地主要分布在河流两岸冲积平原及低山丘陵区，沂水县、沂南县、兰陵县、平邑县、费县、莒南县所占比重比较大，其他县区分布比较少。在农用地中，耕地以沂水县、沂南县、兰陵县、郯城县、莒南县、费县最多；园地主要分布在蒙阴、平邑、沂水、莒南等县；林地在沂水、平邑、蒙阴、沂南等县分布比较多；其他农用地主要分布在沂水县、平邑县、费县、蒙阴县、莒南县。

全市经济发展水平与地形地貌及交通条件密切相关，经济发展较快的地区主要集中在交通沿线和平原、谷地自然条件较好的区域，建设用地也主要分布在以上地区。兰山、罗庄、河东三区经济总量占全市的30%左右，建设用地面积占全市的20%以上。建制镇用地主要沿全市的交通路网分布，平邑县、莒南县、郯城县、费县建制镇用地所占比重较高。农村居民点用地以沂水县、沂南县、郯城县、兰陵县等地面积较大。水利设施用地以水库为主，主要分布在蒙阴、莒南、费县、兰陵、沂水、平邑等县。未利用地主要分布在沂水、沂南、平邑、费县、蒙阴的山区丘陵地带，以荒草地为主。

# 三、耕地利用与管理

## (一) 耕地利用现状

临沂市是一个农业大市，人多地少。一方面，耕地复种指数高，用地养地矛盾比较突出，随着工业化、城镇化进程的加快，耕地呈刚性减少趋势；另一方面，由于耕作单一、投入品泛滥、改良投入较少、修复措施不到位、耕地质量保护措施乏力等，耕地的土壤环境质量与耕地的土壤健康质量下降。耕地地力不足、耕地的综合生产能力提高缓慢，满足不了粮食持续增产的需要。虽然临沂市耕地后备资源较为丰富，但未被利用的多为生态保护用地、林地以及部分山荒地，开垦利用的难度很大。据统计资料显示，全市耕地总面积为1 265万余亩，人均耕地1.24亩，低于全国人均1.38亩的平均水平。2018年，全市农作物总播种面积为1 495.406万亩，其中：小麦播种面积为444.149 5万亩，平均每亩产量为383.1 kg；

玉米播种面积为 390.260 5 万亩，平均每亩产量为 434.1 kg；稻谷播种面积为 55.019 3 万亩，平均每亩产量为 629.1 kg；豆类播种面积为 24.242 7 万亩，平均每亩产量为 169.4 kg；薯类播种面积为 54.609 万亩，平均每亩产量为 531.1 kg；花生播种面积为 256.297 4 万亩，平均每亩产量为 318.4 kg；烟叶播种面积为 10.729 万亩，平均每亩产量为 172.4 kg；药材播种面积为 15.527 7 万亩。蔬菜（含菜用瓜）播种面积为 202.287 5 万亩，总产量为 7 577 495 t。实有茶园面积为 3.038 2 万亩，茶叶产量为 1 675 t。实有果园面积为 122.362 9 万亩，果品总产量为 2 447 654 t。

## （二）耕地地力等级状况

2007 年以来临沂市县域耕地地力评价成果表明，全市现有地力水平一般。通过利用"3S"〔遥感技术（RS）、地理信息系统（GIS）、全球定位系统（GPS）〕技术综合评价，可将全市耕地划分了六个地力等级，一级地面积占全市耕地总面积的 13.2%，二级地占全市耕地总面积的 15.0%，三级地占全市耕地总面积的 18.0%，四级地占全市耕地总面积的 19.8%，五级地占全市耕地总面积的 19.2%，六级地占全市耕地总面积的 14.8%。对照全市产量水平，将六个等级耕地归并为三个产量水平，一级地和二级地为高产田，每亩耕地粮食生产水平约 970 kg，耕地面积 351.5 万亩，占全市耕地总面积 28.2%；三级地和四级地为中产田，每亩耕地粮食生产水平约 810 kg，耕地面积 472.6 万亩，占全市耕地总面积的 37.8%；五级地和六级地为低产田，每亩耕地粮食生产水平约 490 kg，耕地面积 423.0 万亩，占全市耕地总面积的 34.0%，全市中低产田耕地面积达到 71.8%，耕地质量一般。

## （三）主要养分状况及变化情况

根据全市约 3 万个土壤样品分析资料统计，全市耕地平均肥力水平总体良好，土壤有机质、全氮、速效钾属中等含量水平，土壤有效磷、有效铁、有效锰、有效铜、有效锌属较丰富含量水平。土壤有机质含量为 14.5 g/kg、全氮含量为 0.933 g/kg、碱解氮含量为 92 mg/kg、有效磷含量为 35.3 mg/kg、速效钾含量为 105 mg/kg、有效硫含量为 30.2 mg/kg、交换性钙含量为 2 374 mg/kg、交换性镁含量为 296 mg/kg、有效锌含量为 1.52 mg/kg、有效硼含量为 0.37 mg/kg、有效铁含量为 44.0 mg/kg、有效锰含量为 37.1 mg/kg、有效铜含量为 2.00 mg/kg、有效钼含量为 0.17 mg/kg。与第二次土壤普查时期的养分比较，各种养分的含量都有不同程度的增加，其中有效磷和有效锌含量增加幅度最大，分别增加了约 9.6 倍和 1.9 倍，有机质增加了 76.9％，大量元素全氮、速效钾含量分别增加了 67.9％、31.2％，微量元素有效硼、有效铁、有效锰、有效铜含量分别增加了 7.0％、105％、58.3％、94.0％。但土壤养分地域间差异大，地块间养分比例不协调，缺素与养分富集并存，不能满足粮食持续、稳定增产的需要。

## （四）农户施肥调查情况

本次分析的农户施肥调查资料，来源于测土配方施肥项目耕地地力评价项目，调查时间为 2009—2012 年，共涉及 8 万户农户。

### 1. 主要作物肥料投入特点

受经济利益的驱动，目前大田作物中有机肥的施用极不均衡，小麦约有 61％地块施用有机肥，玉米田施有机肥的占 2.1％，水稻田占 55.5％，花生田约为 46.5％。有的粮田甚至整年不用有机肥，成为名副其实的"卫生田"。究其原因，一是大部分青年农民怕麻烦，经常外出打工，堆沤有机肥的积极性不高，致使粮田大部分不施农家有机肥；二是即使有农家肥，随着农业结构的调整，大部分都施入保护地蔬菜田、果园及部分交通好的大田。施用的有机肥类型主要是土杂肥。

从图 2-1 和图 2-2 可以看出，蔬菜（主要是保护地栽培）有机肥施用种类有圈肥、家禽粪肥、生物有机肥和沼液等，果园有机肥施用种类有圈肥、家禽粪肥、土杂肥和人粪尿等，主要以基肥撒施方式施入。其中，蔬菜和果园有机肥施用种类都以圈肥和家禽粪肥

为主，其中蔬菜施用圈肥和家禽粪肥占比分别为 55％和 33.5％，
果园施用圈肥和家禽粪肥占比分别为 40.8％和 29.5％。不施有机
肥的蔬菜和果园分别占总样本量的 1.5％和 4.0％。

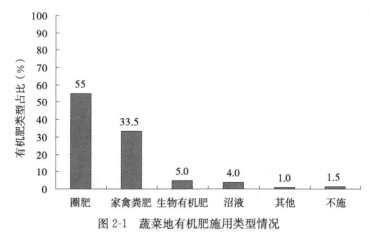

图 2-1　蔬菜地有机肥施用类型情况

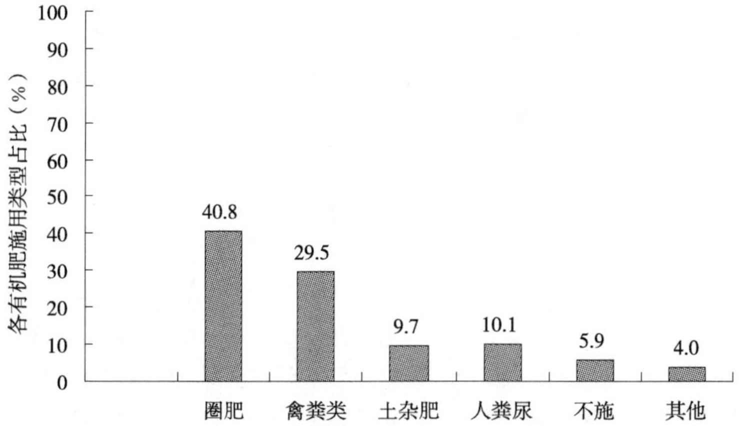

图 2-2　果园有机肥施用类型情况

## 2. 化肥施用情况

通过调查分析发现，大田作物、蔬菜和果园的化肥施用类型有
三元复合肥（主要是 15-15-15、16-16-16 等量配比的）、磷酸二铵、
硫酸钾、碳酸氢铵、过磷酸钙、专用配方肥等。以复合肥施用为主，

其中小麦总施用量占比 67.3%，玉米占比 48.3%，花生占比 71.2%，果园占比 88.7%，这说明农户肥料配比还比较单一，不科学，不符合作物需肥规律。从调查结果发现，近几年来，影响农户购肥的因素中，传统认识和习惯影响占比 25%，经销商推荐占比 40%，农技部门指导与推荐占比 20%，价格因素占比 10%，厂家宣传直销及其他占比 5%。在实际操作中盲目施肥问题仍较突出。

### 3. 部分作物的养分投入分级状况

表 2-3 对小麦、玉米、花生和果树的养分投入情况进行了分级。从表中可以看出，临沂市小麦每亩施氮过量（>15 kg）的样本达到 49.55%，每亩施氮≤10 kg 的样本占 25.05%，磷施入量不足（≤5 kg）的占 29.16%，不施钾的样本占 26.59%。氮、磷、钾投入量不足的玉米样本较多，均超过 50%，说明大部分调查农户对玉米养分投入不重视，造成施肥量严重不足。每亩花生施氮量>10 kg 的样本占 31.2%，施磷量>8kg 的样本为 4.72%，施钾量>5 kg 的样本为 47.67%，对花生磷投入不足的农户超过一半。果树氮、磷过量施用的样本为 75.44% 和 76.24%，每亩钾肥投入在 30 kg 以上的样本达到 86.01%，果园的养分投入水平总体较高。

**表 2-3　部分作物不同投入分级下样本分布频率**

| 作物 | 养分类型 | 分级范围 | 样本分布频率（%） |
| --- | --- | --- | --- |
| 小麦 | 氮 | >15 | 49.55 |
| | | 10~15 | 25.40 |
| | | ≤10 | 25.05 |
| | 磷 | >8 | 25.19 |
| | | 5~8 | 45.65 |
| | | ≤5 | 29.16 |
| | 钾 | >5 | 49.50 |
| | | 0~5 | 23.91 |
| | | ≤0 | 26.59 |

（续）

| 作物 | 养分类型 | 分级范围 | 样本分布频率（%） |
|---|---|---|---|
| 玉米 | 氮 | >15 | 33.01 |
| | | 10~15 | 13.01 |
| | | ≤10 | 53.99 |
| | 磷 | >4 | 16.01 |
| | | 2~4 | 17.91 |
| | | ≤2 | 66.08 |
| | 钾 | >5 | 11.81 |
| | | 0~5 | 23.60 |
| | | ≤0 | 64.61 |
| 花生 | 氮 | >10 | 31.2 |
| | | 5~10 | 23.92 |
| | | ≤5 | 44.88 |
| | 磷 | >8 | 4.72 |
| | | 5~8 | 38.74 |
| | | ≤5 | 56.54 |
| | 钾 | >5 | 47.67 |
| | | 0~5 | 17.56 |
| | | ≤0 | 34.77 |
| 果树 | 氮 | >50 | 75.44 |
| | | 30~50 | 19.02 |
| | | ≤30 | 4.54 |
| | 磷 | >30 | 76.24 |
| | | 15~30 | 19.52 |
| | | ≤15 | 4.24 |
| | 钾 | >50 | 9.57 |
| | | 30~50 | 76.44 |
| | | ≤30 | 13.99 |

注：表中各养分投入量分为三级：过量、适中和不足。

### 4. 临沂市农田肥料投入量情况

表 2-4 列出了临沂市主要大田作物、部分蔬菜和果树的化肥和有机肥单位面积投入量。从表中可以看出，粮食作物水稻、玉米、小麦和油料作物花生的施氮量相差不大，花生施氮量最高，玉米磷、钾养分总投入量低。与大田作物相比，蔬菜作物的养分投入更高，在调查的几种蔬菜中，每茬次总养分投入量大小顺序为茄子＞黄瓜＞辣椒＞番茄＞结球甘蓝＞莴笋＞芸豆＞大蒜。茄子每茬施氮量达到了 869.00 kg/hm²，远远高于其他几种蔬菜的养分投入量。在调查的 4 种果树中，总养分投入量大小顺序为：苹果＞桃＞山楂＞板栗。整体来看，粮食作物总养分投入量较低，果树的总养分投入量较高。

**表 2-4  临沂市主要作物氮、磷、钾养分投入量**

单位：kg/hm²

| 作物 | 化肥 | | | 有机肥 | | | 总量 | | |
|---|---|---|---|---|---|---|---|---|---|
| | N | $P_2O_5$ | $K_2O$ | N | $P_2O_5$ | $K_2O$ | N | $P_2O_5$ | $K_2O$ |
| 小麦 | 206.60 | 101.40 | 75.00 | 26.08 | 12.58 | 29.32 | 232.68 | 113.98 | 104.32 |
| 玉米 | 223.00 | 43.40 | 44.60 | 22.20 | 9.39 | 23.26 | 245.20 | 52.79 | 67.86 |
| 水稻 | 231.50 | 75.20 | 97.90 | 2.90 | 3.50 | 4.70 | 234.40 | 78.70 | 102.60 |
| 花生 | 215.00 | 121.00 | 119.00 | 40.54 | 31.34 | 26.24 | 255.54 | 152.34 | 145.24 |
| 番茄 | 382.50 | 229.50 | 460.50 | 186.00 | 168.00 | 149.00 | 568.50 | 397.50 | 609.50 |
| 辣椒 | 300.00 | 157.50 | 462.00 | 106.00 | 292.00 | 263.00 | 406.00 | 449.50 | 725.00 |
| 结球甘蓝 | 422.40 | 117.90 | 199.50 | 136.00 | 134.00 | 114.00 | 558.40 | 251.90 | 313.50 |
| 莴笋 | 325.50 | 127.80 | 213.00 | 110.00 | 77.00 | 61.00 | 435.50 | 204.80 | 274.00 |
| 大蒜 | 206.40 | 139.80 | 187.50 | 22.80 | 16.20 | 112.10 | 229.20 | 156.00 | 299.60 |
| 芸豆 | 274.60 | 77.50 | 147.10 | 143.70 | 66.40 | 142.50 | 418.30 | 144.00 | 289.60 |
| 茄子 | 600.00 | 225.00 | 450.00 | 269.00 | 281.00 | 240.30 | 869.00 | 506.00 | 690.30 |
| 苹果 | 424.50 | 303.00 | 345.00 | 217.30 | 71.90 | 303.40 | 641.80 | 374.90 | 648.40 |

(续)

| 作物 | 化肥 | | | 有机肥 | | | 总量 | | |
|------|------|------|------|------|------|------|------|------|------|
| | N | $P_2O_5$ | $K_2O$ | N | $P_2O_5$ | $K_2O$ | N | $P_2O_5$ | $K_2O$ |
| 桃 | 388.50 | 229.50 | 246.00 | 192.50 | 65.70 | 277.40 | 581.00 | 295.20 | 523.40 |
| 板栗 | 228.00 | 139.50 | 156.00 | 155.20 | 51.30 | 216.70 | 383.20 | 190.80 | 372.70 |
| 山楂 | 289.50 | 220.50 | 228.00 | 93.10 | 30.80 | 130.00 | 382.60 | 251.30 | 358.00 |

### 5. 主要作物的表观养分平衡状况

从表 2-5 作物的表观养分盈余量（氮、磷、钾养分的投入与带出之差）分析来看，花生的氮表观盈余量为－1.46 kg/hm²，投入量与支出量基本持平，由于花生自身有固氮能力，花生对氮肥的利用可能会有剩余。磷表观盈余量为正值，说明花生磷投入过量，花生田的氮、磷养分可能存在累积现象。小麦和玉米的氮表观盈余量为正值，说明氮投入过量，小麦的磷表观盈余量为 58.48 kg/hm²，磷投入过量，玉米的磷表观盈余量为 5.99 kg/hm²，投入量与支出量基本持平。三种作物的钾表观盈余量都为负值，钾肥投入都为亏缺状况。从表中还可以看出，除了芸豆、桃钾素亏缺，大蒜氮素基本平衡，茄子、苹果等蔬菜和果树作物的氮、磷养分盈余非常严重。因此，从养分平衡角度分析，在临沂市大田粮食作物种植模式下氮素投入量较大，钾素亏缺。而对蔬菜地和果园来说，除了氮素之外，造成水体富营养化的元凶——磷的盈余也较多，加上近年来临沂市不断进行种植结构调整，蔬菜瓜果种植面积不断扩大，以及蔬菜果树多年种植所造成的累积效应，存在氮、磷流失的风险。

#### 表 2-5 主要作物的养分平衡状况

单位：kg/hm²

| 作物 | 投入量 | | | 支出量 | | | 表观盈余量 | | |
|------|------|------|------|------|------|------|------|------|------|
| | N | $P_2O_5$ | $K_2O$ | N | $P_2O_5$ | $K_2O$ | N | $P_2O_5$ | $K_2O$ |
| 小麦 | 232.68 | 113.98 | 104.32 | 202.50 | 55.50 | 227.20 | 30.18 | 58.48 | －122.88 |
| 玉米 | 245.20 | 52.79 | 67.86 | 136.20 | 46.80 | 141.60 | 109.00 | 5.99 | －73.74 |

（续）

| 作物 | 投入量 | | | 支出量 | | | 表观盈余量 | | |
|---|---|---|---|---|---|---|---|---|---|
| | N | $P_2O_5$ | $K_2O$ | N | $P_2O_5$ | $K_2O$ | N | $P_2O_5$ | $K_2O$ |
| 花生 | 255.54 | 152.34 | 145.24 | 257.00 | 68.20 | 199.50 | −1.46 | 84.14 | −54.26 |
| 水稻 | 234.40 | 78.70 | 102.60 | 155.90 | 69.80 | 223.20 | 151.80 | 55.60 | −75.50 |
| 大蒜 | 229.20 | 156.00 | 299.60 | 215.00 | 38.00 | 146.00 | 14.20 | 118.00 | 153.60 |
| 番茄 | 568.50 | 397.50 | 609.50 | 348.70 | 178.70 | 562.50 | 219.70 | 218.70 | 47.00 |
| 黄瓜 | 651.30 | 502.00 | 566.50 | 560.00 | 156.20 | 540.00 | 91.30 | 345.80 | 26.50 |
| 茄子 | 869.00 | 506.00 | 690.30 | 348.70 | 78.70 | 551.20 | 520.30 | 427.20 | 139.00 |
| 辣椒 | 406.00 | 449.50 | 725.00 | 261.00 | 49.50 | 333.00 | 145.00 | 400.00 | 392.00 |
| 结球甘蓝 | 558.40 | 251.90 | 313.50 | 300.30 | 65.20 | 289.60 | 258.10 | 186.70 | 23.90 |
| 莴笋 | 435.50 | 204.80 | 274.00 | 122.30 | 49.90 | 203.70 | 313.10 | 154.80 | 70.20 |
| 芸豆 | 418.30 | 144.00 | 289.60 | 202.20 | 132.00 | 294.00 | 216.10 | 12.00 | −4.30 |
| 苹果 | 641.80 | 374.90 | 648.40 | 270.00 | 72.00 | 288.00 | 371.80 | 302.90 | 360.40 |
| 桃 | 581.00 | 295.20 | 523.40 | 360.00 | 150.00 | 570.00 | 221.00 | 145.20 | −46.50 |

　　临沂市是一个农业大市，也是肥料生产和用肥大市，化肥使用总量和强度一直居全省乃至全国前列。2000 年以来化肥投入量总体呈增加趋势。近几年，在测土配方施肥等项目的影响下，化肥消费转入以稳为主、小幅下降、结构优化的新阶段。全市化肥施用量大约为 43.39 万 t（折纯，下同）。

　　根据调查，全市耕地亩化肥用量为 34.8kg，播亩（含果园和茶园）化肥用量为 27.1 kg，比全国平均播亩化肥用量 21.9 kg、世界平均 8kg 使用数量严重偏高。分作物看，小麦、玉米播亩化肥用量为 20～32kg，总体适宜，局部钾肥投入不足；花生播亩化肥用量为 15～22kg，总体适宜，局部氮肥投入过量；果树和保护地蔬菜播亩化肥用量为 150～250 kg，总体过量 50%～100%，局部钾肥投入不足。当前施肥上存在的主要问题是：果园、保护地过量施肥依然普遍；农田有机肥料投入不足，大量作物秸秆等有机资源被焚烧，造成资源浪费和环境污染；有机、无机养分投入不协调；盲目排斥普钙、钙镁磷等低浓度肥料，土壤钙、镁、硫、硅等中量元素补充不足。

## （五）耕地质量存在的主要问题及原因

从临沂市耕地地力评价及耕地养分分析资料看，临沂市耕地质量总体状况良好。但也存在一些突出问题，制约了耕地生产能力的提高：①自然条件造成的障碍因素，如干旱缺水、土壤涝渍、土层浅薄、剖面构型欠佳、砾石含量较高、土层易受侵蚀、坡度大、灌排能力低等；②人为因素造成的障碍因素，如土壤酸化、设施菜地退化、土壤面源污染、耕地占优补劣等；③自然条件与人为影响共同作用的障碍因素，如土层薄、有机质含量不高、土壤养分失调等。从改良难度分析，有些障碍因素改良难度相对较大、见效慢，如干旱缺水、土壤盐渍化、土层浅薄、剖面构型欠佳、砾石含量较高、灌排能力低、土层易受侵蚀、坡度大等；有些障碍因素改良难度相对较小、见效快，如土壤酸化、设施菜地退化、有机质含量不高、土壤养分失调等。从对农业生产影响程度及提升耕地地力水平等方面综合分析，土壤酸化、设施菜地退化、有机质含量不高、土壤养分失调、耕层变浅和干旱缺水等障碍因素应优先进行改良修复。

### 1. 设施蔬菜地土壤退化

临沂市是蔬菜生产大市，常年瓜菜播种面积超过 220 万亩，其中设施栽培面积 100 多万亩，日光温室约 36 万亩，拱圆大中棚 59.9 万亩左右，小拱棚 23.9 万亩左右。瓜菜总产量近年来一直稳定在 1 亿 t 以上，居全国首位。但与此同时，栽培种类单一、多年连作、肥水管理不合理等导致大棚出现了土壤环境恶化、蔬菜病虫害严重、产量降低、品质下降等一系列不良现象，严重威胁设施蔬菜生产的可持续发展。通过对设施蔬菜主产区保护地的调查发现，种植多年的设施菜地在不同程度的土壤板结、次生盐渍化、土传病害严重等土壤退化现象。据粗略估计，全市约有 15％的设施土壤出现板结现象，10％的设施土壤发生盐渍化，30％的设施土壤出现土传病害现象。

大棚蔬菜地土壤退化的主要原因：①封闭的设施环境为土壤盐渍化和土传病害创造了有利条件；②化肥的盲目施用是土壤板结、盐渍化、生理病害发生的主要原因；③土壤有机质严重不足，土壤的缓冲性降低；④大水漫灌导致土壤板结、地下水硝酸盐超标及病害严重；⑤种植制度不合理，土壤连作障碍突出；⑥土壤消毒减少了有益菌群。

### 2. 土壤耕层变浅

实践证明，土壤耕层结构直接关系到农作物的高产稳产和可持续发展。临沂市自 20 世纪 90 年代开始，土壤耕作大量采用旋耕机械，使土壤有效耕层变浅，犁底层加厚，耕层有效土壤数量明显减少，严重影响作物根系发育、下扎，大大缩小了根系吸收养分的范围；土壤通透性变差，养分有效性降低；土壤蓄雨保水保肥性能下降，抗旱、抗寒、防涝能力降低，成为产量进一步提高的主要限制因素。这部分耕地大多立地条件较好，田间水利设施齐全，基本可以实现旱灌涝排。加厚耕作层、破除犁底层对粮食增产具有重要意义。据粗略估计全市耕层＜20 cm 的耕地约占 24％。

### 3. 土壤有机质和养分失衡

近 30 年来，临沂市耕地土壤有机质含量总体呈上升趋势，由过去的 8.2 g/kg 提高到 14.5 g/kg。目前临沂市有机质含量水平相对于耕地产出的需求，含量总体偏低，远低于全国耕地 24.9 g/kg 的平均含量，也低于全国小麦主产区 17.2 g/kg 的平均含量。同时，施肥习惯、施肥方式、施肥结构等导致土壤中各种养分失衡，表现为土壤某种养分的贫瘠和过剩以及土壤养分间比例的失调。土壤有机质含量低及土壤养分失衡问题，影响了土壤水肥气热状况、土壤理化性状、微生物区系，加重了作物生理病害，进而影响了作物产量和品质。

### 4. 干旱缺水问题比较突出

干旱缺水主要是指无水浇条件的旱地，在目前的条件下，难以采用灌溉技术予以解决。全市无浇水条件旱地面积 350 万亩左右，由于降水分布时空不匀，春秋季节多发生干旱，产量低而不稳，多为中低产田。

## （六）提升耕地质量的意见及建议

提高耕地质量是一个复杂的系统工程，既需要工程措施、农机农艺措施、生物措施相结合，也需要政府支持及各部门的大力配合。针对临沂市耕地质量存在的主要问题，提出如下意见和建议：

（1）提高认识，高度重视耕地资源保护和质量建设工作。加强耕地土壤质量建设工作，树立"藏粮于地"的理念；进一步完善耕地地力和耕地质量评价工作，并根据评价结果，制定全市耕地质量提升规划；加大对耕地质量建设和耕地保护的投入力度，切实保障耕地质量建设资金投入；加大对占用优质耕地后新增耕地质量建设的监督与管理，在确保占补耕地"数量平衡"的基础上，努力实现占补耕地的"质量平衡"。

（2）加强立法，进一步健全耕地保护与质量建设工作机制。在国家、省、市有关耕地质量建设与管理法律法规的基础上，尽快制定行之有效的实施细则或市级耕地质量保护和管理办法，通过法律法规手段提升临沂市耕地质量建设与管理水平。

（3）落实措施，强化对耕地质量保护及建设工作的监管力度。在各级政府和有关部门建立耕地质量管理共同责任制度，加强协调配合，落实监管措施。

（4）工程措施、农机农艺措施、生物措施结合，多措并举提升耕地地力。

在工程措施方面：①搞好土地开发整理，加强农田生态环境治理，通过平整地面、修筑梯田、小块并大块及路渠配套等，改善生产、生活条件，促进中低产田耕地质量的提等升级。②加强基本农田建设，建设高标准农田，扩大高产稳产耕地面积。③通过修建集水窖、大口井、小水塘、拦水坝等小型水利设施，尽量扩大山岭旱地有效灌溉面积。

在农机农艺措施方面：①大力推广机械化深耕深松技术，加厚活土层，提高耕地土壤的蓄水保肥能力。②大力推广秸秆还田和增施有机肥技术，不断提高耕地土壤有机质含量。③大力推广测土配方施肥技术，通过对肥料品种、用量、施肥时期、施肥方法等的科学调配，不断提高肥料利用率，实现用地与养地相结合，不断提高土壤肥力。④大力推广水肥一体化技术，充分发挥水肥一体的耦合效应，既可达到节水节肥省工之目的，又能有效防止土壤次生盐渍化的发生。⑤实行科学的轮作制度，有条件的地方，通过轮作换茬，达到用地与养地相结合的目的，同时，也能有效减少病虫草害的发生。

在生物措施方面：①通过种植绿肥，实行翻压还田或过腹还田，提高土壤有机质含量。②通过增施生物肥料，不断改善土壤生态环境，促进作物对土壤缓效态养分的吸收利用。

（5）组织产、学、研及相关企业对影响农业生产的主要问题进行专题研究，开展不同类型耕地质量提升试验示范，做好技术储备。

# 第三章
## 耕地调查采样与分析

耕地调查是耕地地力评价、养分评价、土壤培肥与改良利用的基础。临沂市耕地调查采样以县为单位，主要包括采样地块基本情况与农户施肥情况调查、土壤样品采集、室内化验分析、数据处理等环节。调查内容是否全面、取样地块是否正确、采样数量是否合适等与耕地质量评价密切相关。采样在充分考虑土壤类型、用地现状、作物品种等因素的基础上，按照典型性、代表性、广泛性的布点原则统一布点，用 GPS 定点取样，根据《测土配方施肥技术规范》（NY/T 1118—2006）测试分析要求进行化验分析，为耕地地力评价提供最基础的资料。

## 一、土壤样品的布点与采集

### （一）土壤样品的布点

#### 1. 布点原则

**（1）土种优先原则**

土种是确定评价单元的依据，每个土种均有样点是评价的基础。临沂市 105 个土种，耕地面积较大的土种，根据耕地面积布点；耕地面积较小的土种，控制样点数量不低于 3 个。

**（2）用地类型兼顾原则**

临沂市耕地类型分为粮田、菜地、花生田、果园 4 个用地类型。土样布点按照各种用地类型面积确定样点数量。

**(3) 种植作物兼顾原则**

对全市小麦、玉米、水稻、大蒜、花生、设施蔬菜、桃、苹果等作物进行均匀布点，保证常见作物有样点，有调查。种植面积较大的作物要适当考虑种植年限、种植方式、土壤肥力水平等。

**(4) 代表性、均匀性原则**

样点在土壤类型、用地类型、种植作物等方面具有广泛的代表性；各样点在土地利用现状图上均匀分布，便于评价过程的差值处理。

**(5) 布点与修正兼顾原则**

土样采集原则上以布点为主，对布点要求与实际不符时，采样过程中要进行适当的调整，调整内容要求图上有标注、表中有记录。

**2. 布点方法**

**(1) 大田土样布点方法**

将临沂市的土壤图与土地利用现状图叠加，在土地利用现状上形成有评价单元的工作草图→据总采样点数量、平均每个点代表面积初步确定每个评价单元采样点数→在各评价单元中，根据图斑大小、种植制度、种植作物种类、产量水平、梯田化水平等因素，确定布点数量和点位→再根据评价单元布点原则选定耕地分级评价布点数量和点位，并在图上标注采样编号，耕地分级评价点位加注 Y 以示区别，形成点位图。

**(2) 菜地土样布点方法**

在土地利用现状图上，勾绘蔬菜地设施类型（日光温室、塑料大棚、露天菜地）分布图，再与土壤图叠加，形成评价单元→根据总采样点数量、平均每个点代表面积，初步确定各评价单元的采样点数→在各评价单元中，根据图斑大小、蔬菜地类型、棚龄或种菜年限等因素，确定布点数量和点位→再根据耕地分级评价布点原则选定耕地分级评价布点数量和点位，并在图上标注采样编号，耕地分级评价点位加注 P 以示区别，形成点位图。

**（3）果园土样布点方法**

在土地利用现状图上，野外补充调查完善果园分布，依据果园分布图，并与土壤图叠加，形成评价单元→根据总采样点数量，平均每个点代表面积，初步确定各评价单元的采样点数，并在图上标注采样编号，形成点位图。

**（4）水样布点方法**

以县为单位，根据水系、水源类型以及灌溉面积和作物种类确定采样点数。

**（5）株样布点方法**

以县为单位，选择主要种植农作物种类，按高、中、低肥力水平各取不少于 1 组"3414"试验中 1、2、4、6、8 处理的植株样品，有条件的采集"3414"试验中所有处理的植株样品进行分析化验。

## （二）土壤样品的采集

### 1. 土样样品的采集

地力评价的土壤样品必须具有较强的代表性和可比性，并要根据不同分析项目采取相应的采样方法和处理方法。

**（1）采样方法**

①大田土样采样方法。在秋季作物收获前，根据点位图，到点位所在的村庄，了解当地农业生产情况后确定具有代表性的田块采

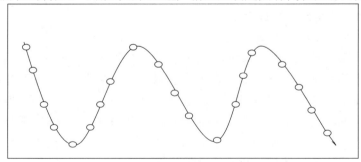

图 3-1　土壤样品采集"S"法示意

样，采样深度为 20 cm，长方形地块采用"S"法（图 3-1）布点，方形地块和不规则地块采用棋盘法（图 3-2）布点，采集 16～20 个点，充分混合后，四分法留取 1 kg 土样，填写两张标签，内外各放一张。田块面积要求在 1 亩以上，用 GPS 定位仪进行准确定位，修正原点位，并在图上准确标注。

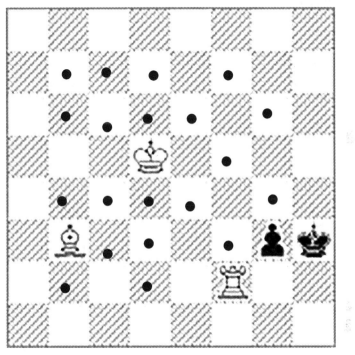

图 3-2　土壤样品采集棋盘法示意

②菜地土壤采样方法。保护地在主导蔬菜收获后的晾棚期间采样。露天菜地在主导蔬菜收获后、下茬蔬菜施肥前采样。根据点位图，到点位所在的村庄，确定具有代表性的蔬菜地采样，耕层采样深度为 0～25 cm，对典型地块亚耕层进行采样，深度为 26～50 cm，采用"S"法，采集 16～20 个点，按照沟、垄面积比例（图 3-3）确定沟、垄取土点位的比例和数量，土样充分混合后，四分法留取 1 kg 土样，填写两张标签，内外各放一张。用 GPS 定位仪进行准

确定位，修正原点位，并在图上准确标注。

沟垄比例3:7

图 3-3　沟、垄面积比例法示意

③果园土壤采样方法。在果实收获后，未施用底肥前采样。根据点位图，到点位所在的果园，根据树龄、树式确定具有代表性的果树采样，果园采样要选择 10 棵果树，以树干为圆点向外延伸到树冠边缘的 2/3 处采集，每株对角采 2 个点。样品分层采集，采样深度为 0～20 cm、20～40 cm。

**（2）样品的标记**

采集的样品放入统一的样品袋，用铅笔写好标签，内外各放一张，标签内容如表 3-1 所示。

表 3-1　土壤采样标签

| 统一编号： | | 邮编： |
| --- | --- | --- |
| 采样时间：　　年　　月　　日　　时 | | 土壤类型： |
| 采样地点：　　市　　　镇（街道）　　　村 | | |
| 地块　农户名：　　　地块在村的（中部、东部、南部、西部、北部、东南、西南、东北、西北） | | |
| 采样深度：① 0～20 cm　②20～25 cm　③0～40 cm　④　　cm（不是①②③的，在④上填写） | | |
| 该土样由　　点混合（规范要求 15～20 点） | | |
| 经度：　　度　　分　　秒　　纬度：　　度　　分　　秒 | | |
| 采样人：　　　　　　联系电话： | | |

## 2. 水样采样方法

水样在灌溉高峰期采集。采样时用 500 mL 聚乙烯瓶在抽水机出口处或农渠出水口采集 4 瓶，记载水源类型、取样时间、取样人等内容。采集后尽快送到化验室，根据测定项目当日进行化验或加入稳定剂后在规定的时间内尽快化验，以保证化验数据的准确性。

### 3. 植株样采样方法

在蔬菜、果品的收获盛期采集植物样。采用棋盘法，采样点10～15个。蔬菜采集可食部分，个体大的样品，可先纵向对称切成4份或8份后，四分法留取2 kg。果品在上、中、下、内、外均匀采摘，四分法留取2～3 kg。

全市共采集土壤样品8.5万个，地下水样品720个，植株样品360个。平均每个县采集土壤样品7 000个左右，地下水样品60个，植株样品30个。

### 4. 采样几个关键技术的确定

#### (1) 布点和采样方法的确定

在第二次土壤普查时，由于常年实行集体生产经营制，农业生产管理（主要包括种植制度、施肥、浇水等）技术十分相似，采样主要按行政区域均匀布点。第二次土壤普查后农村实行土地生产承包制，耕地的管理方式、种植制度、施肥、浇水等都是由个人决定的，长期以来耕地肥力水平出现了较大的差异。如果仍均匀布点，土样就是一个各种肥力水平的混合样，只能反映出来一个平均水平，高中低肥力水平哪种情况都代表不了，无法准确指导科学施肥，所以布点时以评价单元为基础布点，同样确定在一块典型地块上采样。

#### (2) 采样时间的确定

一般来讲，通过采样所获取的数据应该是一个生育周期结束后、第二个周期开始前的数据，此时的数据与以往调查、试验的数据相比具有继承性，也有可遵循的施肥指标体系。据此，临沂市小麦—玉米、小麦—花生等一年两作，在秋季作物收获前、9月左右采样。保护地在主导蔬菜收获后的晾棚期间采样。露天菜地在主导蔬菜收获后、下茬蔬菜施肥前采样。果园在果实收获后、未施用底肥前采样。

#### (3) 蔬菜地沟、垄采样点比例的确定

蔬菜地在施肥与浇水管理环节上与大田作物明显不同，一般在

垄上种植，沟里施肥，一个周期下来垄、沟土壤养分含量差异很大。如果只采垄上土壤，则养分含量低；如果只采沟里土壤，则养分含量高。二者都不能真实反映土壤养分状况，为此，我们确定按照沟、垄面积比例确定沟、垄取土点位的比例。

**（4）对采样点进行 GPS 定位**

利用 GPS 对采样点定位，提高了采样点位的准确性，也为采样点的录入、成果图编制的自动化和准确性奠定了基础。

## （三）调查内容及调查表的填写

调查表格涉及采样地块的立地条件、农户施肥管理、产量水平等众多内容，是耕地地力评价的基础材料之一，许多因素是耕地评价的指标，因此，调查表格都按要求认真填写。在调查前组织野外调查人员认真阅读填表说明，统一培训并模拟填写，调查表格如表3-2、表3-3所示。

**表 3-2　测土配方施肥采样地块基本情况调查表**

统一编号：_____　　调查组号：_____　　采样序号：_____
采样目的：　　　　　　　采样日期：　　　　　　　上次采样日期：

| | 省（市）名称 | | 地（市）名称 | | 县（旗）名称 | |
|---|---|---|---|---|---|---|
| 地理位置 | 乡（镇）名称 | | 村组名称 | | 邮政编码 | |
| | 农户名称 | | 地块名称 | | 电话号码 | |
| | 地块位置 | | 距村距离（m） | | | |
| | 纬度（°′″） | | 经度（°′″） | | 海拔高度（m） | |
| 自然条件 | 地貌类型 | | 地形部位 | | | |
| | 地面坡度（°） | | 田面坡度（°） | | 坡向 | |
| | 通常地下水位（m） | | 最高地下水位（m） | | 最深地下水位（m） | |
| | 常年降水量（mm） | | 常年有效积温（℃） | | 常年无霜期（d） | |

（续）

| 生产条件 | 农田基础设施<br>水源条件 | | 排水能力<br>输水方式 | | 灌溉能力<br>灌溉方式 | |
|---|---|---|---|---|---|---|
| | 熟制 | | 典型种植制度 | | 常年每亩产量<br>水平（kg） | |
| 土壤情况 | 土类 | | 亚类 | | 土属 | |
| | 土种 | | 俗名 | | | |
| | 成土母质 | | 剖面构型 | | 土壤质地<br>（手测） | |
| | 土壤结构 | | 障碍因素 | | 侵蚀程度 | |
| | 耕层厚度<br>（cm） | | 采样深度<br>（cm） | | | |
| | 田块面积<br>（亩） | | 代表面积<br>（亩） | | | |
| 来年种植意向 | 茬口 | 第一季 | 第二季 | 第三季 | 第四季 | 第五季 |
| | 作物名称 | | | | | |
| | 品种名称 | | | | | |
| | 目标产量 | | | | | |
| 采样调查单位 | 单位名称 | | | | 联系人 | |
| | 地址 | | | | 邮政编码 | |
| | 电话 | | 传真 | | 采样调查人 | |
| | E-mail | | | | | |

注：每一取样地块一张表。与表 3-3 联合使用，编号一致。

## 表 3-3 农户施肥情况调查表

统一编号：

| 施肥相关情况 | 生长季节 | | 作物名称 | | 品种名称 | |
|---|---|---|---|---|---|---|
| | 播张季节 | | 收获日期 | | 产量水平 | |
| | 生长期内<br>降水次数 | | 生长期内降水总量 | | | |
| | 生长期内<br>灌水次数 | | 生长期内灌水总量 | | 灾害情况 | |

（续）

| | | | | | | | | | | |
|---|---|---|---|---|---|---|---|---|---|---|
| 推荐施肥情况 | 是否推荐施肥 | | 推荐单位性质 | | | 推荐单位名称 | | | | |
| | 配方内容 | 每亩目标产量（kg） | 每亩推荐肥料成本（元） | 每亩施用化肥（kg） | | | | | 每亩施用有机肥（kg） | |
| | | | | 大量元素 | | | 其他元素 | | 肥料名称 | 实物量 |
| | | | | N | $P_2O_5$ | $K_2O$ | 养分名称 | 养分用量 | | |
| | | | | | | | | | | |
| 实际施肥总体情况 | | 每亩实际产量（kg） | 每亩实际肥料成本（元） | 每亩施用化肥（kg） | | | | | 每亩施用有机肥（kg） | |
| | | | | 大量元素 | | | 其他元素 | | 肥料名称 | 实物量 |
| | | | | N | $P_2O_5$ | $K_2O$ | 养分名称 | 养分用量 | | |
| | | | | | | | | | | |
| 实际施肥明细 | 汇总 | | | | | | | | | |

| | | | | | | 施肥情况 | | | | | |
|---|---|---|---|---|---|---|---|---|---|---|---|
| 实际施肥明细 | 施肥明细 | 施肥序次 | 施肥时期 | 项目 | | | 第一种 | 第二种 | 第三种 | 第四种 | 第五种 | 第六种 |
| | | 第一次 | | 肥料种类 | | | | | | | | |
| | | | | 肥料名称 | | | | | | | | |
| | | | | 养分含量情况（%） | 大量元素 | N | | | | | | |
| | | | | | | $P_2O_5$ | | | | | | |
| | | | | | | $K_2O$ | | | | | | |
| | | | | | 其他元素 | 养分名称 | | | | | | |
| | | | | | | 养分含量 | | | | | | |
| | | | | 每亩施用实物量（kg） | | | | | | | | |
| | | 第二次 | | 肥料种类 | | | | | | | | |
| | | | | 肥料名称 | | | | | | | | |
| | | | | 养分含量情况（%） | 大量元素 | N | | | | | | |
| | | | | | | $P_2O_5$ | | | | | | |
| | | | | | | $K_2O$ | | | | | | |
| | | | | | 其他元素 | 养分名称 | | | | | | |
| | | | | | | 养分含量 | | | | | | |
| | | | | 每亩施用实物量（kg） | | | | | | | | |

（续）

| 实际施肥明细 | 施肥明细 | 第..次 | 肥料种类 | | | | | | | | |
|---|---|---|---|---|---|---|---|---|---|---|---|
| | | | 肥料名称 | | | | | | | | |
| | | | 养分含量情况（%） | 大量元素 | N | | | | | | | |
| | | | | | P$_2$O$_5$ | | | | | | | |
| | | | | | K$_2$O | | | | | | | |
| | | | | 其他元素 | 养分名称 | | | | | | | |
| | | | | | 养分含量 | | | | | | | |
| | | | 每亩施用实物量（kg） | | | | | | | | |
| | | 第六次 | 肥料种类 | | | | | | | | |
| | | | 肥料名称 | | | | | | | | |
| | | | 养分含量情况（%） | 大量元素 | N | | | | | | | |
| | | | | | P$_2$O$_5$ | | | | | | | |
| | | | | | K$_2$O | | | | | | | |
| | | | | 其他元素 | 养分名称 | | | | | | | |
| | | | | | 养分含量 | | | | | | | |
| | | | 每亩施用实物量（kg） | | | | | | | | |

注：每一季作物一张表，请填写齐全采样前一个年度的每季作物。农户调查点必须填写完"实际施肥明细"，其他点必须填写完"实际施肥总体情况"及以上部分。与表3-2联合使用，编号一致。

　　达到理解正确、掌握标准一致时进行野外调查工作。表格中部分内容如土壤类型、土壤质地等先在室内填写，再到野外校验。调查该田块的前茬作物种类、产量、施肥和灌溉情况等内容，向田块户主询问，按表格内容逐项进行填写。野外调查内容在野外完成，如有漏填即当天补填。

## （四）采样人员的组织管理

各项目县区农业部门每年抽调 10 名技术骨干，与街道农技人员结合成立 10 个采样小组。每组实行组长负责制，保证采样的质量。对于采样调查表的填报固定专人进行审核把关。全市共采集用于耕地地力评价的样品数 4 620 个。采样的同时完整填写采样地块基本情况表与施肥情况调查表。

## （五）样品采集的质量控制

（1）重新划分用地类型，主要按粮田、菜地、花生田、园地等用地类型进行划分。

（2）考虑地形地貌、土壤类型、肥力高低、作物种类等布点，保证采样点具有典型性和代表性、空间分布的均匀性。

（3）考虑设施类型、作物种类、种植年限、不同时期布点，保证化验数据的可用性。

（4）由有经验、经培训的人员进行土样的采集。

（5）统一采样工具，采样工具为不锈钢取土钻、竹铲，从而保证了每一土样采样点不少于 15 个；采样工具统一取土深度按方案要求；统一采用 GPS 定位，记录经纬度，保证了点位记录的精度。

（6）采样点距离铁路、公路 100 m 以上，不在住宅、路旁、沟渠、粪堆、废物堆附近设采样点。

# 二、土壤样品的制备

## （一）新鲜样品

某些土壤成分如二价铁、硝态氮、铵态氮等在风干过程中会发生显著变化，必须用新鲜样品进行分析。为了能真实反映土壤在田间自然状态下的某些理化性状，新鲜样品要及时送回室内进行处理分析，用粗玻璃棒或塑料棒将样品混匀后迅速称样测定。

新鲜样品一般不易储存，如需要暂时储存，可将新鲜样品装入塑料袋，扎紧袋口，放在冰箱冷藏室或进行速冻保存。

## (二) 风干样品

从野外采回的土壤样品要及时放在晾土盘上，摊成薄薄的一层，置于干净整洁的室内通风处自然风干，严禁暴晒。并注意防止酸碱性气体及灰尘的污染。风干过程中要经常翻动土样并将大块捏碎以加速干燥，同时剔除土壤以外的侵入体。

将风干的土壤充分混匀后，要按照不同的分析要求研磨过筛，然后装入样品瓶中备用。瓶内外各放标签一张，写明编号、采样地点、土壤名称、采样深度、样品粒径、采样日、采样人姓名及制样时间、制样人姓名等项目。制备好的样品要妥善贮存，避免日晒、高温、潮湿和酸碱性气体的污染。全部分析工作结束后，分析数据核实无误，试样一般还要保存 1 年以上，以备查询。需要长期保存的样品，应保存在广口瓶中，用蜡封好瓶口。

## (三) 试样分析

### 1. 常规五项分析试样

将风干后的样品平铺在制样板上，用木块碾压，并将植物残体、石块等侵入体和新生体剔除干净。细小已断的植物根须，可采用静电吸附的方法清除。压碎的土样过 2 mm 孔径筛，未通过的土粒重新碾压，直至全部样品通过 2 mm 孔径筛为止。通过 2 mm 孔径筛的土样可供 pH、大量元素、有机质等项目的测定。

将通过 2 mm 孔径筛的土样用四分法取出一部分继续研磨，使之全部通过 0.25 mm 孔径筛，供有机质、全氮等项目的测定。

### 2. 微量元素分析试样

用于微量元素分析的土样，其处理方法同一般化学分析样品，但在采样、风干、研磨、过筛、储存等环节，不要接触容易造成样品污染的铁、铜等金属器具。采样、制样使用不锈钢、木、竹或塑料工具，过筛使用尼龙网筛等。通过 2 mm 孔径尼龙筛的样品可用于测定土壤中有效态微量元素。

# 三、植株样品的采集与制备

## (一) 植株样品的采集

试验用植株样品，按梅花形采样。小麦每小区取 2 个 0.5 m² 样方，玉米取 6 株，分地上部秸秆、籽粒全部采集，及时送交化实验登记、晾晒。

## (二) 植株样品制备与保存

小麦、玉米样品及时晒干，秸秆、籽粒单独粉碎，充分混匀后用四分法缩分至 0.5 kg。装入样品瓶，内外放好标签，移交检测室检测。检测剩留样品移交样品管理室保存 6 个月，待数据核实无误时进行销毁处理，不予保存。

# 四、水样的采集与保存

水样的采集时间为雨季前 (5—6 月)、雨季后 (9—10 月)。同一采样点重复采集农田灌溉水样各 1 次，每次采集样品 20 个，共计 40 个；同时采集农村饮用井水各 5 个，共计采集饮用水水样 10 个。雨季后采集主要河流、水库等地表水源地水样 5 个。采集水样盛入 100 mL 塑料瓶，记载水源类型、取样时间、取样人等内容，用保温桶存放运输。尽快送化验室，根据测定项目加入保存剂，并妥善保存及时检测。检测剩留样品待数据核实无误时进行销毁处理，不予保存。

# 五、样品分析与质量控制

## (一) 分析项目与方法

根据农业农村部《测土配方施肥技术规范》(NY/T 1118—2006) 测试分析项目的要求，确定本次测土配方施肥采样调查与质量评价要求化验分析项目为土壤理化性状 16 项，各项目分析方法以国家标准或部颁布标准为首选分析方法 (表 3-4)。

表 3-4 土壤测定方法

| 分析项目 | 样品水分要求 | 样品称样量 (g) | 样品细度 | 测定方法名称 | 方法适用范围 | 备注 |
|---|---|---|---|---|---|---|
| pH | 风干土 | 20.00 | 2 mm 孔径筛 | 玻璃电极法 | 各类土壤 | 水土比 1:2.5 |
| 有机质 | 烘干土 | 0.05~0.50 | 0.25 mm 孔径筛 | 重铬酸钾-浓硫酸滴定法-外加热法 | 有机质 | |
| 有效磷 | 风干土 | 2.50 | 2 mm 孔径筛 | 碳酸氢钠浸提-钼锑抗比色法 | 各类土壤 | 液土比 10:1 |
| 速效钾 | 风干土 | 5.00 | 2 mm 孔径筛 | 乙酸铵浸提-火焰光度法 | 各类土壤 | 液土比 10:1 |
| 全氮 | 烘干土 | 0.50~1.00 | 0.25 mm 孔径筛 | $H_2SO_4$-$K_2SO_4$-$CuSO_4$-Se 半微量开氏法 | 硝态氮含量低土壤 | 测定结果不包括硝态氮 |
| | | | | $H_2SO_4$-$K_2SO_4$-$CuSO_4$-Se-$KMnO_4$-Fe 半微量开氏法 | 硝态氮含量高土壤 | 测定结果含硝态氮、亚硝态氮 |
| 碱解氮 | 风干土 | 2.00 | 2 mm 孔径筛 | 碱解扩散法 | 各类土壤 | |
| 缓效钾 | 风干土 | 5.00 | 2 mm 孔径筛 | 硝酸浸提-火焰光度法 | 各类土壤 | 液土比 10:1 |
| 有效铁 | 风干土 | 10.00 | 2 mm 孔径筛 | 0.1 mol/LHCl 浸提-原子吸收分光光度法 | 各类土壤 | 液土比 5:1 |
| 有效锰 | 风干土 | 10.00 | 2 mm 孔径筛 | 0.1 mol/LHCl 浸提-原子吸收分光光度法 | 各类土壤 | 液土比 5:1 |

（续）

| 分析项目 | 样品水分要求 | 样品称样量（g） | 样品细度 | 测定方法名称 | 方法适用范围 | 备注 |
|---|---|---|---|---|---|---|
| 有效铜 | 风干土 | 10.00 | 2 mm 孔径筛 | 0.1 mol/LHCl 浸提-原子吸收分光光度法 | 各类土壤 | 液土比 5：1 |
| 有效锌 | 风干土 | 10.00 | 2 mm 孔径筛 | 0.1 mol/LHCl 浸提-原子吸收分光光度法 | 各类土壤 | 液土比 5：1 |
| 有效硼 | 风干土 | 10.00 | 2 mm 孔径筛 | 姜黄素比色法 | 各类土壤 | 液土比 2：1 |
| 有效钼 | 风干土 | 5.00 | 2 mm 孔径筛 | 草酸-草酸铵提取-极谱法 | 各类土壤 | 液土比 10：1 |
| 有效硫 | 风干土 | 10.00 | 2 mm 孔径筛 | 磷酸二氢钙或氯化钙浸提-硫酸钡比浊法 | 各类土壤 | 液土比 5：1 |
| 交换性钙 | 风干土 | 10.00 | 2 mm 孔径筛 | EDTA-铵盐-原子吸收分光光度法 | 各类土壤 | 液土比 5：1 |
| 交换性镁 | 风干土 | 10.00 | 2 mm 孔径筛 | EDTA-铵盐-原子吸收分光光度法 | 各类土壤 | 液土比 5：1 |

## （二）化验分析质量控制

为了确保化验室检测质量，从检测环境条件、人力资源、计量器具、设备设施等方面进行控制。

### 1. 化验室环境条件的控制

化验室环境条件要求达到：环境温度 16～35 ℃，相对湿度 20%～75%，电源电压（220±11）V，注意接地良好。仪器室噪声＜55 dB，工作间噪声＜70 dB。含尘量＜0.28 mg/m³，天平室、仪器室振动应在 4 级以下，振动速度＜0.20 mm/s。如果有特殊仪器设备、特殊样品试剂应满足其各自额定的操作条件的要求。

### 2. 对人力资源的控制

按照土壤检测工作量的要求，配备相应的专业技术人员，通常各县化验室要求配备 3～5 人，其中一人必须配备相应专业的本科学历或达到中级以上专业技术水平。此外针对各县化验室所购原子吸收、极谱仪、定氮仪、紫外分光光度计等仪器设备使用中存在的问题，分别举办专门技术培训，确保检测结果的准确性。

### 3. 化验室仪器设备及计量器具的控制

化验室计量器具主要有仪器设备和玻璃量器，其控制方法如下。

#### （1）仪器设备统一采购

要求各县所用检测仪器设备统一招标采购，统一采购的仪器设备型号一致，质量可靠，价格合理，便于售后服务，各个化验室的检测数据也便于比较。

#### （2）仪器设备的计量检定

要求影响检测质量较大的电子天平、小容量玻璃量器（容量瓶、滴定管、移液管）等都要根据鉴定周期要求定期进行鉴定。

### 4. 化验室内的质量控制

#### （1）检测方法的选择

土壤统一采用全国农业技术推广服务中心推荐的《土壤分析技术规范》(第二版)；植株采用山东省土壤肥料总站统一制定的氮、磷、钾检测方法；肥料检测采用相应的现行国家标准或行业标准检测方法。

**（2）工作标准溶液的校准**

标准滴定溶液制备要求按照《化学试剂　标准滴定溶液的制备》（GB/T 601—2002）的要求进行配制、标定、使用和保存。

**（3）空白试验**

空白试验一般平行测定的相对差值不应大于 50%，同时要求各化验室应通过大量的试验，逐步总结出各种空白值的合理范围。

**（4）精密度控制**

通常情况下，肥料、植株样品采用全样平行，土壤样品需做 10%～30% 的平行，5 个样品以下的，应增加为 100% 的平行。

平行测试结果符合规定的允许差，最终结果以其平均值报出，如果平行测试结果超过规定的允许差，需加测一次，取符合规定允许差的测定值报出。如果多组平行测试结果超过规定的允许差，应考虑整批重做。

**（5）采用参比样控制准确度**

山东省土壤肥料总站于 2006 年制备了 3 个土壤参比样品（土壤养分含量高、中、低），该样品已经 8 个有资质能力的化验室进行定值，要求每批样品或每 10～15 个样品加测参比样品一个，将该样品下发至每个县，每个样品量在 30～50 kg，其测试结果与参比样品标准值的差值，应控制在标准偏差（S）范围内。如果参比样品测试结果超差，则应对整个测试过程进行检查，找出超差原因再重新工作。

**（6）化验室间的质量控制**

化验室也采用参比样作为密码样进行检测，按时参加上级部门组织的化验室能力验证和考核，随机抽取已检样，编成密码跨批抽查。同一化验室安排不同人员进行双人比对，双边或多边分化验室间进行比对，对留样进行复检等。

质量管理中还要求各化验人员对检测结果的合理性进行预判，主要是结合土壤元素（养分含量）的空间分布规律、土壤元素（养分含量）的垂直分布规律、土壤元素（养分含量）与成土母质的关系、土壤元素（养分含量）与地形地貌的关系、土壤元素（养分含量）与利用状况的关系、各检测项目之间的相互关系等进行预判。

# 第四章
# 耕地土壤理化状况分析

　　土壤 pH、有机质及主要营养元素是作物生长发育所必需的物质基础，土壤的肥力或生产力在很大程度上取决于土壤对植物生长供应营养元素的能力。通过对耕地土壤 pH、有机质以及各养分含量状况的分析评价，摸清了全市耕地土壤肥力状况及存在问题，可为提升耕地肥力水平、建立科学的施肥制度、增加农作物产量提供科学依据。

　　自从全国第二次土壤普查后，临沂市再未组织过全面系统的土壤地力状况调查。耕层土壤理化性状分析，是耕地地力评价的基础。2012 年临沂市结合本区种植业结构特点，选取 4 620 个土壤样品用于耕地土壤理化性状和地力评价分级，土样采集于 2005—2013 年，各区县的样品数量分别是：兰山区 227 个，罗庄区 136 个，河东区 203 个，兰陵 470 个，费县 420 个，莒南 453 个，临沭 335 个，蒙阴 385 个，平邑 466 个，郯城 376 个，沂南 592 个，沂水 556 个。按土壤类型分棕壤 1 326 个，褐土 1 093 个，潮土 946 个，砂姜黑土 276 个，粗骨土 805 个，水稻土 173 个。按耕地利用类型分粮田 2 504 个，露地蔬菜地 268 个，园地 424 个，设施蔬菜地 97 个，花生田 1 306 个。对有机质、大量元素、pH、中微量元素、水溶性盐含量等进行了系统检测，充分掌握了全市耕地土壤的养分状况、分布范围、面积，对全市不同区域、不同耕地利用类型、不同土壤类型、不同质地的土壤理化性状进行全面系统的分析，为今后有效地指导农业生产打下了基础。

# 一、土壤 pH 及有机质状况分析

## （一）土壤 pH

土壤 pH，又称土壤酸碱度，是土壤重要的化学指标，也是影响土壤肥力和作物生长的重要因素之一。土壤 pH 的高低，是成土母质、成土条件、理化性状、肥力特征的综合反映，也是划分土壤类型、评价土壤肥力的重要指标。土壤酸碱度对土壤中养分的形态和有效性，对土壤的理化性质、微生物活动以及植物生长发育都有很大影响。在酸性土壤或石灰性土壤中，磷常被铁、铝和钙固定为无效态。土壤过酸和过碱均不利于有益微生物的活动，从而影响到土壤中氮素和部分磷素养分的释放。

### 1. 全市土壤 pH 总体状况及分级

对 4 620 个土壤样品进行化验分析，得知全市耕层土壤大多数为弱酸性，pH 在 5.5～8.0，其众数为 7.1，最大值为 8.3，最小值为 5.3，变异系数为 7.4%。其中 pH 为 3 级的耕地占比最大，为 67.12%；pH 为 2 级和 4 级的耕地占比相差不大，分别为 16.10%、16.25%。分级及各等级耕地面积见表 4-1。

表 4-1　耕层土壤 pH 分级及面积

| 级别 | 1 | 2 | 3 | 4 | 5 | 6 |
|---|---|---|---|---|---|---|
| 标准 | ＞8.5 | 7.5～8.5 | 6.5～7.5 | 5.5～6.5 | 4.5～5.5 | ≤4.5 |
| 各等级耕地面积（hm²） | 731.01 | 36 733.49 | 251 651.85 | 375 193.36 | 176 357.33 | 3 472.32 |
| 占耕地总面积比例（%） | 0.09 | 4.35 | 29.87 | 44.45 | 20.89 | 0.41 |

### 2. 不同土壤类型下土壤 pH 状况分析

棕壤 pH 众数为 5.4，平均值为 5.9，棕壤的盐基淋溶作用强，母岩风化过程中产生的钙、镁、钾、钠等盐基离子已被淋失，在棕壤分布区土壤无石灰反应，土壤一般呈酸性至中性。褐土的成土母质为石灰岩、沙页岩、基性岩风化物，褐土土类淋溶作用弱，盐基饱和度高,土壤呈中性至微碱性,褐土 pH 众数为 6.5,平均值为 6.5。砂姜黑土土类成土母质主要为浅湖沼沉积物,土壤呈中性至微碱性,pH 众数为 7.1,平均数为 6.6;潮土土类直接发育在河流沉积物上,成土母质主要为河流冲积物,土壤呈中性至微碱性,pH 众数为 6.3,平均值为 6.7,为 3 级水平,呈中性至弱酸性;水稻土土壤 pH 众数为 6.4,平均值为 6.3,呈弱酸性;粗骨土众数为 5.9,平均值为 6.3,也呈弱酸性;石质土众数为 7.3,平均值为 6.1,整体呈中性至弱酸性。

以上分析结果表明:棕壤主要以酸性水平存在,其次是微酸性;褐土基本以中性为主,砂姜黑土主要以中性水平存在;潮土主要以微酸性水平存在,其次是中性;水稻土主要以微酸性水平存在。粗骨土主要以微酸性水平存在;石质土主要以中性水平存在,其次是弱酸性。七种类型土壤的 pH 众数大小是石质土>砂姜黑土>褐土>水稻土>潮土>粗骨土>棕壤,按照平均值排序是潮土>砂姜黑土>褐土>水稻土、粗骨土>石质土>棕壤。与其他土壤类型比较,棕壤的耕地酸化最严重。石质土酸性石质土酸性较强。

### 3. 不同用地类型下土壤 pH 状况分析

根据种植面积统计数,将临沂市的耕地利用类型主要划分为:粮田(种植小麦、玉米、水稻等粮食作物)、设施蔬菜地、露地蔬菜地、园地(果园、杞柳为主)和花生田。由表 4-2 可知,露地蔬菜地耕层土壤 pH 较高,众数为 7.2,变化范围为 4.6～8.0;pH 最低的是花生田,其次是园地,众数分别是 5.2 和 5.6。耕地 pH 的差异主要是由土壤和施肥两种原因造成的。因花生田耕地以棕壤和粗骨土类型为主,加上盲目施肥,从而造成花生田 pH 较低;园地以果园为主,由于近年来生理酸性肥的大量施用,pH 呈下降趋势且相对较低。设施蔬菜地 pH 众数为 6.4,平均值为 6.2,呈弱酸性。不同用地类型 pH 众数值由高到低依次为:露地蔬菜地>设施蔬菜地>粮田>园地>花生田,pH 平均值由高到低依次为:露地蔬菜地>粮田、园地>设施蔬菜地>花生田。花生田酸化趋势较明显(表 4-2)。

表4-2 不同用地类型土壤pH状况

| 用地类型 | 众数 | 平均数 | 变化范围 | 置信区间 | 变异系数(%) | 标准差 |
|---|---|---|---|---|---|---|
| 粮田 | 6.3 | 6.3 | 3.6~8.6 | 5.6~7.0 | 11.60 | 0.73 |
| 设施蔬菜地 | 6.4 | 6.2 | 4.6~7.4 | 5.5~6.9 | 11.47 | 0.71 |
| 露地蔬菜地 | 7.2 | 6.6 | 4.6~8.0 | 6.0~7.2 | 8.91 | 0.59 |
| 园地 | 5.6 | 6.3 | 3.3~8.6 | 5.3~7.4 | 16.21 | 1.03 |
| 花生田 | 5.2 | 6.0 | 4.5~7.9 | 5.2~6.7 | 12.48 | 0.47 |

### 4. 不同质地类型下土壤pH状况分析

不同的土壤质地，耕层土壤的pH各不相同，差异较明显。中壤的pH众数和平均值最高分别为7.2和6.5，沙土pH众数最低，为5.3。不同质地pH由高到低依次为：中壤＞黏土＞轻壤、重壤＞黏壤＞沙壤＞沙土（表4-3）。

表4-3 不同质地类型土壤pH状况

| 质地类型 | 众数 | 平均数 | 置信区间 | 变异系数（%） | 标准差 |
|---|---|---|---|---|---|
| 沙土 | 5.3 | 6.0 | 5.3~6.8 | 12.70 | 0.76 |
| 沙壤 | 5.8 | 6.0 | 5.2~6.9 | 14.20 | 0.85 |
| 轻壤 | 6.3 | 6.3 | 5.5~7.0 | 11.92 | 0.75 |
| 中壤 | 7.2 | 6.5 | 5.8~7.2 | 10.74 | 0.70 |
| 重壤 | 6.3 | 6.4 | 5.8~7.0 | 9.95 | 0.64 |
| 黏壤 | 6.2 | 6.3 | 5.6~7.1 | 11.97 | 0.76 |
| 黏土 | 6.4 | 6.4 | 5.7~7.1 | 11.10 | 0.71 |

## （二）土壤有机质

土壤有机质是土壤中除土壤矿物质以外的固相物质，是土壤中含有的各种动植物残体与微生物及其分解合成的有机物质的数量。有机质在提供矿质养分、改善土壤物理性状、提高土壤的缓冲性能等方面起着重大的作用。土壤有机质含量的多少，直接影响着土壤水热状况和物理化学过程的性质和强度。此外，有机质中的腐殖质具有生理活性，能促进作物生长发育，减轻土壤的污染。研究表明，提高土壤有机质含量能够明显提高作物的质量，增加经济效益。因此在土壤肥力评价中，土壤有机质含量状况是一个必不可少的指标。

土壤有机质的含量受气候、地理位置和耕作模式等多种因素影响。农田有机质主要来源于动植物体的分解和外源有机肥的施入，秸秆还田和增施有机肥是提高土壤有机质含量的有效途径。

### 1. 全市土壤有机质总体状况及分级

临沂市土壤有机质平均含量为 13.9 g/kg，变化范围为 2.1～42.8 g/kg，变幅较大。全市土壤有机质含量中等偏上水平，60.79％的土地有机质含量为 3 级以上。其中 2 级水平的比例最大，占 26.54％，其次是 3 级水平的，占 22.99％，1 级水平的占 11.26％，4 级水平的占 15.46％，5 级水平的占 12.54％，6 级水平以下的占 11.22％。含量分级及面积见表 4-4。1982 年全市第二次土壤普查时有机质的平均值为 8.22 g/kg，属较低水平，本次参与评价的 4 620 个样品平均值为 13.9 g/kg，与 1982 年相比有机质含量提高了 5.68 g/kg，这与果园、蔬菜地增施有机肥和粮田推广秸秆还田措施密切相关。

**表 4-4 耕层土壤有机质分级及面积**

| 级别 | 1 | 2 | 3 | 4 | 5 | 6 | 7 |
|---|---|---|---|---|---|---|---|
| 标准（g/kg） | >20 | 15～20 | 12～15 | 10～12 | 8～10 | 6～8 | ≤6 |
| 各等级耕地面积（hm²） | 95 031.93 | 224 056.04 | 194 084.44 | 130 486.15 | 105 814.40 | 61 588.00 | 33 078.42 |
| 占耕地总面积比例（％） | 11.26 | 26.54 | 22.99 | 15.46 | 12.54 | 7.30 | 3.92 |

### 2. 不同土壤类型下土壤有机质含量状况分析

受成土母质、发育过程、耕层质地、人为耕作的影响，不同土壤类型间有机质含量有较大差异，砂姜黑土地处低洼，土质黏重，土壤有机质含量较高，平均含量为 18.6 g/kg；水稻土、潮土、褐土有机质平均含量是 18.1 g/kg、15.6 g/kg 和 14.9 g/kg；棕壤有机质平均含量为 12.5 g/kg，粗骨土有机质平均含量最低，为 12.1 g/kg，粗骨土主要分布在山地，土壤遭受严重侵蚀，土层浅薄，富含岩石碎屑，表土以下为不同厚度的风化岩层的土壤。因耕地利用和管理粗放，基本不施有机肥、秸秆还田量少，有机质含量较低。不同土壤类型有机质含量由高到低依次为：砂姜黑土＞水稻土＞潮土＞褐土＞石质土＞棕壤＞粗骨土。

棕壤中各亚类有机质含量略有差异，潮棕壤含量最高，平均为 12.9 g/kg，白浆化棕壤最低，平均为 12.1 g/kg。棕壤中各亚类有机质含量由高到低依次为：潮棕壤＞棕壤性土＞棕壤＞白浆化棕壤。

褐土中各亚类有机质含量差异较大，潮褐土含量最高，平均为 16.1 g/kg；淋溶褐土含量最低，平均为 13.7 g/kg。各亚类有机质由高到低依次为：潮褐土＞褐土＞褐土性土＞淋溶褐土。

砂姜黑土中各亚类有机质含量差异较大，砂姜黑土平均有机质含量为 18.0 g/kg，变化范围为 2.3～37.8 g/kg，变化范围较大，含量很不均衡；石灰性砂姜黑土平均有机质含量为 19.2 g/kg，变化范围为 14.9～26.3 g/kg，变化范围较小，有机质含量较均匀。

潮土中各亚类有机质含量差异大，湿潮土含量最高，平均为 16.4 g/kg，潮土有机质含量较低，平均为 14.8 g/kg，两个亚类的变化范围都很大，有机质含量分布不均匀（表 4-5）。

表 4-5　不同土壤类型及亚类土壤有机质含量状况

| 土类 | 亚类 | 平均数 (g/kg) | 最大值 (g/kg) | 最小值 (g/kg) | 置信区间 | 变异系数 (%) | 标准差 (g/kg) |
|---|---|---|---|---|---|---|---|
| 棕壤 | 棕壤 | 12.3 | 42.5 | 3.1 | 7.8～16.8 | 36.63 | 4.49 |
| | 潮棕壤 | 12.9 | 24.2 | 2.1 | 8.6～17.2 | 33.54 | 4.33 |
| | 白浆化棕壤 | 12.1 | 38.3 | 6.1 | 7.9～16.3 | 34.43 | 4.16 |
| | 棕壤性土 | 12.6 | 36.3 | 1.6 | 7.8～17.3 | 37.75 | 4.74 |

（续）

| 土类 | 亚类 | 平均数 (g/kg) | 最大值 (g/kg) | 最小值 (g/kg) | 置信区间 | 变异系数 （%） | 标准差 (g/kg) |
|---|---|---|---|---|---|---|---|
| 褐土 | 褐土 | 15.6 | 27.8 | 6.9 | 11.2~20.0 | 28.27 | 4.41 |
| | 淋溶褐土 | 13.7 | 39.8 | 3.0 | 8.8~18.6 | 33.93 | 4.92 |
| | 潮褐土 | 16.1 | 42.8 | 3.9 | 11.0~21.2 | 31.39 | 5.05 |
| | 褐土性土 | 14.3 | 30.8 | 3.2 | 9.5~19.0 | 33.41 | 4.77 |
| 砂姜黑土 | 砂姜黑土 | 18.0 | 37.8 | 2.3 | 12.9~23.1 | 28.39 | 5.10 |
| | 石灰性砂姜黑土 | 19.2 | 26.3 | 14.9 | 15.0~23.4 | 21.85 | 4.02 |
| 潮土 | 潮土 | 14.8 | 35.4 | 4.2 | 10.2~19.3 | 30.98 | 4.57 |
| | 湿潮土 | 16.4 | 30.5 | 3.9 | 11.4~21.3 | 30.16 | 4.94 |
| 水稻土 | 潜育水稻土 | 18.9 | 38.9 | 9.8 | 12.9~24.9 | 31.55 | 5.96 |
| | 淹育水稻土 | 17.2 | 27.9 | 8.1 | 12.5~21.8 | 26.96 | 4.92 |
| 粗骨土 | 钙质粗骨土 | 13.7 | 32.3 | 3.2 | 8.6~18.9 | 37.43 | 5.14 |
| | 酸性粗骨土 | 10.6 | 29.7 | 2.5 | 6.4~14.9 | 39.55 | 4.21 |
| | 中性粗骨土 | 12.0 | 21.8 | 6.1 | 8.4~15.6 | 29.91 | 3.60 |
| 石质土 | 钙质石质土 | 18.2 | 30.0 | 7.1 | 6.5~7.9 | 9.61 | 0.69 |
| | 酸性石质土 | 9.6 | 14.8 | 5.4 | 6.2~13.0 | 35.66 | 3.42 |

## 3. 不同用地类型下土壤有机质含量状况分析

耕地有机质的含量除受自然因素影响以外，还受人为作用（如耕作方式、种植制度、施肥习惯及管理方法等）的影响。粮田有机质平均含量为 14.5 g/kg，属于 3 级水平，变化范围为 1.6~39.8 g/kg；设施蔬菜地有机质平均含量为 17.2 g/kg，属于 2 级水平，变化范围为 7.3~38.9 g/kg；露地蔬菜地有机质平均含量为 15.0 g/kg，属于 3 级水平，变化范围为 4.6~37.8 g/kg；园地有机质平均含量为 12.8 g/kg，属于 3 级水平，变化范围为 2.7~42.5 g/kg；花生田有机质平均含量为 12.5 g/kg，属于 3 级水平，变化范围为 2.1~42.8 g/kg。设施蔬菜田有机质时空差异最小，果园有机质含量分布最不均匀。

综合分析可以看出，这几种利用类型的土壤中，有机质含量差别较大，其中设施蔬菜地的含量最高，其次是露地蔬菜地，最低的是花生田。究其原因，设施蔬菜效益高，农民对有机肥的投入力度较大，每亩平均投入圈肥、有机肥达 4 850 kg，而且连年投入，每茬都对土壤进行深耕改良；花生田和园地有机质含量最低，主要与土壤类型有关，这两种耕地类型的土壤以棕壤和粗骨土居多，由表4-6 可知这两种土壤类型的有机质含量较低，导致花生田和园地的土壤有机质含量也较低。

表4-6　不同用地类型土壤有机质含量状况

| 用地类型 | 平均数（g/kg） | 最大值（g/kg） | 最小值（g/kg） | 置信区间 | 变异系数（%） | 标准差（g/kg） |
|---|---|---|---|---|---|---|
| 粮田 | 14.5 | 39.8 | 1.6 | 9.5～19.6 | 34.57 | 5.02 |
| 设施蔬菜地 | 17.2 | 38.9 | 7.3 | 11.9～22.4 | 30.49 | 5.24 |
| 露地蔬菜地 | 15.0 | 37.8 | 4.6 | 9.9～20.1 | 34.11 | 5.11 |
| 园地 | 12.8 | 42.5 | 2.7 | 7.5～18.1 | 41.25 | 5.29 |
| 花生田 | 12.5 | 42.8 | 2.1 | 7.7～17.3 | 38.46 | 4.80 |

### 4. 不同质地类型下土壤有机质含量状况分析

由表4-7 可知，不同质地类型有机质含量差异较大。重壤有机质含量最高，为 16.7 g/kg；其次是中壤，有机质平均含量为 15.6 g/kg；沙土有机质含量最低，平均为 11.9 g/kg；其次是沙壤，有机质平均含量为 12.6 g/kg。有机质含量由高到低的顺序为重壤＞中壤＞轻壤＞黏土＞黏壤＞沙壤＞沙土。

表4-7　不同质地类型土壤有机质含量状况

| 质地类型 | 平均数（g/kg） | 最大值（g/kg） | 最小值（g/kg） | 置信区间 | 变异系数（%） | 标准差（g/kg） |
|---|---|---|---|---|---|---|
| 沙土 | 11.9 | 28.3 | 3.0 | 7.0～16.8 | 41.51 | 4.94 |
| 沙壤 | 12.6 | 42.5 | 2.9 | 8.0～17.2 | 36.68 | 4.61 |
| 轻壤 | 14.6 | 34.9 | 1.6 | 10.0～19.1 | 30.97 | 4.52 |

（续）

| 质地类型 | 平均数（g/kg） | 最大值（g/kg） | 最小值（g/kg） | 置信区间 | 变异系数（%） | 标准差（g/kg） |
|---|---|---|---|---|---|---|
| 中壤 | 15.6 | 42.8 | 2.7 | 10.4～20.9 | 33.60 | 5.26 |
| 重壤 | 16.7 | 37.8 | 5.6 | 11.8～21.7 | 29.38 | 4.92 |
| 黏壤 | 13.1 | 38.9 | 2.5 | 8.0～18.2 | 39.25 | 5.14 |
| 黏土 | 14.4 | 29.4 | 2.3 | 9.4～19.4 | 34.71 | 5.00 |

### 5. 增加有机质含量的途径

**（1）实行秸秆还田**

将收获后的农作物秸秆刈割或粉碎后，翻埋或覆盖还田。秸秆含有丰富的有机质和矿物营养元素，若秸秆不还田，有机质和矿物质损失不能归还土壤，持续下去会造成土壤有机质、矿物质匮乏，影响作物生长。

**（2）增施有机肥**

增施有机粪肥，堆肥、沤肥、饼肥、人畜粪肥、河湖泥等都是良好的有机肥，经济等条件允许可增施商品有机肥。

**（3）种植绿肥**

种植翻压绿肥可为土壤提供丰富的有机质和氮素，改善农业生态环境及土壤的理化性状。主要绿肥品种有苜蓿、紫云英、绿豆、田菁等。

# 二、土壤大量元素营养状况分析

## （一）土壤中的氮素

氮素是植物必需的营养元素之一，植物吸收的氮素主要来源于土壤。土壤氮素包括有机态氮和无机态氮两种形态，其总和为全氮。土壤中全氮含量代表氮素的总贮量和供氮潜力，因此，全氮含量是土壤肥力状况的重要指标之一。土壤氮含量高低常用全氮和碱解氮来衡量。其含量高低与土壤类型、利用方式等因素有关。

### 1. 土壤全氮

#### (1) 土壤中全氮总体状况及分级

通过对全氮的化验分析结果可以看出，全市耕地全氮含量处于 4 级（0.75~1.0 g/kg）水平的耕地面积最大，有 281 075.20 hm²，占比为 33.30%，其次是 5 级水平，占比为 25.46%，处于 7 级水平的耕地最少，占比为 2.19%，1 级水平耕地占比为 3.44%。全市耕层土壤全氮含量分级水平及面积见表 4-8。

**表 4-8　耕层土壤全氮分级及面积**

| 级别 | 1 | 2 | 3 | 4 | 5 | 6 | 7 |
|---|---|---|---|---|---|---|---|
| 标准（g/kg） | >1.5 | 1.2~1.5 | 1.0~1.2 | 0.75~1.0 | 0.5~0.75 | 0.3~0.5 | ≤0.3 |
| 各等级耕地面积（hm²） | 29 057.84 | 91 559.61 | 142 365.14 | 281 075.20 | 214 918.36 | 66 705.10 | 18 458.12 |
| 占耕地总面积比例（%） | 3.44 | 10.85 | 16.87 | 33.30 | 25.46 | 7.90 | 2.19 |

#### (2) 不同土壤类型下土壤全氮含量状况分析

水稻土全氮含量最高，平均值为 1.13 g/kg，属于 3 级水平，变化范围是 0.43~2.45 g/kg；其次是砂姜黑土，全氮平均含量为 1.09 g/kg，属于 3 级水平，变化范围为 0.16~1.90 g/kg；粗骨土全氮含量最低，平均值为 0.76 g/kg，属于 4 级水平，其次是棕壤和石质土，全氮平均含量都为 0.81 g/kg。按照全氮平均含量多少排序：水稻土>砂姜黑土>潮土>褐土>棕壤、石质土>粗骨土。

同一土类不同亚类间的全氮含量存在一定的差异。棕壤 4 个亚类的全氮含量以棕壤性土平均值最高，其他 3 种差异较小。褐土中各亚类全氮含量差异较大，褐土含量最高，平均为 1.04 g/kg；淋溶褐土含量最低，平均为 0.88 g/kg。各亚类全氮含量由高到低依次为：褐土>褐土性土>潮褐土>淋溶褐土。

砂姜黑土中各亚类略有差异，砂姜黑土平均含量为 1.05 g/kg，变化范围为 0.16~1.90 g/kg；石灰性砂姜黑土平均含量为 1.13

g/kg，变化范围为 0.90～1.50 g/kg，变幅较小，耕地含量较均匀。

潮土、水稻土、粗骨土各亚类全氮含量差异也较小。石质土亚类间差异较大，钙质石质土平均含量为 1.09 g/kg，酸性石质土平均含量为 0.52 g/kg（表 4-9）。

**表 4-9 不同土壤类型及亚类土壤全氮含量状况**

| 土类 | 亚类 | 平均数（g/kg） | 变化范围（g/kg） | 置信区间 | 变异系数（%） | 标准差（g/kg） |
|---|---|---|---|---|---|---|
| 棕壤 | 棕壤 | 0.79 | 0.12～2.11 | 0.52～1.06 | 33.65 | 0.27 |
| | 潮棕壤 | 0.79 | 0.26～1.88 | 0.52～1.06 | 34.63 | 0.27 |
| | 白浆化棕壤 | 0.78 | 0.39～1.83 | 0.54～1.03 | 30.86 | 0.24 |
| | 棕壤性土 | 0.86 | 0.02～3.12 | 0.51～1.21 | 40.53 | 0.35 |
| 褐土 | 褐土 | 1.04 | 0.50～2.00 | 0.72～1.35 | 30.42 | 0.32 |
| | 淋溶褐土 | 0.88 | 0.10～2.29 | 0.58～1.19 | 34.71 | 0.31 |
| | 潮褐土 | 0.94 | 0.12～1.98 | 0.58～1.31 | 38.80 | 0.37 |
| | 褐土性土 | 0.95 | 0.38～2.21 | 0.67～1.22 | 29.20 | 0.28 |
| 砂姜黑土 | 砂姜黑土 | 1.05 | 0.16～1.90 | 0.71～1.39 | 32.32 | 0.34 |
| | 石灰性砂姜黑土 | 1.13 | 0.90～1.50 | 0.85～1.40 | 24.58 | 0.28 |
| 潮土 | 潮土 | 0.95 | 0.13～2.24 | 0.66～1.24 | 30.60 | 0.29 |
| | 湿潮土 | 0.98 | 0.14～1.98 | 0.66～1.30 | 33.10 | 0.32 |
| 水稻土 | 潜育水稻土 | 1.15 | 1.02～1.76 | 1.89～1.40 | 22.50 | 0.26 |
| | 淹育水稻土 | 1.10 | 0.43～2.45 | 0.75～1.44 | 31.25 | 0.34 |
| 粗骨土 | 钙质粗骨土 | 0.82 | 0.10～1.90 | 0.52～1.11 | 35.80 | 0.29 |
| | 酸性粗骨土 | 0.70 | 0.16～1.43 | 0.46～0.95 | 34.37 | 0.24 |
| | 中性粗骨土 | 0.75 | 0.48～1.31 | 0.57～0.93 | 23.82 | 0.18 |
| 石质土 | 钙质石质土 | 1.09 | 0.31～1.53 | 0.80～1.38 | 26.56 | 0.29 |
| | 酸性石质土 | 0.52 | 0.12～0.99 | 0.32～0.84 | 60.00 | 0.31 |

## （3）不同用地类型下土壤全氮含量状况分析

受耕作方式、施肥习惯、种植制度、土壤类型的影响，土壤氮素的含量也存在较大差别。由表 4-10 可知，粮田土壤全氮含量平均值为 0.93 g/kg，属于 4 级水平，变化范围为 0.08～2.90 g/kg。蔬菜地中，设施蔬菜地的全氮含量平均高于露地蔬菜地，平均值为 1.18 g/kg，属于 3 级水平，变化范围为 0.4～2.24 g/kg；露地蔬菜地全氮含量平均值为 0.94 g/kg，属于 4 级水平。园地土壤全氮含量平均值为 0.82 g/kg，花生田全氮含量为 0.77 g/kg。按照含量大小排序：设施蔬菜地＞露地蔬菜地＞粮田＞园地＞花生田。设施蔬菜地的氮素含量最高，其主要原因是大棚蔬菜经济效益高，农民施肥不合理，用肥量大造成氮素积累。

**表 4-10　不同用地类型土壤全氮含量状况**

| 用地类型 | 平均数（g/kg） | 变化范围（g/kg） | 置信区间 | 变异系数 | 标准差（g/kg） |
|---|---|---|---|---|---|
| 粮田 | 0.93 | 0.08～2.90 | 0.62～1.24 | 33.28 | 0.31 |
| 设施蔬菜地 | 1.18 | 0.40～2.24 | 0.83～1.53 | 29.83 | 0.35 |
| 露地蔬菜地 | 0.94 | 0.10～1.98 | 0.60～1.28 | 36.12 | 0.34 |
| 园地 | 0.82 | 0.12～2.11 | 0.50～1.15 | 39.51 | 0.33 |
| 花生田 | 0.77 | 0.02～1.98 | 0.50～1.03 | 35.04 | 0.27 |

### （4）不同质地类型下土壤全氮含量状况分析

由表 4-11 可知，不同质地耕地土壤全氮含量差异较大，重壤全氮含量最大，为 1.02 g/kg，变化范围为 0.17～1.90 g/kg；其次是中壤，含量为 0.95 g/kg，变化范围为 0.12～2.29 g/kg，沙土全氮含量最低，平均含量为 0.77 g/kg，变化范围为 0.02～3.12 g/kg。根据含量高低进行排序：重壤＞中壤＞轻壤＞黏土＞黏壤＞沙壤＞沙土。

**表 4-11　不同质地类型土壤全氮含量状况**

| 质地类型 | 平均数（g/kg） | 变化范围（g/kg） | 置信区间 | 变异系数（%） | 标准差（g/kg） |
|---|---|---|---|---|---|
| 沙土 | 0.77 | 0.02～3.12 | 0.47～1.07 | 38.69 | 0.30 |
| 沙壤 | 0.83 | 0.14～2.90 | 0.52～1.14 | 37.14 | 0.31 |

（续）

| 质地类型 | 平均数<br>（g/kg） | 变化范围<br>（g/kg） | 置信区间 | 变异系数<br>（%） | 标准差<br>（g/kg） |
|---|---|---|---|---|---|
| 轻壤 | 0.93 | 0.12~1.98 | 0.64~1.21 | 30.93 | 0.29 |
| 中壤 | 0.95 | 0.12~2.29 | 0.63~1.28 | 34.02 | 0.32 |
| 重壤 | 1.02 | 0.17~1.90 | 0.72~1.32 | 29.22 | 0.30 |
| 黏壤 | 0.86 | 0.10~1.92 | 0.52~1.20 | 39.51 | 0.34 |
| 黏土 | 0.92 | 0.18~2.45 | 0.60~1.25 | 35.27 | 0.32 |

### 2. 土壤碱解氮

#### （1）全市碱解氮总体状况及分级

碱解氮亦称水解氮，它包括无机的矿物态氮和结构简单较易分解的有机态氮，有铵态氮、硝态氮等，可供作物近期吸收利用，其含量水平决定供氮强度，是耕地地力的重要影响因素之一。

#### （2）全市耕层土壤碱解氮分级情况

根据土壤样品化验分析结果，全市耕层土壤碱解氮含量为中等偏上水平，平均含量为 91 mg/kg，属于 6 级水平，变化范围为4~488 mg/kg，变幅大。其中 3 级以上水平的占耕地总面积的 41.02%，4 级水平的占耕地面积的 20.52%，5 级水平的占耕地面积的 19.85%，6 级水平的占耕地面积的 12.69%，7 级以下水平的占耕地面积的 5.91%。临沂市第二次土壤普查时碱解氮平均含量为 60 mg/kg，目前碱解氮平均含量提高了 51.7%，说明化肥的施用量较以前大幅度提高了。含量分级及面积见表 4-12。

表 4-12 耕层土壤碱解氮分级及面积

| 项目 | 级别 | | | | | | | |
|---|---|---|---|---|---|---|---|---|
| | 1 | 2 | 3 | 4 | 5 | 6 | 7 | 8 |
| 标准<br>（mg/kg） | >150 | 120~150 | 90~120 | 75~90 | 60~75 | 45~60 | 30~45 | ≤30 |
| 等级面积<br>（hm²） | 57 932.92 | 85 528.73 | 202 856.61 | 173 250.51 | 167 585.15 | 107 093.67 | 44 591.90 | 5 299.86 |
| 占耕地<br>总面积<br>比例（%） | 6.86 | 10.13 | 24.03 | 20.52 | 19.85 | 12.69 | 5.28 | 0.63 |

**（3）不同土壤类型下土壤碱解氮含量状况分析**

不同土壤类型碱解氮平均含量差异较明显，砂姜黑土最高，平均含量为 114.5 mg/kg，变化范围为 33～193 mg/kg；其次是水稻土，平均含量为 110.5 mg/kg，粗骨土和石质土含量最低，平均值为 80.3 mg/kg 和 80.5 mg/kg。不同土壤类型碱解氮含量由高到低依次为：砂姜黑土＞水稻土＞潮土＞褐土＞棕壤＞粗骨土、石质土。

棕壤中各亚类碱解氮含量略有差异：白浆化棕壤＞潮棕壤＞棕壤＞棕壤性土。其中白浆化棕壤碱解氮平均含量是 94 mg/kg，棕壤性土为 85 mg/kg。

潮土中各亚类碱解氮含量差异显著，湿潮土含量最高，平均为 104 mg/kg，变化范围 21～265 mg/kg。潮土碱解氮含量较低，平均为 93 mg/kg。

褐土中各亚类碱解氮含量差异较大，潮褐土含量最高，平均为 99 mg/kg，其次是褐土，平均含量为 92 mg/kg，两者均高于全市平均水平；褐土性褐土碱解氮含量最低，平均为 86 mg/kg。各亚类由高到低依次为：潮褐土＞褐土＞淋溶褐土＞褐土性土。

砂姜黑土各亚类碱解氮含量石灰性砂姜黑土高于砂姜黑土，平均含量分别为：122 mg/kg、107 mg/kg。

水稻土各亚类之间的碱解氮含量差异较明显。潜育水稻土含量高于淹育水稻土，平均值分别为 127 mg/kg、94 mg/kg。

粗骨土、石质土各亚类之间碱解氮含量差异很小（表 4-13）。

**表 4-13　不同类型及亚类土壤碱解氮含量状况**

| 土类 | 亚类 | 变化范围（mg/kg） | 平均数（mg/kg） | 置信区间 | 变异系数（%） | 标准差（mg/kg） |
|---|---|---|---|---|---|---|
| 棕壤 | 棕壤 | 30～379 | 88 | 52～125 | 41.30 | 36.55 |
| | 潮棕壤 | 33～174 | 93 | 62～124 | 33.63 | 31.32 |
| | 白浆化棕壤 | 30～186 | 94 | 62～126 | 32.39 | 32.33 |
| | 棕壤性土 | 4～488 | 85 | 40～130 | 53.04 | 45.16 |

（续）

| 土类 | 亚类 | 变化范围<br>（mg/kg） | 平均数<br>（mg/kg） | 置信区间 | 变异系数<br>（%） | 标准差<br>（mg/kg） |
|---|---|---|---|---|---|---|
| 褐土 | 褐土 | 39～199 | 92 | 51～133 | 44.16 | 40.63 |
| | 淋溶褐土 | 26～362 | 90 | 50～131 | 44.65 | 40.30 |
| | 潮褐土 | 32～203 | 99 | 69～130 | 30.86 | 30.61 |
| | 褐土性土 | 11～284 | 86 | 43～129 | 49.52 | 42.63 |
| 砂姜黑土 | 砂姜黑土 | 33～193 | 107 | 72～142 | 32.47 | 34.83 |
| | 石灰性砂姜黑土 | 70～179 | 122 | 80～164 | 34.35 | 41.96 |
| 潮土 | 潮土 | 32～303 | 93 | 57～130 | 39.31 | 36.74 |
| | 湿潮土 | 21～265 | 104 | 70～137 | 31.99 | 33.12 |
| 水稻土 | 潜育水稻土 | 60～185 | 127 | 83～170 | 34.07 | 43.17 |
| | 淹育水稻土 | 39～314 | 94 | 48～141 | 49.36 | 46.54 |
| 粗骨土 | 钙质粗骨土 | 25～307 | 81 | 49～114 | 39.56 | 32.17 |
| | 酸性粗骨土 | 30～206 | 80 | 50～111 | 37.68 | 30.25 |
| | 中性粗骨土 | 42～171 | 80 | 48～113 | 40.25 | 32.38 |
| 石质土 | 钙质石质土 | 30～146 | 82 | 54～109 | 33.25 | 27.24 |
| | 酸性石质土 | 34～131 | 79 | 49～109 | 37.71 | 29.90 |

## （4）不同种植类型下土壤碱解氮含量状况分析

不同种植制度土壤碱解氮含量差异较大。设施蔬菜地含量最高，平均值为 159 mg/kg，变化范围为 49～379 mg/kg，其次是露地蔬菜地，平均值为 109 mg/kg，变化范围为 25～362 mg/kg，园地碱解氮含量最低，平均值为 79 mg/kg，变异系数最大，说明园地碱解氮含量分布极不均匀。花生田和粮田碱解氮含量差别很小。不同用地类型碱解氮含量由高到低依次为：设施蔬菜地＞露地蔬菜地＞花生田＞粮田＞园地。一般蔬菜较喜欢氮肥，菜农为追求蔬菜产量，大量使用各种氮素肥料，致使土壤中的氮含量很高（表 4-14）。

表 4-14 不同用地类型土壤碱解氮含量状况

| 用地类型 | 平均数<br>(mg/kg) | 变化范围<br>(mg/kg) | 置信区间 | 变异系数<br>(%) | 标准差<br>(mg/kg) |
|---|---|---|---|---|---|
| 粮田 | 88 | 4~488 | 52~124 | 40.85 | 35.91 |
| 设施蔬菜地 | 159 | 49~379 | 88~230 | 44.75 | 71.08 |
| 露地蔬菜地 | 109 | 25~362 | 74~144 | 32.38 | 35.16 |
| 园地 | 79 | 21~303 | 42~117 | 47.56 | 37.74 |
| 花生田 | 91 | 21~346 | 57~126 | 37.94 | 34.54 |

**（5）不同质地类型下土壤碱解氮含量状况分析**

不同质地类型耕地土壤碱解氮含量差异较大。重壤和中壤的含量略有差别，平均值为 99 mg/kg 和 98 mg/kg，中壤变化范围是 21~488 mg/kg，空间差异较大。其次是轻壤含量平均值为 92 mg/kg；黏土碱解氮含量最低，平均值为 56 mg/kg。不同质地类型耕地碱解氮含量大小顺序为重壤＞中壤＞轻壤＞沙壤＞黏壤＞沙土＞黏土（表 4-15）。

表 4-15 不同质地类型土壤碱解氮含量状况

| 质地类型 | 平均数<br>(mg/kg) | 变化范围<br>(mg/kg) | 置信区间 | 变异系数<br>(%) | 标准差<br>(mg/kg) |
|---|---|---|---|---|---|
| 沙土 | 85 | 21~346 | 50~120 | 41.19 | 35.10 |
| 沙壤 | 88 | 21~379 | 49~126 | 43.79 | 38.43 |
| 轻壤 | 92 | 25~379 | 54~129 | 40.56 | 37.19 |
| 中壤 | 98 | 21~488 | 59~138 | 40.09 | 39.42 |
| 重壤 | 99 | 18~344 | 59~138 | 40.14 | 39.56 |
| 黏壤 | 86 | 4~362 | 47~125 | 45.76 | 39.30 |
| 黏土 | 56 | 25~314 | 45~126 | 47.19 | 40.35 |

### 3. 作物氮丰、缺常见症状及合理使用氮肥

氮肥是作物生长必不可少的一种肥料，但作物缺氮时往往表现为生长受阻，植株矮小，叶色变黄，无光泽。由于氮在植株体内是容易转移的营养元素，故缺氮症状往往从基部叶片开始逐渐向上发展。株型变得瘦小、根量减少、细长而色白，侧芽呈休眠状态、花和果实少、成熟提早、产量和品质都下降。氮肥过剩时，作物营养

生长旺盛、植株变得柔软多汁、易倒伏、容易发生病虫害、生长期延长、贪青晚熟，块根、块茎作物根、茎小而少，油料及棉花作物结荚座铃少，作物产量低，品质差，另外氮肥过剩还容易引起农业环境污染，重者可引起江河湖泊及地下水的污染。总之，氮肥缺少或过剩，都会影响作物生长、产量和品质。因此，如果要实现作物高产、减少氮肥浪费，提高氮肥利用率，就要合理施用氮肥，做到适时适量。具体措施如下：①要根据不同氮肥的特性区别对待，做到少挥发、少流失，防止对作物产生肥害。②轮作或间作豆科植物，利用其固氮作用，提高土壤含氮量。③合理深施，这样不仅减少氮肥的直接挥发、流失或硝化脱氮等方面的损失，还有利于根系发育，扩大营养面积。④合理与其他肥料配施，比如氮肥与磷肥配施，可同时提高两种肥料的肥效，尤其在土壤肥力较低的土壤上，更能发挥两种肥料的肥效，在钾肥含量不足的土壤上，氮钾配施可有效提高氮肥的肥效。⑤正确施用氮肥，首先应适当深施，可以减少氮肥的挥发损失及反硝化作用。其次适时施用，可有效提高氮肥的利用率，种肥适量，追肥及时，同时做到施肥和灌溉相结合。

## （二）土壤有效磷

### 1. 全市有效磷总体状况及分级

磷是作物营养三要素之一，耕层土壤中的磷一般以无机磷和有机磷两种形态存在，分别占全磷量的 $10\%\sim30\%$ 和 $70\%\sim90\%$；按其溶解度可分为水溶性磷、枸溶性磷、难溶性磷。土壤水溶性磷和枸溶性磷称为土壤有效磷，其含量约占土壤全磷的 $1\%$。土壤熟化程度越高，农家肥与磷肥用量越大，土壤有效磷含量也越高。土壤有效磷含量是衡量土壤肥力的重要指标。根据近年来的土壤检测结果，全市土壤有效磷含量平均为 34.0 mg/kg，变化范围为 $1.8\sim$ 377.5 mg/kg，属于有效磷 4 级水平耕地，水平中等，与第二次土壤普查时的 3.3 mg/kg 相比，增加幅度很大。从整体上看，全市土壤有效磷含量低于 5 级水平的耕地占比是 61.79%（表 4-16），说明临沂市的耕地土壤大部分较缺乏有效磷。

**表 4-16 耕层土壤有效磷分级及面积**

| 项目 | 级别 | | | | | | | | |
|---|---|---|---|---|---|---|---|---|---|
| | 1 | 2 | 3 | 4 | 5 | 6 | 7 | 8 | 9 |
| 标准（mg/kg） | >120 | 80~120 | 50~80 | 30~50 | 20~30 | 15~20 | 10~20 | 5~10 | ≤5 |
| 各等级耕地面积（hm²） | 22 478.71 | 30 337.12 | 99 783.52 | 169 960.95 | 172 519.50 | 114 586.57 | 118 058.89 | 95 580.19 | 20 833.92 |
| 占耕地总面积比例（%） | 2.66 | 3.59 | 11.82 | 20.13 | 20.44 | 13.57 | 13.99 | 11.32 | 2.47 |

## 2. 不同土壤类型下土壤有效磷含量状况分析

不同土壤类型耕地有效磷平均含量差异较明显，水稻土最高，平均含量为 46.7 mg/kg，变化范围为 5.1～377.4 mg/kg；其次是潮土，平均含量为 44.1 mg/kg，粗骨土和石质土含量最低，平均值为 26.0 mg/kg 和 23.9 mg/kg。不同土壤类型耕地有效磷含量由高到低依次为：水稻土＞潮土＞砂姜黑土＞褐土＞棕壤＞粗骨土＞石质土。

棕壤中各亚类耕地有效磷含量差异较小。潮棕壤耕地有效磷含量最大，平均含量为 33.4 mg/kg，白浆化棕壤最低，平均值为 28.5 mg/kg，由高到低顺序为：潮棕壤＞棕壤性土＞棕壤＞白浆化棕壤。

潮土中各亚类有效磷含量略有差异，湿潮土含量最高，平均为 46.9 mg/kg，变化范围 4.9～217.9 mg/kg。潮土有效磷含量较低，平均为 41.2 mg/kg。

褐土中各亚类耕地有效磷含量差异较大，褐土有效磷含量最高，平均为 42.7 mg/kg；淋溶性褐土有效磷含量最低，平均为 32.3 mg/kg。各亚类有效磷顺序为：褐土＞褐土性土＞潮褐土＞淋溶褐土。

砂姜黑土各亚类有效磷含量差别不大。石灰性砂姜黑土和砂姜黑土，平均含量分别为 40.2 mg/kg、38.3 mg/kg。

水稻土各亚类之间的有效磷含量差异较明显。潜育水稻土有效磷含量高于淹育水稻土，平均值分别为 51.2 mg/kg、42.2 mg/kg。

粗骨土、石质土各亚类耕地之间有效磷含量差异很小（表 4-17）。

**表 4-17 不同类型及亚类土壤有效磷含量状况**

| 土类 | 亚类 | 平均数 (mg/kg) | 变化范围 (mg/kg) | 置信区间 | 变异系数 (%) | 标准差 (mg/kg) |
|------|------|------|------|------|------|------|
| | 棕壤 | 30.0 | 1.8～284.8 | 5.0～55.0 | 83.19 | 25.00 |
| | 潮棕壤 | 33.4 | 5.2～293.3 | 13.4～53.4 | 59.86 | 20.00 |
| 棕壤 | 白浆化棕壤 | 28.5 | 4.8～165.2 | 4.0～53.0 | 86.04 | 24.49 |
| | 棕壤性土 | 32.0 | 3.0～373.8 | 7.0～57.0 | 78.05 | 25.00 |

（续）

| 土类 | 亚类 | 平均数 (mg/kg) | 变化范围 (mg/kg) | 置信区间 | 变异系数 (%) | 标准差 (mg/kg) |
|---|---|---|---|---|---|---|
| 褐土 | 褐土 | 42.7 | 3.4~206.0 | 12.9~72.6 | 69.89 | 29.85 |
| | 淋溶褐土 | 32.3 | 2.0~366.7 | 7.3~57.3 | 77.48 | 24.48 |
| | 潮褐土 | 34.0 | 2.7~263.4 | 9.1~58.9 | 73.20 | 24.91 |
| | 褐土性土 | 34.2 | 3.0~335.0 | 4.2~64.2 | 87.68 | 30.00 |
| 砂姜黑土 | 砂姜黑土 | 38.3 | 4.0~190.1 | 7.8~68.8 | 79.57 | 30.47 |
| | 石灰性砂姜黑土 | 40.2 | 13.1~75.6 | 15.1~65.4 | 62.48 | 25.14 |
| 潮土 | 潮土 | 41.2 | 2.4~377.5 | 16.2~66.2 | 60.79 | 25.03 |
| | 湿潮土 | 46.9 | 4.9~217.9 | 13.3~80.4 | 71.6 | 33.6 |
| 水稻土 | 潜育水稻土 | 51.2 | 13.0~202.5 | 17.1~85.3 | 66.57 | 34.09 |
| | 淹育水稻土 | 42.2 | 5.1~377.4 | 17.2~67.1 | 59.21 | 24.96 |
| 粗骨土 | 钙质粗骨土 | 26.1 | 2.2~319.5 | 6.5~45.8 | 75.16 | 19.63 |
| | 酸性粗骨土 | 27.6 | 2.4~180.0 | 7.0~48.2 | 74.77 | 20.61 |
| | 中性粗骨土 | 24.2 | 3.6~48.5 | 10.7~37.6 | 55.61 | 13.45 |
| 石质土 | 钙质石质土 | 18.1 | 3.1~81.5 | 3.1~33.1 | 82.74 | 15.00 |
| | 酸性石质土 | 29.7 | 6.5~58.1 | 11.1~48.3 | 62.54 | 18.57 |

### 3. 不同种植类型下土壤有效磷含量状况分析

受人为因素的影响，不同利用类型耕层土壤有效磷的含量相差较大。设施蔬菜地有效磷含量最高，平均值为 163.8 mg/kg，土壤中有效磷过量积累。露地蔬菜地、园地、粮田的有效磷含量分别为 42.7 mg/kg、33.6 mg/kg、31.5 mg/kg，都属于有效磷 4 级水平耕地；花生田土壤有效磷含量最低，平均值为 28.0 mg/kg，属于有效磷 5 级水平耕地，变化范围为 2.2~217.9 mg/kg。不同利用类型耕地有效磷含量由高到低的顺序为：设施蔬菜地＞露地蔬菜地＞园地＞粮田＞花生田（表 4-18）。

表 4-18　不同用地类型土壤有效磷含量状况

| 用地类型 | 平均数（mg/kg） | 变化范围（mg/kg） | 置信区间 | 变异系数（%） | 标准差（mg/kg） |
|---|---|---|---|---|---|
| 粮田 | 31.5 | 1.8～335.0 | 5.0～58.1 | 84.10 | 26.53 |
| 设施蔬菜地 | 163.8 | 4.8～377.5 | 58.5～269.1 | 64.28 | 105.30 |
| 露地蔬菜地 | 42.7 | 2.7～239.7 | 3.4～82.0 | 92.07 | 39.30 |
| 园地 | 33.6 | 2.0～293.3 | 3.6～63.6 | 89.41 | 30.00 |
| 花生田 | 28.0 | 2.2～217.9 | 7.9～48.1 | 71.90 | 20.11 |

### 4. 不同质地类型下土壤有效磷含量状况分析

不同质地类型耕地土壤有效磷含量差异较大。重壤、轻壤、黏土、沙壤、中壤的含量略有差别，平均值分别为 38.8 mg/kg、37.2 mg/kg、36.8 mg/kg、35.8 mg/kg 和 34.6 mg/kg，属于有效磷 4 级水平耕地；沙土、黏壤耕地土壤有效磷平均含量分别为 29.2 mg/kg、26.0 mg/kg，属于有效磷 5 级水平耕地（表 4-19）。

表 4-19　不同质地类型土壤有效磷含量状况

| 质地类型 | 平均数（mg/kg） | 变化范围（mg/kg） | 置信区间 | 变异系数（%） | 标准差（mg/kg） |
|---|---|---|---|---|---|
| 沙土 | 29.2 | 2.1～356.0 | 0.1～58.4 | 99.79 | 29.17 |
| 沙壤 | 35.8 | 2.4～377.5 | 5.8～65.9 | 85.92 | 30.08 |
| 轻壤 | 37.2 | 2.5～293.3 | 1.1～73.3 | 96.95 | 36.07 |
| 中壤 | 34.6 | 1.8～366.7 | 9.6～59.6 | 72.33 | 25.00 |
| 重壤 | 38.8 | 4.2～240.0 | 4.7～72.9 | 87.88 | 34.11 |
| 黏壤 | 26.0 | 2.7～105.0 | 6.6～45.3 | 74.69 | 19.39 |
| 黏土 | 36.8 | 2.0～377.4 | 11.8～61.7 | 67.87 | 24.95 |

### 5. 作物磷丰、缺常表现的症状及磷的合理使用

作物缺磷时，主要表现为植株生长缓慢，作物延迟成熟，叶片变小，叶色暗绿或灰绿，缺乏光泽。特别是禾本科植物表现为分蘖

延迟或不分蘖，延迟抽穗、开花和成熟，穗粒少，籽粒不饱满等，其原因是各种代谢过程、器官发育受到抑制。磷过量时，营养生长受到限制，而生殖生长旺盛，作物往往成熟过早，植株早衰，作物的抗虫抗病性差，"花而不实"，产量较低，品质较差。磷的过量和缺少都不利于作物的正常生长，因此在施用磷素时应结合土壤磷含量的高低，适时适量施用，减少磷在土壤中的固定，提高土壤磷的有效性，对磷含量高的地块，可以暂时少施或不施，具体措施如下：①土壤有机质与磷的肥效非常密切，土壤磷的含量与有机质含量成正相关关系，因此，要想提高土壤磷的含量，就应注重土杂肥及有机肥的施用，提倡秸秆还田或秸秆过腹还田，增加土壤有机质，提高土壤有效磷的含量。②土壤酸碱度对磷肥的肥效的影响也很大，调节土壤 pH 至 6.0～7.5，最有利于发挥磷肥的作用，便于提高土壤磷的含量。③注意磷肥与其他肥料的配施，特别是与氮、钾肥的按比例施用，更能发挥氮、磷、钾的肥效，在酸性土壤和缺乏微量元素的地块，还需要适量增施石灰粉和微肥，才能更好发挥磷肥提高作物产量和改进作物品质的效果。

## （三）土壤中的钾素

钾能够显著提高光合作用的强度，促进作物体内淀粉和糖的积累，增强作物的抗逆性和抗病能力，增强作物对氮的吸收能力。此外，钾对改善作物品质起着重要的作用，是公认的"品质元素"。

土壤中的钾绝大部分是以难溶性的矿物形态存在的，可被利用的矿物形态很少。就全量而言，钾含量要比氮和磷高得多，一般为 0.5%～2.5%，而被作物利用的只占全量的 1%～2%，因此，土壤中钾的存在形态，对合理施用钾肥具有十分重要的意义，土壤中的钾主要有以下 3 种形态：①矿物态的钾，约占土壤全钾量的 90%～98%，释放速率较慢，是一种植物难以利用的钾。②缓效钾，这类钾不能为作物所直接利用，但它是土壤速效钾的直接后备，土壤缓效性钾是作物钾素的主要来源，当土壤需要依靠缓效钾供给作物时，表明该土壤供钾能力不足，需要尽快补施钾肥，一般缓效钾占全钾量的 2％以下。③速效钾，包括交换性钾和水溶性钾两部分，它们只占土壤全钾量的 1％～2％，是作物根系吸收钾的直接来源，土壤中速效钾的含量与钾肥肥效有一定的相关性，因此常用它作为使用钾肥的参考指标。

### 1. 土壤缓效钾

#### （1）全市缓效钾总体状况及分级

全市土壤缓效钾平均值为 679.4 mg/kg，变化范围为 35～4 772 mg/kg，属缓效钾 4 级水平耕地，总体含量为中等水平。全市缓效钾共分 6 个等级，＜500 mg/kg 处于 5 级水平以下的占总面积的 32.65％，500～900 mg/kg 范围处于 3 级和 4 级水平的占 48.93％，＞900 mg/kg 占 18.4％（表 4-20）。

表 4-20　耕层土壤缓效钾分级及面积

| 项目 | 级别 | | | | | |
|---|---|---|---|---|---|---|
| | 1 | 2 | 3 | 4 | 5 | 6 |
| 标准（mg/kg） | ＞1 200 | 900～1 200 | 750～900 | 500～750 | 300～500 | ≤300 |
| 各等级耕地面积（hm²） | 51 353.79 | 103 986.86 | 134 141.22 | 278 882.16 | 198 470.53 | 77 122.06 |
| 占耕地总面积比例（％） | 6.08 | 12.32 | 15.89 | 33.04 | 23.51 | 9.14 |

#### （2）不同土壤类型下土壤缓效钾含量状况分析

不同类型的土壤缓效钾的含量差别较大，石质土含量最高，平均为 1 065 mg/kg，属于 2 级水平，说明石质土中缓效钾含量分布极不平衡；其次是粗骨土，平均为 702.3 mg/kg，褐土、水稻土、潮土、棕壤、砂姜黑土、缓效钾平均值分别为 675.75 mg/kg、643 mg/kg、612 mg/kg、562.5 mg/kg 和 503.5 mg/kg。几种土壤均为 4 级水平，含量中等水平。综合可知各土壤类型耕地缓效钾含量处于中等水平以上（表 4-21）。

表 4-21　不同土壤类型及亚类土壤缓效钾含量状况分析

| 土类 | 亚类 | 平均数 (mg/kg) | 变化范围 (mg/kg) | 置信区间 | 变异系数 (%) | 标准差 (mg/kg) |
|---|---|---|---|---|---|---|
| 棕壤 | 棕壤 | 641 | 83~2 360 | 256~1 023 | 59.63 | 382.21 |
| | 潮棕壤 | 566 | 75~4 772 | 131~1 001 | 76.84 | 434.90 |
| | 白浆化棕壤 | 407 | 79~840 | 264~550 | 35.18 | 143.14 |
| | 棕壤性土 | 636 | 85~3 538 | 262~1 009 | 58.75 | 373.58 |
| 褐土 | 褐土 | 664 | 213~1 536 | 399~929 | 39.89 | 264.94 |
| | 淋溶褐土 | 771 | 47~3 445 | 428~113 | 44.42 | 342.49 |
| | 潮褐土 | 619 | 80~3 643 | 285~952 | 53.88 | 333.37 |
| | 褐土性土 | 649 | 94~3 340 | 327~972 | 49.66 | 322.52 |
| 砂姜黑土 | 砂姜黑土 | 573 | 110~1 300 | 329~817 | 42.59 | 244.14 |
| | 石灰性砂姜黑土 | 434 | 210~648 | 287~580 | 33.83 | 146.67 |
| 潮土 | 潮土 | 684 | 35~2 031 | 442~927 | 35.47 | 242.81 |
| | 湿潮土 | 540 | 97~3 955 | 164~916 | 69.61 | 376.14 |
| 水稻土 | 潜育水稻土 | 628 | 315~1 045 | 466~790 | 25.80 | 162.11 |
| | 淹育水稻土 | 658 | 160~1 251 | 421~896 | 36.13 | 237.91 |
| 粗骨土 | 钙质粗骨土 | 827 | 159~2 210 | 492~1 161 | 40.44 | 334.29 |
| | 酸性粗骨土 | 799 | 132~3 332 | 283~1 315 | 64.54 | 515.90 |
| | 中性粗骨土 | 481 | 183~1 030 | 264~698 | 45.15 | 217.06 |
| 石质土 | 钙质石质土 | 1 000 | 667~1 473 | 756~1 243 | 24.32 | 243.06 |
| | 酸性石质土 | 1 130 | 296~3 280 | 193~2 066 | 82.88 | 936.14 |

## （3）不同用地类型下土壤缓效钾含量状况分析

不同用地类型间耕地土壤缓效钾含量差异较大。园地土壤缓效钾含量最高，平均值为 829 mg/kg，属于 3 级水平；其次是设施蔬菜地，缓效钾平均含量为 738 mg/kg；花生田土壤缓效钾含量最低，平均值为 592 mg/kg；粮田、露地蔬菜地的平均含量为 703 mg/kg、625 mg/kg，都属于 4 级水平。具体情况见表 4-22。

表 4-22 不同用地类型土壤缓效钾含量状况

| 用地类型 | 平均数 (mg/kg) | 变化范围 (mg/kg) | 置信区间 | 变异系数 (%) | 标准差 (mg/kg) |
|---|---|---|---|---|---|
| 粮田 | 703 | 80~4 772 | 381~1 025 | 45.83 | 322.01 |
| 设施蔬菜地 | 738 | 35~1 548 | 443~1 032 | 39.91 | 294.45 |
| 露地蔬菜地 | 625 | 110~1 856 | 339~910 | 45.67 | 285.33 |
| 园地 | 829 | 75~3 445 | 396~1 261 | 52.17 | 432.33 |
| 花生田 | 592 | 47~3 538 | 192~991 | 67.48 | 399.48 |

### （4）不同质地类型下土壤缓效钾含量状况分析

全市不同质地类型耕地土壤缓效钾含量有差异。黏壤缓效钾含量最高，平均值为 794 mg/kg，属于 3 级水平；重壤缓效钾含量最低，平均值为 585 mg/kg，其次是沙壤，缓效钾平均含量为 655 mg/kg。除了黏壤，其余几种土壤类型的耕地缓效钾含量均处于 4 级水平。不同质地耕地缓效钾含量大小顺序为：黏壤＞黏土＞沙土＞中壤＞轻壤＞沙壤＞重壤。具体情况见表 4-23。

表 4-23 不同质地类型土壤缓效钾含量状况

| 质地类型 | 平均数 (mg/kg) | 变化范围 (mg/kg) | 置信区间 | 变异系数 (%) | 标准差 (mg/kg) |
|---|---|---|---|---|---|
| 沙土 | 690 | 35~3 538 | 216~1 164 | 68.67 | 473.95 |
| 沙壤 | 655 | 47~4 772 | 289~1 022 | 55.86 | 366.17 |
| 轻壤 | 671 | 80~3 955 | 353~978 | 45.83 | 307.27 |
| 中壤 | 677 | 97~3 080 | 382~972 | 45.53 | 294.65 |
| 重壤 | 585 | 110~2 087 | 336~833 | 42.55 | 284.75 |
| 黏壤 | 794 | 75~2 422 | 426~1 161 | 46.32 | 367.67 |
| 黏土 | 723 | 94~3 445 | 342~1 104 | 52.75 | 381.36 |

### 2. 土壤速效钾

#### （1）耕地速效钾总体状况及分级

结果显示，全市耕地土壤速效钾平均含量为 106.3 mg/kg，处于 5 级水平，含量较低，变化范围为 19～925 mg/kg，变化范围较大。其中 1 级水平的占总耕地面积 1.75％，2 级水平的占 6.02％，3级水平的占 9.16％，4 级水平的占 11.71％，5 级水平的占 12.25％，6 级水平的占 21.93％，7 级水平的占 23.36％，8 级水平的占13.81％。可以看出临沂市耕地土壤速效钾含量水平总体较低，土壤中速效钾较为缺乏。钾元素已成为临沂市农业高产的主要制约因素，生产中应注意增施钾肥，补充土壤中的钾元素（表 4-24）。

表 4-24 耕层土壤速效钾分级及面积

| 项目 | 级别 | | | | | | | |
|---|---|---|---|---|---|---|---|---|
| | 1 | 2 | 3 | 4 | 5 | 6 | 7 | 8 |
| 标准 (mg/kg) | >300 | 200～300 | 150～200 | 120～150 | 100～120 | 75～100 | 50～75 | ≤50 |
| 各等级耕地面积 (hm²) | 14 803.05 | 50 805.53 | 77 304.82 | 98 869.76 | 103 438.60 | 185 129.50 | 197 191.25 | 116 596.86 |
| 占耕地总面积比例(%) | 1.75 | 6.02 | 9.16 | 11.71 | 12.25 | 21.93 | 23.36 | 13.81 |

1982 年全国第二次土壤普查时，临沂市速效钾平均含量为80 mg/kg，现在与第二次土壤普查时相比含量提高了 26.3 mg/kg，提高的原因有 4 个：①施钾肥量明显增加。②设施栽培的整体施肥量增加。③复混肥料的应用越来越普及。④秸秆还田面积递增。

**（2）不同土壤类型下土壤速效钾含量状况分析**

不同土壤类型耕地土壤速效钾平均含量差异较明显，褐土速效钾含量最高，平均含量为 128 mg/kg，属于 4 级水平，变化范围为26～632 mg/kg，分布不平衡；其次是砂姜黑土、潮土、石质土，速效钾平均含量分别为 115 mg/kg、114 mg/kg、112 mg/kg，属于 5 级水平；粗骨土、棕壤速效钾含量较低，平均值分别为 85mg/kg 和 89 mg/kg，属于 6 级水平。不同土壤类型耕地速效钾含量由高到低依次为：褐土＞砂姜黑土＞潮土＞石质土＞水稻土＞棕壤＞粗骨土。

棕壤中各亚类耕地土壤速效钾含量差异较小。棕壤性土速效钾含量最高，平均值为 95 mg/kg，棕壤、潮棕壤和白浆化棕壤相差较小，分别为 89 mg/kg、89 mg/kg、84 mg/kg，几种亚类的速效钾含量属于 6 级水平。

褐土中各亚类耕地土壤速效钾含量差异较大，潮褐土含量最高，平均为 145 mg/kg，其他 3 亚类含量差别不大。都属于 4 级水平。各亚类耕地土壤速效钾由高到低依次为：潮褐土＞淋溶褐土、褐土性土＞褐土。

潮土中各亚类耕地土壤速效钾含量略有差异，湿潮土含量最高，平均为 127 mg/kg。潮土速效钾含量较低，平均为 102 mg/kg，变化范围为 21～642 mg/kg，分布极不平衡。

砂姜黑土各亚类耕地土壤速效钾含量差别较大。砂姜黑土平均含量为 139 mg/kg，属于 4 级水平；石灰性砂姜黑土速效钾平均含量为 92 mg/kg，属于 6 级水平。

水稻土各亚类之间的速效钾含量差异较明显。潜育水稻土速效钾含量高于淹育水稻土，平均值分别为 115 mg/kg 和 98 mg/kg。

粗骨土各亚类间耕地土壤速效钾含量差异明显，钙质粗骨土耕地土壤速效钾含量最高，平均值为 115 mg/kg，酸性粗骨土和中性粗骨土差别不大，分别为 69 mg/kg 和 72 mg/kg，属于 7 级水平。

石质土各亚类间的耕地土壤速效钾含量差异明显。钙质石质土平均含量为 149 mg/kg，属于 4 级水平，酸性石质土土壤速效钾平均含量为 75 mg/kg，属于 6 级水平（表 4-25）。

表 4-25　不同土壤类型及亚类土壤速效钾含量状况

| 土类 | 亚类 | 平均数 (mg/kg) | 变化范围 (mg/kg) | 置信区间 | 变异系数 (%) | 标准差 (mg/kg) |
|---|---|---|---|---|---|---|
| 棕壤 | 棕壤 | 89 | 25～925 | 23～154 | 73.63 | 65.46 |
| | 潮棕壤 | 89 | 28～320 | 43～136 | 51.91 | 46.34 |
| | 白浆化棕壤 | 84 | 22～253 | 46～122 | 44.90 | 37.76 |
| | 棕壤性土 | 95 | 19～900 | 33～157 | 64.81 | 61.59 |

（续）

| 土类 | 亚类 | 平均数 (mg/kg) | 变化范围 (mg/kg) | 置信区间 | 变异系数 (%) | 标准差 (mg/kg) |
|---|---|---|---|---|---|---|
| 褐土 | 褐土 | 119 | 30～287 | 57～181 | 52.34 | 62.26 |
| | 淋溶褐土 | 126 | 26～632 | 54～199 | 57.46 | 72.47 |
| | 潮褐土 | 145 | 35～440 | 64～225 | 55.70 | 80.66 |
| | 褐土性土 | 125 | 38～459 | 58～191 | 53.62 | 66.79 |
| 砂姜黑土 | 砂姜黑土 | 139 | 26～380 | 69～208 | 50.00 | 69.45 |
| | 石灰性砂姜黑土 | 92 | 55～130 | 61～122 | 33.46 | 30.61 |
| 潮土 | 潮土 | 102 | 21～642 | 40～165 | 60.63 | 62.13 |
| | 湿潮土 | 127 | 22～403 | 48～206 | 62.27 | 79.17 |
| 水稻土 | 潜育水稻土 | 115 | 58～216 | 82～148 | 28.67 | 32.95 |
| | 淹育水稻土 | 98 | 38～475 | 30～165 | 69.08 | 67.49 |
| 粗骨土 | 钙质粗骨土 | 115 | 22～550 | 57～117 | 53.55 | 61.82 |
| | 酸性粗骨土 | 69 | 11～339 | 35～104 | 49.81 | 34.44 |
| | 中性粗骨土 | 72 | 32～267 | 25～119 | 65.62 | 47.34 |
| 石质土 | 钙质石质土 | 149 | 38～317 | 73～225 | 50.98 | 76.05 |
| | 酸性石质土 | 75 | 25～163 | 33～116 | 55.30 | 41.41 |

## （3）不同用地类型下土壤速效钾含量状况分析

耕层土壤速效钾含量受人为活动影响较大，不同的栽培作物之间差异显著。设施蔬菜地速效钾含量最高，平均含量为 256 mg/kg，变化范围为 21～925 mg/kg，含量极不均衡；其次是露地蔬菜地，平均含量为 136 mg/kg，变化范围为 30～430 mg/kg；花生田平均含量最低，为 95 mg/kg，变化范围为 23～440 mg/kg。土壤速效钾最高值为 925 mg/kg，出现在设施蔬菜地；最低值为 11 mg/kg，出现在园地，由此说明，临沂市园地和花生田个别地块速效钾严重缺乏，而少数设施蔬菜地存在过量施肥现象。耕地土壤中速效钾含量由高到低依次为：设施蔬菜地＞露地蔬菜地＞粮田＞园地＞花生田（表4-26）。

**表 4-26 不同用地类型土壤速效钾含量状况**

| 用地类型 | 平均数<br>（mg/kg） | 变化范围<br>（mg/kg） | 置信区间 | 变异系数<br>（%） | 标准差<br>（mg/kg） |
|---|---|---|---|---|---|
| 粮田 | 104 | 19～900 | 45～164 | 57.30 | 59.73 |
| 设施蔬菜地 | 256 | 21～925 | 108～404 | 57.95 | 148.36 |
| 露地蔬菜地 | 136 | 30～430 | 67～204 | 50.68 | 68.69 |
| 园地 | 98 | 11～387 | 37～160 | 62.08 | 61.12 |
| 花生田 | 95 | 23～440 | 42～148 | 55.78 | 53.15 |

**（4）不同质地类型下土壤速效钾含量状况分析**

土壤速效钾含量与质地类型关系密切，不同质地土壤速效钾含量差异较大，中壤和重壤速效钾含量基本一致，分别为 125 mg/kg、124 mg/kg；沙土速效钾含量最低，平均为 85 mg/kg。总趋势由高到低依次为：中壤、重壤＞黏土＞轻壤＞黏壤＞沙壤＞沙土（表4-27）。

**表 4-27 不同质地类型土壤速效钾含量状况**

| 质地类型 | 平均数<br>（mg/kg） | 变化范围<br>（mg/kg） | 置信区间 | 变异系数<br>（%） | 标准差<br>（mg/kg） |
|---|---|---|---|---|---|
| 沙土 | 85 | 11～379 | 38～132 | 55.03 | 46.76 |
| 沙壤 | 99 | 22～900 | 30～168 | 69.93 | 69.06 |
| 轻壤 | 106 | 22～925 | 39～173 | 63.05 | 66.83 |
| 中壤 | 125 | 26～632 | 52～199 | 58.82 | 73.76 |
| 重壤 | 124 | 38～406 | 46～191 | 56.41 | 67.36 |
| 黏壤 | 104 | 24～480 | 53～156 | 49.69 | 51.89 |
| 黏土 | 113 | 21～475 | 53～174 | 53.62 | 60.84 |

### 3. 作物缺钾症状及合理使用钾肥

作物缺钾时，通常老叶叶尖和边缘发黄，进而变褐、枯黄。在叶片上往往出现褐色斑点，甚至成斑状，但叶中部靠近叶脉附近仍保持绿色。严重缺钾时，幼叶上也会出现同样的症状，整个植株和枝条柔软下垂，易发生倒伏，其中禾谷类作物缺钾时，新叶抽出困难，抽穗不齐，玉米容易出现秃顶，果树则表现为果实小，着色差，品质低。作物缺钾时要及时补施，以保证作物生长期间对钾的需求。在施肥及田间管理上应注意避免钾被固定和淋失，并促进缓效钾的释放。土壤有效钾的损失，常因作物、土壤、气候不同而异。豆科和薯类作物消耗的钾比禾谷类作物多，在沙质壤土上每年淋失的钾较多，而在丘陵地区，暴雨侵蚀土壤而损失的钾量大于平原土壤。总之，土壤中是否需要补充钾肥或补充的多少，一方面取决于作物从土壤中吸收的钾是否部分归还土壤，另一方面取决于缓效钾的释放速度和释放量。只有合理施用钾肥，才能保证土壤钾素的供求平衡，具体措施有：①土壤速效钾水平是决定钾肥肥效的一个重要因素，要根据土壤速效钾含量的高低，结合种植作物类别，确定钾肥的施用量，做到既保证作物生长需求，又不浪费。②对化学钾肥的施用，宜分次、适量，避免一次施用过量，以减少钾素的固定和淋失，特别是蔬菜作物和需肥多的作物。③施用方法宜条施或穴施，使钾肥适当集中减少与土壤的接触面以提高土壤胶体上交换性钾的饱和度，增加钾的有效性。同时，要做到叶面喷施与地下追施相结合，以提高钾肥的利用率。④注重有机肥和草木灰的施用，加强秸秆还田，提高土壤有机质含量，改良土壤，增加钾的活性和有效性。

# 三、土壤中量元素营养状况分析

作物生长发育所必需的营养元素中，除氮、磷、钾之外，钙、镁、硫被认为是第二位元素，植物需要相当数量的这些元素才能维持正常的生长。了解土壤中钙、镁、硫含量状况，合理施用钙、镁、硫肥，不仅有为作物提供营养的作用，又有改善土壤的效果，也是地力评价的重要因素。

## 1. 全市有效硫总体状况及分级

结果显示，全市耕地土壤有效硫平均含量为 26.1 mg/kg，处于 6 级水平，含量较低，变化范围为 0.2～198.9 mg/kg，变化范围较大。全市有效硫 1 级水平的耕地占总耕地面积的 0.76％，2 级水平的占 0.95％，3 级水平的占 2.53％，4 级水平的占 7.40％，5 级水平的占 18.32％，6 级水平的占 44.47％，7 级水平的占 25.57％。可以看出临沂市耕地土壤有效硫含量水平总体较低，土壤中硫较为缺乏（表 4-28）。

**表 4-28　耕层土壤有效硫分级及面积**

| 项目 | 级别 | | | | | | |
|---|---|---|---|---|---|---|---|
| | 1 | 2 | 3 | 4 | 5 | 6 | 7 |
| 标准（mg/kg） | ＞100 | 75～100 | 60～75 | 45～60 | 30～45 | 15～30 | ≤15 |
| 各等级耕地面积（hm²） | 6 396.38 | 8 041.16 | 21 382.18 | 62 501.77 | 154 609.64 | 375 376.11 | 215 832.13 |
| 占耕地总面积比例（％） | 0.76 | 0.95 | 2.53 | 7.40 | 18.32 | 44.47 | 25.57 |

### 2. 不同土壤类型下土壤有效硫含量状况分析

不同土壤类型耕地土壤有效硫平均含量差异较大，水稻土最高，有效硫平均含量为 33.6 mg/kg，属于 5 级水平，变化范围为 10.2～76.9 mg/kg，分布不平衡；其次是潮土，平均含量为 32.2 mg/kg，属于 5 级水平；粗骨土、石质土含量较低，平均值分别为 17.8 mg/kg 和 12.9 mg/kg，分别属于 6 级和 7 级水平。不同土壤类型耕地土壤有效硫含量由高到低依次为：水稻土＞潮土＞砂姜黑土、褐土＞棕壤＞粗骨土＞石质土。

棕壤中各亚类耕地土壤有效硫含量相差不大，平均含量范围是 23.3～25.5 mg/kg，属于 6 级水平，耕地土壤有效硫较缺乏。褐土中各亚类耕地土壤有效硫含量略有差异，潮褐土含量最高，平均为 38.3 mg/kg，属于 5 级水平；其他 3 亚类含量差别不大，都属于 6 级水平。

潮土中各亚类土壤有效硫含量略有差异，湿潮土含量最高，平均为 34.9 mg/kg。潮土有效硫含量较低，平均为 29.5 mg/kg，变化范围为 0.6～187.0 mg/kg，分布极不平衡。

砂姜黑土各亚类土壤有效硫含量差别较大。砂姜黑土平均含量为 38.8 mg/kg，属于 5 级水平；石灰性砂姜黑土平均含量为 20.2 mg/kg，属于 6 级水平。

水稻土各亚类土壤之间的有效硫含量差异较明显。潜育水稻土含量高于淹育水稻土，平均值分别为 42.5 mg/kg 和 24.7 mg/kg。

粗骨土各亚类间耕地土壤有效硫含量略有差异，中性粗骨土耕地土壤有效硫含量最高，平均值为 20.7 mg/kg，钙质粗骨土和酸性粗骨土平均含量分别为 14.1 mg/kg、18.6 mg/kg，都属于 6 级水平。石质土各亚类间的耕地土壤有效硫含量差异不明显。钙质石质土、酸性石质土有效硫平均含量分别为 12.3 mg/kg、13.5 mg/kg，属于 7 级水平（表 4-29）。

表 4-29　不同土壤类型及亚类土壤有效硫含量状况

| 土类 | 亚类 | 平均数（mg/kg） | 变化范围（mg/kg） | 置信区间 | 变异系数（%） | 标准差（mg/kg） |
|---|---|---|---|---|---|---|
| 棕壤 | 棕壤 | 23.4 | 2.4～198.9 | 6.5～40.3 | 72.27 | 16.92 |
| | 潮棕壤 | 25.0 | 0.7～90.3 | 11.7～38.3 | 53.30 | 13.33 |
| | 白浆化棕壤 | 23.3 | 6.4～39.8 | 15.7～31.0 | 32.52 | 7.59 |
| | 棕壤性土 | 25.5 | 2.3～77.3 | 13.8～37.2 | 45.75 | 11.66 |
| 褐土 | 褐土 | 27.1 | 0.7～73.6 | 10.5～43.7 | 61.14 | 16.57 |
| | 淋溶褐土 | 24.2 | 0.2～120.9 | 5.6～42.8 | 76.77 | 18.57 |
| | 潮褐土 | 38.3 | 0.7～186.0 | 9.4～69.1 | 75.98 | 29.82 |
| | 褐土性土 | 27.1 | 1.3～186.2 | 12.5～41.7 | 53.86 | 14.60 |
| 砂姜黑土 | 砂姜黑土 | 38.8 | 2.8～181.2 | 15.1～62.5 | 61.02 | 23.67 |
| | 石灰性砂姜黑土 | 20.2 | 12.8～36.4 | 10.8～29.7 | 46.65 | 9.43 |
| 潮土 | 潮土 | 29.5 | 0.6～187.0 | 10.9～48.1 | 63.14 | 18.62 |
| | 湿潮土 | 34.9 | 9.5～112.6 | 16.9～53.0 | 51.60 | 18.04 |

（续）

| 土类 | 亚类 | 平均数（mg/kg） | 变化范围（mg/kg） | 置信区间 | 变异系数（%） | 标准差（mg/kg） |
|---|---|---|---|---|---|---|
| 水稻土 | 潜育水稻土 | 42.5 | 20.2～70.3 | 29.0～56.1 | 31.89 | 13.56 |
| | 淹育水稻土 | 24.7 | 10.2～76.9 | 14.0～35.4 | 43.42 | 10.72 |
| 粗骨土 | 钙质粗骨土 | 14.1 | 0.5～56.6 | 5.1～23.0 | 63.94 | 8.98 |
| | 酸性粗骨土 | 18.6 | 0.7～137.6 | 7.6～29.7 | 59.35 | 11.05 |
| | 中性粗骨土 | 20.7 | 2.0～41.7 | 10.9～30.6 | 47.58 | 9.85 |
| 石质土 | 钙质石质土 | 12.3 | 1.0～27.2 | 5.00～19.6 | 59.43 | 7.30 |
| | 酸性石质土 | 13.5 | 7.3～18.7 | 9.6～17.4 | 29.18 | 3.93 |

### 3. 不同土壤类型下土壤有效硫含量状况分析

由表 4-30 可知，不同用地类型耕地土壤有效硫含量差异较明显。设施蔬菜和露地蔬菜耕地土壤有效硫含量最高，平均值分别为 36.4 mg/kg 和 37.3 mg/kg，属于 5 级水平；粮田、花生田、园地土壤有效硫含量分别为：26.3 mg/kg、24.3 mg/kg、21.0 mg/kg，属于 6 级水平。

表 4-30　不同用地类型土壤有效硫含量状况

| 用地类型 | 平均数（mg/kg） | 变化范围（mg/kg） | 置信区间 | 变异系数（%） | 标准差（mg/kg） |
|---|---|---|---|---|---|
| 粮田 | 26.3 | 0.5～186.2 | 9.00～43.7 | 65.92 | 17.35 |
| 设施蔬菜地 | 36.4 | 7～128.1 | 17.2～55.5 | 52.64 | 19.14 |
| 露地蔬菜地 | 37.3 | 2.4～198.9 | 9.6～65.0 | 74.14 | 27.65 |
| 园地 | 21.0 | 0.7～187.0 | 4.01～38.1 | 80.93 | 17.02 |
| 花生田 | 24.3 | 0.7～181.2 | 9.38～39.3 | 61.44 | 14.94 |

### 4. 不同质地类型下土壤有效硫含量状况分析

不同质地有效硫含量略有差异，壤质土的 3 个类型含量最高，黏壤含量最低，平均值为 18.5 mg/kg。总趋势由高到低依次为：重壤＞中壤、轻壤＞沙土＞沙壤＞黏土＞黏壤（表 4-31）。

表4-31　不同质地类型土壤有效硫含量状况

| 质地类型 | 平均数<br>（mg/kg） | 变化范围<br>（mg/kg） | 置信区间 | 变异系数<br>（%） | 标准差<br>（mg/kg） |
|---|---|---|---|---|---|
| 沙土 | 23.5 | 0.7～186.0 | 7.7～39.2 | 67.14 | 15.74 |
| 沙壤 | 23.3 | 0.2～186.2 | 9.4～37.2 | 59.84 | 13.93 |
| 轻壤 | 30.4 | 1.0～198.9 | 10.6～50.3 | 65.07 | 19.81 |
| 中壤 | 30.2 | 0.5～187.0 | 8.3～51.9 | 72.07 | 21.75 |
| 重壤 | 32.9 | 7.2～116.5 | 14.5～51.3 | 55.95 | 18.39 |
| 黏壤 | 18.5 | 2.4～76.9 | 6.9～30.2 | 62.78 | 11.64 |
| 黏土 | 20.4 | 3.5～68.9 | 9.3～31.6 | 54.63 | 11.15 |

### 5. 作物缺硫主要症状及调控措施

硫是植物体内蛋白质和酶的组成元素。如果硫元素不足，会影响蛋白质的合成，导致非蛋白质积累，最终影响作物的正常生长发育。同时，硫也是许多酶的成分，这些酶类不仅与植物的呼吸作用、脂肪代谢和氮代谢作用有关，而且对淀粉的合成也有一定的影响。硫不易移动，缺乏时一般在幼叶表现出缺绿症状，且新叶均衡失绿，呈黄白色并易脱落。主要措施有：

（1）硫肥（主要指石膏和硫黄）的施用方法与用量因土壤和作物的不同而各异。石膏可作基肥、追肥或种肥。作基肥时，应将石膏粉碎，均匀撒施于土壤表面，结合耕地施入。作追肥时，可穴施或条施，施后要覆土，每亩用量为15～30 kg。作种肥时，每亩用量在4～5 kg为宜。

（2）硫肥可用于水稻的蘸秧根，每亩用量为2.5～3 kg。其中硫黄一般多用于水稻的蘸秧根。需要注意的是，即使是将硫肥应用于改良碱土，其每亩施用量也不宜过多，通常以1～4 kg为宜。

（3）在使用硫肥时应注意，因为硫肥的主要成分是硫，因而必须配合氮肥、磷肥、钾肥以及其他肥料的施用，只有这样，才能充分发挥各种肥料的增产作用。

# 四、土壤微量元素营养状况分析

微量元素包括铁、锰、铜、锌、硼、钼等营养元素。植物生长过程中对微量元素的需求量少，但微量元素非常重要。例如缺硼易引起"花而不实"，缺锌引起"小叶症"，缺铜、铁影响植物光合作用。植物所需的微量元素主要来源于土壤，土壤微量元素含量和土壤类型密切相关。有些种植模式相对单一的地区，微量元素的缺乏已经相当严重。近年来土壤微量元素的含量状况和微量元素施肥已经引起人们的普遍关注。对微量元素的评价是耕地地力评价的主要内容之一。

## （一）土壤有效锌

### 1. 土壤有效锌营养的作用及作物缺锌时的症状

#### （1）土壤有效锌的营养作用

锌在植物体内主要是作为酶的金属活化剂。最早发现的含锌金属酶是碳酸酐酶，这种酶在植物体内分布很广，主要存在于叶绿体中。它催化二氧化碳的水合作用，促进光合作用中二氧化碳的固定，缺锌使碳酸酐酶的活性降低。因此，锌对碳水化合物的形成是很重要的。锌在植物体内还参与生长素的合成。

#### （2）作物缺锌时的症状

缺锌时，植物体内的生长素含量有所降低，生长发育停滞，茎节缩短，植株矮小，叶片扩展伸长受到阻滞，形成小叶，并呈簇状。叶脉间出现淡绿色、黄色或白色锈斑，特别在老叶上。在田间，植物高低不齐，成熟期推迟，果实发育不良。我国已报道的植物缺锌症状有水稻的"稻缩苗""僵苗""坐蔸"、苹果等果树的"小叶症"等。

#### （3）作物缺锌调控措施

作物缺锌主要防止措施有：①由于一般作物在生育前期就会出现缺锌症状，锌肥的施用以用作基肥为主。用硫酸锌作基肥时，通常用量为每亩 1～2kg 左右。②叶面喷施时用 0.15％～0.3％的硫酸锌溶液进行喷施，效果较好。③种肥，以硫酸锌作种肥，每亩用量为 1 kg。为了施肥方便，可与生理酸性肥料混匀后施用，但不能与磷肥混施。锌肥应施在种子下面或旁边，表施效果很差。土壤施锌可保持数年有效，不必连年施用。

### 2. 全市有效锌总体状况及分级

结果显示，全市耕地土壤有效锌平均含量为 1.54 mg/kg，处于 2 级水平，含量较丰富。有效锌 1 级水平的耕地占总耕地面积的 7.32％，2 级水平的占 55.14％，3 级水平的占 30.14％，4 级水平的占 5.07％，5 级水平的占 2.34％。可以看出临沂市耕地土壤有效锌含量水平中等偏上，土壤中锌较为丰富。具体分布如表 4-32 所示。

**表 4-32　耕层土壤有效锌分级及面积**

| 项目 | 级别 | | | | |
|---|---|---|---|---|---|
| | 1 | 2 | 3 | 4 | 5 |
| 标准 (mg/kg) | ＞3.0 | 1.0～3.0 | 0.5～1.0 | 0.3～0.5 | ≤0.3 |
| 各等级耕地面积 (hm²) | 61 770.75 | 465 473.69 | 254 393.16 | 42 764.37 | 19 737.40 |
| 占耕地总面积比例 (％) | 7.32 | 55.14 | 30.14 | 5.07 | 2.34 |

### 3. 不同土壤类型下土壤有效锌含量状况分析

不同土壤类型耕地土壤有效锌平均含量差异较小，潮土最高，平均含量为 1.76 mg/kg，属于 2 级水平，变化范围为 0.01～10.37 mg/kg，分布不平衡；其次是褐土和砂姜黑土，平均含量为 1.61 mg/kg，属于 2 级水平；石质土含量最低，平均值为 0.97 mg/kg，属于 3 级水平。不同土壤类型耕地土壤有效锌含量由高到低依次为：潮土＞砂姜黑土、褐土＞棕壤＞水稻土＞粗骨土＞石质土。

棕壤、潮土、褐土、砂姜黑土、水稻土和粗骨土各亚类耕地土壤有效锌平均含量相差不大。石质土各亚类耕地土壤有效锌含量差异较大，钙质石质土、酸性石质土有效锌含量分别为 1.15 mg/kg和 0.78 mg/kg（表 4-33）。

**表 4-33 不同土壤类型及亚类土壤有效锌含量状况**

| 土类 | 亚类 | 平均数（mg/kg） | 变化范围（mg/kg） | 置信区间 | 变异系数（%） | 标准差（mg/kg） |
|---|---|---|---|---|---|---|
| 棕壤 | 棕壤 | 1.56 | 0.04~17.2 | 0.13~2.99 | 91.83 | 1.43 |
| | 潮棕壤 | 1.65 | 0.22~11.56 | 0.19~3.10 | 88.52 | 1.46 |
| | 白浆化棕壤 | 1.35 | 0.40~3.41 | 0.74~1.96 | 45.16 | 0.61 |
| | 棕壤性土 | 1.68 | 0.22~14.66 | 0.43~2.93 | 74.51 | 1.25 |
| 褐土 | 褐土 | 1.29 | 0.27~4.86 | 0.35~2.23 | 72.85 | 0.94 |
| | 淋溶褐土 | 1.58 | 0.17~15.20 | 0.20~2.96 | 87.25 | 1.38 |
| | 潮褐土 | 1.93 | 0.23~10.8 | 0.36~3.50 | 81.53 | 1.57 |
| | 褐土性土 | 1.66 | 0.25~6.76 | 0.58~2.73 | 64.71 | 1.07 |
| 砂姜黑土 | 砂姜黑土 | 1.69 | 0.1~9.32 | 0.31~3.07 | 81.59 | 1.38 |
| | 石灰性砂姜黑土 | 1.54 | 0.84~2.52 | 0.91~2.18 | 41.29 | 0.64 |
| 潮土 | 潮土 | 1.51 | 0.01~10.37 | 0.37~2.65 | 75.57 | 1.14 |
| | 湿潮土 | 2.01 | 0.32~9.02 | 0.61~3.41 | 69.60 | 1.40 |
| 水稻土 | 潜育水稻土 | 1.09 | 0.04~3.71 | 0.29~1.89 | 73.63 | 0.80 |
| | 淹育水稻土 | 1.51 | 0.14~8.88 | 0.14~2.88 | 90.47 | 1.37 |
| 粗骨土 | 钙质粗骨土 | 1.19 | 0.20~6.60 | 0.40~1.98 | 66.60 | 0.79 |
| | 酸性粗骨土 | 1.17 | 0.22~6.46 | 0.46~1.89 | 60.96 | 0.71 |
| | 中性粗骨土 | 0.93 | 0.45~2.04 | 0.54~1.33 | 42.49 | 0.40 |
| 石质土 | 钙质石质土 | 1.15 | 0.47~2.42 | 0.68~1.62 | 40.57 | 0.47 |
| | 酸性石质土 | 0.78 | 0.32~1.36 | 0.47~1.09 | 39.51 | 0.31 |

## 4. 不同种植类型土壤有效锌含量状况分析

由表 4-34 可知，设施蔬菜地土壤有效锌含量最高，平均值为4.30 mg/kg，达到 1 级水平，有效锌含量丰富，花生田、露地蔬菜地、粮田、园地有效锌含量差别不大，分别为 1.63 mg/kg、

1.62 mg/kg、1.41 mg/kg 和 1.38 mg/kg，均属于 2 级水平，可以看出临沂市不同用地类型土壤有效锌含量水平偏上，均处于较丰富状态。具体情况如表 4-34 所示。

**表 4-34 不同用地类型土壤有效锌含量状况**

| 用地类型 | 变化范围 (mg/kg) | 平均数 (mg/kg) | 置信区间 | 变异系数 (%) | 标准差 (mg/kg) |
|---|---|---|---|---|---|
| 粮田 | 0.40~15.20 | 1.41 | 0.21~2.61 | 85.23 | 1.20 |
| 设施蔬菜地 | 0.39~17.20 | 4.30 | 1.56~7.04 | 63.82 | 2.74 |
| 露地蔬菜地 | 0.36~9.50 | 1.62 | 0.57~2.67 | 65.03 | 1.05 |
| 园地 | 0.20~11.18 | 1.38 | 0.12~2.64 | 91.13 | 1.26 |
| 花生田 | 0.18~11.56 | 1.63 | 0.52~2.72 | 67.27 | 1.09 |

### 5. 不同质地类型土壤有效锌含量状况分析

由表 4-35 可知，临沂市不同质地类型土壤有效锌含量都处于 2 级水平，最高是重壤，平均值为 1.69 mg/kg，最低为黏壤，平均值为 1.35 mg/kg。有效锌含量水平高，土壤锌含量丰富。

**表 4-35 不同质地类型土壤有效锌含量状况**

| 质地类型 | 平均数 (mg/kg) | 变化范围 (mg/kg) | 置信区间 | 变异系数 (%) | 标准差 (mg/kg) |
|---|---|---|---|---|---|
| 沙土 | 1.44 | 0.01~11.18 | 0.43~2.46 | 70.45 | 1.02 |
| 沙壤 | 1.59 | 0.05~14.66 | 0.19~2.99 | 88.12 | 1.40 |
| 轻壤 | 1.56 | 0.04~17.20 | 0.28~2.84 | 82.23 | 1.28 |
| 中壤 | 1.58 | 0.04~15.20 | 0.38~2.77 | 75.67 | 1.19 |
| 重壤 | 1.69 | 0.14~6.67 | 0.59~2.79 | 65.10 | 1.10 |
| 黏壤 | 1.35 | 0.20~7.40 | 0.43~2.27 | 68.06 | 0.92 |
| 黏土 | 1.55 | 0.10~8.88 | 0.30~2.80 | 80.83 | 1.25 |

## （二）土壤有效硼

硼肥能促进植物生殖器官的生长发育和碳水化合物的合成和运

输；硼对蛋白质的合成有影响；硼对叶绿素的形成有影响。此外，硼对加强根瘤菌的固氮能力有良好的影响，如大豆喷硼肥不仅能提高产量，而且能提高含油率，增加根瘤数。

### 1. 全市有效硼总体状况及分级

由表4-36可知，全市有效硼的平均含量为0.39 mg/kg，属于4级水平，变化范围为0.01～5.72 mg/kg。有效硼共分为5级，其中1级（＞2 mg/kg）水平占全市耕地总面积的0.43%；2级（1.0～2.0 mg/kg）水平占全市耕地总面积的3.18%；3级（0.5～1.0 mg/kg）水平占全市耕地总面积的19.70%；4级（0.2～0.5 mg/kg）水平占全市耕地总面积的48.69%；5级（＜0.2 mg/kg）水平占全市耕地总面积的27.99%。可以看出临沂市土壤有效硼含量水平低，硼元素较为缺乏。

**表4-36　耕层土壤有效硼分级及面积**

| 项目 | 级别 | | | | |
| --- | --- | --- | --- | --- | --- |
| | 1 | 2 | 3 | 4 | 5 |
| 标准（mg/kg） | ＞2.0 | 1.0～2.0 | 0.5～1.0 | 0.2～0.5 | ≤0.2 |
| 各等级耕地面积（hm²） | 3 655.07 | 26 864.79 | 166 305.87 | 411 013.09 | 236 300.54 |
| 占耕地总面积比例（%） | 0.43 | 3.18 | 19.70 | 48.69 | 27.99 |

### 2. 不同土壤类型土壤有效硼含量状况分析

全市不同土壤类型耕地土壤有效硼平均含量差异较小，褐土最高，平均含量为0.48 mg/kg；其次是潮土和石质土，平均含量分别为0.44 mg/kg和0.42 mg/kg；棕壤、粗骨土、砂姜黑土和水稻土有效硼平均含量相差不大，平均值分别为0.37 mg/kg、0.36 mg/kg、0.33 mg/kg和0.30 mg/kg。7种土壤类型的有效硼含量都属于4级水平。不同土壤类型耕地土壤有效硼含量由高到低依次为：褐土＞潮土＞石质土＞棕壤＞粗骨土＞砂姜黑土＞水稻土。

棕壤、水稻土、粗骨土和石质土各亚类耕地土壤有效硼平均含量相差不大。褐土、潮土和砂姜黑土各亚类耕地土壤有效硼含量差异较大。具体情况见表 4-37。

**表 4-37　不同土壤类型及亚类土壤有效硼含量状况**

| 土类 | 亚类 | 变化范围 (mg/kg) | 平均数 (mg/kg) | 置信区间 | 变异系数 (%) | 标准差 (mg/kg) |
|---|---|---|---|---|---|---|
| 棕壤 | 棕壤 | 0.01~2.26 | 0.35 | 0.11~0.60 | 70.25 | 0.25 |
| | 潮棕壤 | 0.04~2.72 | 0.41 | 0.06~0.77 | 85.92 | 0.35 |
| | 白浆化棕壤 | 0.08~1.69 | 0.36 | 0.14~0.57 | 59.36 | 0.21 |
| | 棕壤性土 | 0.01~1.74 | 0.36 | 0.13~0.58 | 62.90 | 0.22 |
| 褐土 | 褐土 | 0.05~1.59 | 0.48 | 0.13~0.83 | 72.41 | 0.35 |
| | 淋溶褐土 | 0.02~2.80 | 0.41 | 0.06~0.76 | 85.17 | 0.35 |
| | 潮褐土 | 0.03~2.20 | 0.64 | 0.23~1.05 | 64.06 | 0.41 |
| | 褐土性土 | 0.03~1.55 | 0.38 | 0.12~0.63 | 67.05 | 0.25 |
| 砂姜黑土 | 砂姜黑土 | 0.02~2.22 | 0.50 | 0.02~0.98 | 95.83 | 0.48 |
| | 石灰性砂姜黑土 | 0.02~0.27 | 0.17 | 0.07~0.27 | 56.65 | 0.10 |
| 潮土 | 潮土 | 0.01~3.60 | 0.34 | 0.14~0.54 | 58.19 | 0.20 |
| | 湿潮土 | 0.04~2.27 | 0.55 | 0.13~0.97 | 76.27 | 0.42 |
| 水稻土 | 潜育水稻土 | 0.04~1.50 | 0.37 | 0.12~0.62 | 67.68 | 0.25 |
| | 淹育水稻土 | 0.01~1.08 | 0.24 | 0.06~0.42 | 73.65 | 0.18 |
| 粗骨土 | 钙质粗骨土 | 0.06~1.30 | 0.39 | 0.18~0.60 | 54.18 | 0.21 |
| | 酸性粗骨土 | 0.01~1.27 | 0.32 | 0.12~0.51 | 61.88 | 0.20 |
| | 中性粗骨土 | 0.14~0.83 | 0.37 | 0.19~0.55 | 49.53 | 0.18 |
| 石质土 | 钙质石质土 | 0.08~0.73 | 0.42 | 0.27~0.56 | 34.89 | 0.15 |
| | 酸性石质土 | 0.18~1.15 | 0.43 | 0.10~0.76 | 76.95 | 0.33 |

### 3. 不同用地类型土壤有效硼含量状况分析

由表 4-38 可知，设施蔬菜地和露地蔬菜地土壤有效硼含量较高，平均值分别为 0.61 mg/kg 和 0.56 mg/kg，达到 3 级水平；园地、粮田、花生田有效硼含量差别不大，分别为 0.46 mg/kg、0.37 mg/kg 和 0.36 mg/kg，均属于 4 级水平，硼较为缺乏。具体情况如表 4-38 所示。

**表4-38  不同用地类型土壤有效硼含量状况**

| 用地类型 | 平均数<br>（mg/kg） | 变化范围<br>（mg/kg） | 置信区间 | 变异系数<br>（%） | 标准差<br>（mg/kg） |
|---|---|---|---|---|---|
| 粮田 | 0.37 | 0.01~3.60 | 0.05~0.69 | 86.54 | 0.32 |
| 设施蔬菜地 | 0.61 | 0.12~2.01 | 0.23~0.99 | 62.09 | 0.38 |
| 露地蔬菜地 | 0.56 | 0.02~2.80 | 0.08~1.05 | 86.39 | 0.48 |
| 园地 | 0.46 | 0.01~1.49 | 0.11~0.81 | 76.02 | 0.35 |
| 花生田 | 0.36 | 0.01~1.74 | 0.13~0.58 | 62.81 | 0.22 |

## 4. 不同质地类型下土壤有效硼含量状况分析

由表4-39可知，临沂市不同质地类型耕地土壤有效硼含量相差不大，平均值在0.24~0.47 mg/kg，都处于4级水平，有效硼含量最高的是中壤，平均值为0.47 mg/kg，最低的为沙土，平均值为0.24 mg/kg。总体来看临沂市有效硼含量水平较低，土壤硼缺乏。

**表4-39  不同质地类型土壤有效硼含量状况**

| 质地类型 | 平均数<br>（mg/kg） | 变化范围<br>（mg/kg） | 置信区间 | 变异系数<br>（%） | 标准差<br>（mg/kg） |
|---|---|---|---|---|---|
| 沙土 | 0.24 | 0.01~2.20 | 0.11~0.59 | 69.06 | 0.24 |
| 沙壤 | 0.39 | 0.01~2.26 | 0.04~0.74 | 90.41 | 0.35 |
| 轻壤 | 0.36 | 0.01~3.60 | 0.03~0.69 | 91.12 | 0.33 |
| 中壤 | 0.47 | 0.01~2.72 | 0.09~0.84 | 81.23 | 0.38 |
| 重壤 | 0.38 | 0.01~2.22 | 0.08~0.68 | 78.78 | 0.30 |
| 黏壤 | 0.35 | 0.02~2.14 | 0.12~0.59 | 66.23 | 0.23 |
| 黏土 | 0.35 | 0.03~1.25 | 0.15~0.56 | 58.05 | 0.21 |

## 5. 作物缺硼的症状及调控措施

### （1）缺硼症状

小麦缺硼时，花药空瘪，花粉败育不能完成正常授粉；玉米缺硼时上部叶片出现不规则的褪绿白斑或条斑，果穗畸形，行列不齐，着粒稀疏，籽粒基部常有带状褐疤；大豆缺硼时幼苗顶芽下卷，枯萎死亡，腋芽抽发畸形，老叶粗糙增厚；花生缺硼时，果针萎缩，荚果多为秕果；苹果缺硼时，新梢顶端萎缩，甚至枯死，细弱侧枝多量发生，类似"小叶症"，幼果表面有水浸状褐斑，坏死，干缩硬化，凹陷，龟裂，称"缩果病"。

蔬菜作物缺硼普遍，按主要症状归类：①生长点萎缩死亡，叶片皱缩，扭曲畸形，多见于菠菜、实用甜菜、结球白菜等。②茎叶及叶柄开裂、粗短、硬脆，如番茄叶柄及叶片主脉硬化、变脆。③根菜类肉质根内部组织变褐坏死，木栓化，如萝卜等的褐心病，也称褐色心腐病。④果皮、果肉坏死，木栓化，如黄瓜果实木栓化开裂、番茄表皮龟裂等。

**（2）作物缺硼常用的调控措施**

①通过秸秆还田补充土壤有效硼。秸秆中含有可利用的硼，还田后这些资源被再利用。同时秸秆还田还能提高土壤有机质的含量，保证土壤中养分的供求平衡，促进植株对硼的吸收利用。②作基肥：每亩用硼砂 0.5～1 kg，与细干土、磷肥或氮肥混匀，在作物播种或移栽时施入穴内。作基肥时，一定要施用均匀，避免局部地方硼的浓度过高引起作物中毒。③浸种或拌种：用浓度为 0.02%～0.05% 硼砂或硼酸溶液，每 0.5 kg 种子用量为 0.2～0.5 g，最多不能超过 1g。拌种以溶液全部被吸净为好，阴干后即可播种。④叶面喷洒：每亩用硼砂 0.05～0.1 kg 或硼酸 0.05～0.07 kg，兑水溶化后再加清水 50 kg（喷洒浓度为 0.1%～0.2%），在晴天 16：00 后，进行叶面喷施，效果较好。

## （三）土壤有效铜

### 1. 全市有效铜总体状况及分级

全市土壤有效铜含量平均值为 1.84 mg/kg，属于 1 级水平，含量较为丰富。其中，1 级水平耕地占总面积的 34.18%，2 级水平耕地占总面积的 37.65%，3 级水平耕地占总面积的 27.45%，处于 4 级水平以下的占 0.71%。全市耕地有效铜含量水平高，土壤中铜元素含量丰富。具体分布情况见表 4-40。

表 4-40 耕层土壤有效铜分级及面积

| 项目 | 级别 | | | | |
|---|---|---|---|---|---|
| | 1 | 2 | 3 | 4 | 5 |
| 标准（mg/kg） | >1.8 | 1.0~1.8 | 0.2~1.0 | 0.1~0.2 | ≤0.1 |
| 各等级耕地面积（hm²） | 288 568.10 | 317 808.70 | 231 731.70 | 3 472.32 | 2 558.55 |
| 占耕地总面积比例（%） | 34.18 | 37.65 | 27.45 | 0.41 | 0.30 |

## 2. 不同土壤类型土壤有效铜含量状况分析

不同土壤类型耕地有效铜平均含量差异较小，水稻土、砂姜黑土、潮土和棕壤含量较高，平均含量分别为 2.18 mg/kg、2.0 mg/kg、1.93 mg/kg 和 1.83 mg/kg，都属于 1 级水平；褐土、粗骨土和石质土平均含量分别为 1.71 mg/kg、1.47 mg/kg 和 1.20 mg/kg，属于 2 级水平。7 种土类各亚类之间有效铜含量差异很小，仅有褐土中的褐土性土与其他亚类差异较大（表 4-41）。

表 4-41 不同土壤类型及亚类土壤有效铜含量状况

| 土类 | 亚类 | 平均数（mg/kg） | 变化范围（mg/kg） | 置信区间 | 变异系数（%） | 标准差（mg/kg） |
|---|---|---|---|---|---|---|
| 棕壤 | 棕壤 | 1.76 | 0.07~20.87 | 0.56~2.96 | 68.23 | 1.20 |
| | 潮棕壤 | 1.88 | 0.19~14.46 | 0.28~3.48 | 84.94 | 1.60 |
| | 白浆化棕壤 | 1.84 | 0.44~5.24 | 1.03~2.65 | 44.22 | 0.81 |
| | 棕壤性土 | 1.86 | 0.14~24.20 | 0.36~3.36 | 80.72 | 1.50 |
| 褐土 | 褐土 | 1.62 | 0.71~2.58 | 0.38~2.86 | 76.28 | 1.24 |
| | 淋溶褐土 | 1.62 | 0.25~20.9 | 0.12~3.12 | 92.53 | 1.50 |
| | 潮褐土 | 1.58 | 0.25~5.51 | 0.77~2.39 | 51.44 | 0.81 |
| | 褐土性土 | 2.03 | 0.04~11.54 | 0.53~3.53 | 73.75 | 1.50 |
| 砂姜黑土 | 砂姜黑土 | 1.85 | 0.12~8.41 | 0.83~2.86 | 55.21 | 1.02 |
| | 石灰性砂姜黑土 | 2.15 | 1.00~5.12 | 0.63~3.67 | 70.76 | 1.52 |
| 潮土 | 潮土 | 2.05 | 0.01~24.96 | 0.42~3.68 | 79.46 | 1.63 |
| | 湿潮土 | 1.81 | 0.07~9.02 | 0.73~2.90 | 59.87 | 1.08 |

（续）

| 土类 | 亚类 | 平均数<br>（mg/kg） | 变化范围<br>（mg/kg） | 置信区间 | 变异系数<br>（%） | 标准差<br>（mg/kg） |
|------|------|------|------|------|------|------|
| 水稻土 | 潜育水稻土 | 2.14 | 0.89~5.33 | 1.20~3.08 | 44.14 | 0.94 |
| | 淹育水稻土 | 2.23 | 0.19~15.22 | 0.67~3.79 | 69.84 | 1.56 |
| 粗骨土 | 钙质粗骨土 | 1.27 | 0.2~10.28 | 0.27~2.23 | 78.91 | 1.01 |
| | 酸性粗骨土 | 1.72 | 0.22~19.23 | 0.25~3.19 | 85.54 | 1.47 |
| | 中性粗骨土 | 1.42 | 0.75~3.62 | 0.75~2.08 | 46.74 | 0.66 |
| 石质土 | 钙质石质土 | 1.36 | 0.45~3.00 | 0.74~1.98 | 45.73 | 0.62 |
| | 酸性石质土 | 1.05 | 0.50~1.86 | 0.15~1.95 | 85.71 | 0.90 |

### 3. 不同用地类型土壤有效铜含量状况分析

不同用地类型耕层土壤有效铜含量差异显著，设施蔬菜地有效铜含量显著高于其他用地类型，平均为 4.38 mg/kg，较丰富，达 1 级水平，变化范围为 0.35~20.9 mg/kg；其次是园地，平均含量为 2.7 mg/kg，变化范围为 0.04~32.0 mg/kg，最高值在园地，主要是近年来果农过量施用肥料农药有关。其他用地类型土壤有效铜含量差异不大，粮田最高，平均为 1.75 mg/kg，变化范围为 0.01~19.23 mg/kg；露地蔬菜地最低，平均为 1.54 mg/kg，变化范围为 0.31~8.70 mg/kg。为了经济效益，农民在高效经济作物上应用铜肥较以前明显增多。不同用地类型土壤有效铜含量由高到低依次为：设施蔬菜地＞园地＞粮田＞花生田＞露地蔬菜地（表4-42）。

**表 4-42　不同用地类型土壤有效铜含量状况**

| 用地类型 | 平均数<br>（mg/kg） | 变化范围<br>（mg/kg） | 置信区间 | 变异系数<br>（%） | 标准差<br>（mg/kg） |
|------|------|------|------|------|------|
| 粮田 | 1.75 | 0.01~19.23 | 0.52~2.98 | 70.19 | 1.23 |
| 设施蔬菜地 | 4.38 | 0.35~20.90 | 0.46~8.31 | 89.59 | 3.93 |
| 露地蔬菜地 | 1.54 | 0.31~8.70 | 0.58~2.49 | 62.12 | 0.96 |

（续）

| 用地类型 | 平均数<br>（mg/kg） | 变化范围<br>（mg/kg） | 置信区间 | 变异系数<br>（%） | 标准差<br>（mg/kg） |
|---|---|---|---|---|---|
| 园地 | 2.70 | 0.04～32.00 | 0.57～4.83 | 78.77 | 2.13 |
| 花生田 | 1.61 | 0.07～11.32 | 0.36～2.86 | 77.41 | 1.25 |

### 4. 不同质地类型下土壤有效铜含量状况分析

不同质地类型土壤有效铜含量差异较小，沙壤土含量最高，平均为 1.92 mg/kg，变化范围为 0.07～19.23 mg/kg，变化范围较大，含量不均衡；中壤含量最低，平均为 1.72 mg/kg，变化范围为 0.01～11.54 mg/kg。由高到低顺序为：沙壤＞重壤＞黏土＞轻壤＞黏壤＞中壤＞沙土（表 4-43）。

表 4-43　不同质地类型土壤有效铜含量状况

| 质地类型 | 平均数<br>（mg/kg） | 变化范围<br>（mg/kg） | 置信区间 | 变异系数<br>（%） | 标准差<br>（mg/kg） |
|---|---|---|---|---|---|
| 沙土 | 1.65 | 0.04～12.20 | 0.12～3.42 | 92.97 | 1.65 |
| 沙壤 | 1.92 | 0.07～19.23 | 0.17～3.67 | 91.30 | 1.75 |
| 轻壤 | 1.80 | 0.09～14.46 | 0.26～3.34 | 85.35 | 1.54 |
| 中壤 | 1.72 | 0.01～11.54 | 0.11～3.33 | 93.66 | 1.71 |
| 重壤 | 1.87 | 0.33～9.41 | 0.69～3.06 | 63.05 | 1.18 |
| 黏壤 | 1.74 | 0.19～17.14 | 0.31～3.17 | 82.35 | 1.43 |
| 黏土 | 1.81 | 0.37～15.15 | 0.20～3.82 | 89.97 | 1.81 |

### 5. 铜的营养作用及作物缺铜的症状

#### （1）铜的营养作用

铜参与光合作用的电子传递和光合磷酸化、呼吸代谢；铜可以影响植物根、枝、花等器官的分化和发育；铜对植物器官分化的影响主要是间接的，通过影响各种酶的含量和活性来调控营养物质的吸收以及植物体内生长物质的作用,进而影响器官分化。

**(2) 作物缺铜的症状**

缺铜时禾本科作物新叶呈灰绿色,卷曲、发黄,老叶在叶舌处弯曲或折断,叶尖枯萎,叶鞘下部有灰白色斑点,有时扩展成条纹,并易感染霉菌性病害;麦类缺铜时发生顶端黄化病,新叶黄白化,质薄、扭曲,后期上位叶子卷成纸捻状,轻度缺铜前期症状不明显,抽穗后因花粉败育而不实即穗而不实;豆类作物新叶失绿、卷曲;果树叶片失绿畸形,嫩枝弯曲下垂,树皮上出现水泡状皮疹。严重时顶梢枯死。

**(3) 作物缺铜调控措施**

作物缺铜可施用铜肥进行补充,常用铜肥品种有:硫酸铜、碱式硫酸铜、碳酸铜等,多数为蓝色透明结晶或颗粒、粉末状,易溶于水。最常用的铜肥是硫酸铜,含铜25%。主要调控措施有:①拌种,每0.5 kg种子拌0.5 g硫酸铜或用浓度为0.01%~0.05%的硫酸铜溶液浸种,浸12h后,捞出阴干再播种。②喷洒,可喷施0.02%~0.10%的硫酸铜溶液,每亩视苗大小,喷洒50~100 kg溶液。最好在溶液中加入少量熟石灰,以免产生药害。③用硫酸铜作基肥,每亩用1~1.5 kg为好。最好与其他酸性肥料配合使用,每隔3~5年施用一次。

同时要注意,铜肥施用要十分慎重,多次使用后会在土壤中累积,引起残留,污染水果及其他作物。

# (四) 土壤有效铁

## 1. 全市有效铁总体状况及分级

铁元素是一切绿色植物叶绿素的蛋白质的成分,植物缺了铁,叶绿素就难以合成,植株黄化。临沂市耕层土壤有效铁平均含量为41.65 mg/kg,处于1级水平,变化范围为1.4~223.6 mg/kg,变化幅度很大。其中1级水平的耕地占总耕地面积的75.64%,2级水平的占15.18%,3级水平的占7.90%,4级水平以下的占1.28%(表4-44)。

**表 4-44 耕层土壤有效铁分级及面积**

| 项目 | 级别 | | | | |
|---|---|---|---|---|---|
| | 1 | 2 | 3 | 4 | 5 |
| 标准（mg/kg） | ＞20 | 10~20 | 4.5~10 | 2.5~4.5 | ≤2.5 |
| 各等级耕地面积（hm²） | 638 541.45 | 128 110.35 | 66 705.10 | 6 579.13 | 4 203.34 |
| 占耕地总面积比例（%） | 75.64 | 15.18 | 7.90 | 0.78 | 0.50 |

## 2. 不同土壤类型下土壤有效铁含量状况分析

由表 4-45 可知，不同土壤类型土壤耕层有效铁含量差异较大，棕壤含量最高，平均为 54.7mg/kg，变化范围为 2.0~221.8 mg/kg；石质土含量最低，平均为 32.4 mg/kg，7 种土壤类型都属于 1 级水平。平均含量由高到低是：棕壤＞潮土＞水稻土＞褐土＞砂姜黑土＞粗骨土＞石质土。几种土壤各亚类有效铁含量差异较小，仅石质土亚类间含量差异较大（表 4-45）。

**表 4-45 不同土壤类型及亚类土壤有效铁含量状况**

| 土类 | 亚类 | 平均数（mg/kg） | 变化范围（mg/kg） | 置信区间 | 变异系数（%） | 标准差（mg/kg） |
|---|---|---|---|---|---|---|
| 棕壤 | 棕壤 | 48.7 | 2.0~174.4 | 16.7~80.7 | 65.78 | 32.02 |
| | 潮棕壤 | 54.7 | 7.0~158.3 | 22.6~86.7 | 58.67 | 32.07 |
| | 白浆化棕壤 | 60.0 | 9.1~167.1 | 23.4~96.7 | 61.06 | 36.64 |
| | 棕壤性土 | 55.3 | 1.6~221.8 | 23.9~86.6 | 56.79 | 31.37 |
| 褐土 | 褐土 | 38.5 | 4.0~170.7 | 8.5~68.6 | 78.00 | 30.05 |
| | 淋溶褐土 | 33.7 | 2.6~223.6 | 9.5~58.2 | 72.03 | 24.38 |
| | 潮褐土 | 24.5 | 2.3~138.7 | 4.5~44.5 | 81.70 | 20.01 |
| | 褐土性土 | 37.7 | 1.4~167.0 | 10.8~64.5 | 71.34 | 26.86 |
| 砂姜黑土 | 砂姜黑土 | 33.2 | 3.3~125.5 | 6.1~60.6 | 81.80 | 27.25 |
| | 石灰性砂姜黑土 | 40.5 | 31.8~48.0 | 18.7~32.9 | 18.73 | 7.59 |

（续）

| 土类 | 亚类 | 平均数<br>（mg/kg） | 变化范围<br>（mg/kg） | 置信区间 | 变异系数<br>（%） | 标准差<br>（mg/kg） |
|------|------|------|------|------|------|------|
| 潮土 | 潮土 | 44.5 | 2.1～211.3 | 10.5～78.5 | 76.48 | 34.03 |
| | 湿潮土 | 41.9 | 1.4～147.7 | 8.9～74.8 | 78.74 | 32.96 |
| 水稻土 | 潜育水稻土 | 47.1 | 16.9～104.8 | 24.5～69.7 | 47.94 | 22.58 |
| | 淹育水稻土 | 38.3 | 5.3～217.3 | 7.1～69.4 | 81.43 | 31.17 |
| 粗骨土 | 钙质粗骨土 | 29.9 | 5.0～82.4 | 15.5～44.4 | 48.31 | 14.46 |
| | 酸性粗骨土 | 36.4 | 2.2～117.2 | 20.9～51.8 | 42.53 | 15.46 |
| | 中性粗骨土 | 38.5 | 13.2～73.6 | 24.2～52.8 | 37.17 | 14.31 |
| 石质土 | 钙质石质土 | 18.2 | 8.6～28.2 | 11.7～24.8 | 36.14 | 6.59 |
| | 酸性石质土 | 46.5 | 15.8～104.8 | 18.1～74.8 | 61.03 | 28.36 |

### 3. 不同种植类型下土壤有效铁含量状况分析

不同用地类型耕层土壤有效铁含量差异较大，设施蔬菜地含量最高，平均为 64.6 mg/kg，变化范围为 5.3～150.4 mg/kg，含量丰富；花生田、园地和粮田有效铁含量差异较小，平均含量分别为 49.2 mg/kg、42.4 mg/kg 和 38.3 mg/kg；露地蔬菜地含量最低，平均为 27.8 mg/kg，达 1 级水平，变化范围为 4.2～163.9 mg/kg（表 4-46）。

**表 4-46　不同用地类型土壤有效铁含量状况**

| 用地类型 | 变化范围<br>（mg/kg） | 平均数<br>（mg/kg） | 置信区间 | 变异系数<br>（%） | 标准差<br>（mg/kg） |
|------|------|------|------|------|------|
| 粮田 | 1.4～223.6 | 38.3 | 10.5～66.2 | 72.72 | 27.86 |
| 设施蔬菜地 | 5.3～150.4 | 64.6 | 25.7～103.5 | 60.29 | 38.94 |
| 露地蔬菜地 | 4.2～163.9 | 27.8 | 6.1～49.5 | 78.00 | 21.70 |
| 园地 | 2.9～134.0 | 42.4 | 15.1～69.8 | 64.40 | 27.33 |
| 花生田 | 1.4～221.8 | 49.2 | 16.3～82.1 | 66.90 | 32.90 |

### 4. 不同质地类型下土壤有效铁含量状况分析

不同质地类型耕地土壤有效铁含量差异较小，沙壤土含量最高，平均为 48.8 mg/kg，变化范围为 2.1~197.2 mg/kg，变化范围较大，含量不均衡；中壤含量最低，平均为 31.4 mg/kg，变化范围为 1.4~217.3 mg/kg。有效铁含量顺序为：沙壤＞沙土＞黏壤＞轻壤、黏土＞重壤＞中壤（表 4-47）。

**表 4-47　不同质地类型土壤有效铁含量状况**

| 质地类型 | 平均数<br>（mg/kg） | 变化范围<br>（mg/kg） | 置信区间 | 变异系数<br>（%） | 标准差<br>（mg/kg） |
|---|---|---|---|---|---|
| 沙土 | 45.0 | 2.2~221.8 | 14.8~75.3 | 67.25 | 30.28 |
| 沙壤 | 48.8 | 2.1~197.2 | 17.5~80.1 | 64.20 | 31.31 |
| 轻壤 | 41.9 | 1.6~223.6 | 8.9~74.8 | 78.63 | 32.91 |
| 中壤 | 31.4 | 1.4~217.3 | 4.9~57.9 | 84.39 | 26.47 |
| 重壤 | 36.2 | 1.4~125.5 | 10.7~61.6 | 70.32 | 25.43 |
| 黏壤 | 44.8 | 5.0~166.2 | 19.3~70.4 | 57.02 | 25.55 |
| 黏土 | 41.9 | 2.9~116.6 | 18.0~65.9 | 57.17 | 23.96 |

### 5. 土壤有效铁的营养作用及作物缺铁的症状

#### （1）铁的营养作用

铁是一些重要的氧化-还原酶催化部分的组分；铁虽然不是叶绿素的组成成分，但铁参与叶绿素的形成；铁在植物体内以各种形式与蛋白质结合，作为重要的电子传递体或催化剂，参与许多生命活动。

#### （2）作物缺铁的症状

在我国北方，多年生木本和草本植物以及农作物缺铁极为常见。由于铁在植物体内难以移动，又是叶绿素形成所必需的元素，所以最常见的缺铁症状是幼叶失绿。失绿症开始时，叶片颜色变淡，新叶脉间失绿而黄化，但叶脉仍保持绿色。当缺铁严重时，整个叶尖失绿，极度缺铁时，叶色完全变白并出现坏死斑点。缺铁失绿可导致生长停滞，严重时可导致植株死亡。

**（3）作物缺铁调控**

土壤中含铁较多，一般情况下植物不缺铁，但在碱性土或石灰质土壤中，铁易形成不溶性的化合物而使植物缺铁。当植物缺铁时，常采用的方法有：

①叶面喷施法。主要用硫酸亚铁，果树上用 0.2%～1% 的浓度，每隔 7～10d 喷施一次，直到叶片复绿为止。为防止铁在配制过程中沉淀，配制时可加少量食醋，比例是 100L 水加 100～200 mL 食醋。

②土壤施用法。由于铁肥直接施用于土壤，很容易引起铁的氧化，所以常将铁肥与有机肥混合施用，混合比例为铁肥：有机肥＝1：（10～20）。

③树干埋藏法。就是在林木或果树干上打孔，将铁肥放入其中。为了便于放入肥料，孔可以斜打。这种方法的优点是铁肥肥效较长，但易使树体遭受病虫危害。

④灌根法。用 0.3% 的硫酸亚铁溶液直接灌根。

## （五）土壤有效钼

钼促进生物固氮，根瘤菌、固氮菌固定空气中的游离氮素，需要钼黄素蛋白酶参加，而钼是钼黄素蛋白酶的成分之一；钼能促进氮素代谢，钼作为作物体内硝酸还原酶的成分，参与硝酸态氮的还原过程；钼能增强光合作用，有利于提高叶绿素的含量与稳定性，保证光合作用的正常进行；钼有利于糖类的形成与转化，改善碳水化合物。此外，钼还能增强作物的抗旱、抗寒、抗病能力。

### 1. 全市有效钼总体状况及分级

临沂市耕层土壤有效钼平均含量为 0.18 mg/kg，属于 3 级水平，变化范围 0.01～2.41 mg/kg。其中，处于 1 级水平的耕地占总耕地面积的 12.95%，2 级水平的占 15.76%，3 级水平的占 16.19%，4 级水平的占 22.56%，5 级水平的占 32.54%。总体属缺乏水平，全市 55.10％的土壤缺钼。分级及面积见表 4-48。

**表 4-48　耕层土壤有效钼分级及面积**

| 项目 | 级别 | | | | |
|---|---|---|---|---|---|
| | 1 | 2 | 3 | 4 | 5 |
| 标准（mg/kg） | ＞0.3 | 0.2～0.3 | 0.15～0.2 | 0.1～0.15 | ≤0.1 |
| 各等级耕地面积（hm²） | 109 286.72 | 133 044.70 | 136 699.77 | 190 429.36 | 274 678.82 |
| 占耕地总面积比例（％） | 12.95 | 15.76 | 16.19 | 22.56 | 32.54 |

## 2. 不同土壤类型下土壤有效钼含量状况分析

不同土壤类型耕层土壤有效钼含量差异较小。石质土和棕壤含量较高，平均值分别为 0.22 mg/kg、0.20 mg/kg，属于 2 级水平；水稻土含量最低，平均值为 0.16 mg/kg，属于 3 级水平。由高到低为：石质土＞棕壤＞褐土＞潮土、粗骨土＞砂姜黑土＞水稻土。

棕壤各亚类有效钼含量差异较大，潮棕壤和白浆化棕壤含量相同，平均含量为 0.18 mg/kg，属于 3 级水平。棕壤性土和棕壤含量较高，平均含量为 0.23 mg/kg、0.20 mg/kg，属于 3 级水平。

褐土各亚类有效钼含量差异较小。各亚类含量排序为：褐土性土＞褐土＞淋溶褐土＞潮褐土。

潮土各亚类有效钼含量差异大。湿潮土含量最高，平均为 0.22 mg/kg，变化范围为 0.04～1.11 mg/kg；潮土含量最低，平均为 0.15 mg/kg。

砂姜黑土两亚类有效钼含量差异较大，石灰性砂姜黑土明显高于砂姜黑土，二者有效钼含量分别为 0.21 mg/kg 和 0.14 mg/kg。

水稻土、粗骨土亚类间的有效钼含量差异较小。石质土亚类间有效钼含量差异较大，酸性石质土、钙质石质土平均含量分别为 0.25 mg/kg 和 0.19 mg/kg（表 4-49）。

**表 4-49　不同土壤类型及亚类土壤有效钼含量状况**

| 土类 | 亚类 | 平均数 (mg/kg) | 变化范围 (mg/kg) | 置信区间 | 变异系数 (%) | 标准差 (mg/kg) |
|---|---|---|---|---|---|---|
| 棕壤 | 棕壤 | 0.20 | 0.01~2.11 | 0.04~0.36 | 80.95 | 0.16 |
| | 潮棕壤 | 0.18 | 0.03~0.84 | 0.07~0.30 | 62.72 | 0.11 |
| | 白浆化棕壤 | 0.18 | 0.02~0.47 | 0.10~0.27 | 47.71 | 0.09 |
| | 棕壤性土 | 0.23 | 0.01~1.17 | 0.03~0.42 | 85.19 | 0.19 |
| 褐土 | 褐土 | 0.20 | 0.03~1.05 | 0.03~0.37 | 84.12 | 0.17 |
| | 淋溶褐土 | 0.19 | 0.01~1.05 | 0.03~0.34 | 82.11 | 0.15 |
| | 潮褐土 | 0.16 | 0.02~1.05 | 0.04~0.28 | 75.26 | 0.12 |
| | 褐土性土 | 0.23 | 0.01~1.03 | 0.05~0.41 | 77.84 | 0.18 |
| 砂姜黑土 | 砂姜黑土 | 0.14 | 0.01~1.09 | 0.03~0.25 | 76.08 | 0.11 |
| | 石灰性砂姜黑土 | 0.21 | 0.15~0.28 | 0.15~0.28 | 29.45 | 0.06 |
| 潮土 | 潮土 | 0.15 | 0.01~0.92 | 0.03~0.26 | 78.30 | 0.11 |
| | 湿潮土 | 0.22 | 0.04~1.11 | 0.03~0.41 | 88.33 | 0.19 |
| 水稻土 | 潜育水稻土 | 0.15 | 0.01~1.05 | 0.07~0.23 | 55.33 | 0.10 |
| | 淹育水稻土 | 0.17 | 0.04~0.92 | 0.03~0.31 | 83.17 | 0.11 |
| 粗骨土 | 钙质粗骨土 | 0.17 | 0.02~1.53 | 0.02~0.32 | 88.74 | 0.15 |
| | 酸性粗骨土 | 0.19 | 0.01~2.41 | 0.03~0.34 | 82.22 | 0.15 |
| | 中性粗骨土 | 0.18 | 0.02~0.57 | 0.05~0.31 | 70.26 | 0.13 |
| 石质土 | 钙质石质土 | 0.19 | 0.07~0.43 | 0.08~0.31 | 56.70 | 0.11 |
| | 酸性石质土 | 0.25 | 0.07~0.49 | 0.11~0.39 | 56.40 | 0.14 |

## 3. 不同用地类型下土壤有效钼含量状况分析

不同用地类型耕地土壤有效钼含量差异较大。园地含量最高，平均值为 0.21 mg/kg，属于 2 级水平，平均含量丰富；粮田、花生田和设施蔬菜地含量基本一致，属于 3 级水平；露地蔬菜地含量最低，平均值为 0.14 mg/kg。不同用地类型土壤有效钼含量排序是：园地＞设施蔬菜地、花生田＞粮田＞露地蔬菜地（表 4-50）。

**表 4-50　不同用地类型土壤有效钼含量状况**

| 用地类型 | 平均数（mg/kg） | 变化范围（mg/kg） | 置信区间 | 变异系数（%） | 标准差（mg/kg） |
|---|---|---|---|---|---|
| 粮田 | 0.18 | 0.01～2.11 | 0.06～0.30 | 66.98 | 0.12 |
| 设施蔬菜地 | 0.19 | 0.01～0.92 | 0.01～0.37 | 93.65 | 0.18 |
| 露地蔬菜地 | 0.14 | 0.02～1.09 | 0.02～0.27 | 69.62 | 0.12 |
| 园地 | 0.21 | 0.01～0.92 | 0.07～0.34 | 67.99 | 0.14 |
| 花生田 | 0.19 | 0.02～2.21 | 0.04～0.34 | 76.83 | 0.15 |

### 4. 不同质地类型下土壤有效钼含量状况分析

不同质地类型土壤有效钼含量差异不大。沙壤、黏土含量最高，平均值都为 0.21 mg/kg。轻壤、重壤和黏壤含量相同，平均含量最低，均为 0.16 mg/kg。不同质地有效钼含量依次为：沙壤、黏土＞沙土＞中壤＞轻壤、重壤、黏壤（表 4-51）。

**表 4-51　不同质地类型土壤有效钼含量状况**

| 质地类型 | 平均数（mg/kg） | 变化范围（mg/kg） | 置信区间 | 变异系数（%） | 标准差（mg/kg） |
|---|---|---|---|---|---|
| 沙土 | 0.20 | 0.02～2.41 | 0.03～0.36 | 82.51 | 0.16 |
| 沙壤 | 0.21 | 0.01～2.11 | 0.04～0.38 | 81.52 | 0.17 |
| 轻壤 | 0.16 | 0.01～0.99 | 0.03～0.28 | 79.07 | 0.12 |
| 中壤 | 0.17 | 0.01～1.53 | 0.01～0.33 | 91.95 | 0.16 |
| 重壤 | 0.16 | 0.02～0.87 | 0.03～0.29 | 80.62 | 0.13 |
| 黏壤 | 0.16 | 0.02～0.82 | 0.04～0.29 | 75.96 | 0.12 |
| 黏土 | 0.21 | 0.01～0.95 | 0.02～0.39 | 88.06 | 0.18 |

### 5. 作物缺钼症状及调控措施

土壤缺钼导致作物缺钼主要表现出两种症状，一种是脉间叶色变淡、发黄，叶片易出现斑点，边缘发生焦枯并向内卷曲，并由于组织失水而萎蔫。一般老叶先出现症状，新叶在相当长时间内仍表现正常。定型叶片有的尖端有灰色、褐色或坏死斑点，叶柄和叶脉干枯。另一种为十字花科作物，叶片瘦长畸形，螺旋状扭曲，老叶变厚，焦枯。

土壤缺钼造成的作物缺钼一般通过补施钼肥进行调节。目前常

用的钼肥有钼酸铵 $[(NH_4)_6Mo_7O_{24} \cdot 4H_2O]$，含钼 54.3%，钼酸钠（$Na_2MoO_4 \cdot 2H_2O$），含钼 35.5%，两者均易溶于水。此外，三氧化钼（$MoO_3$）、含钼的工业废渣，也可作钼肥施用。但应用较广泛的是钼酸铵。常用方法如下。

**（1）用于种子处理**

拌种时每千克种子用钼酸钠 1～3g；浸种时可用 0.05%～0.1%的钼酸铵溶液浸种 12h。

**（2）可用于作物的根外追肥**

一般常用 0.01%～0.1%的钼酸铵溶液，对作物进行喷施。从苗期到现蕾的这段时间内，可喷施钼肥 1～2 次。

钼肥还可加到常量元素肥料中混用，但注意不能与酸性化肥混合施用，否则会导致溶解度下降。经钼肥处理过的种子，人畜不能食用，否则会钼中毒。

## （六）土壤有效锰

### 1. 全市土壤有效锰总体状况及分级

临沂市耕层土壤有效锰平均含量为 36.41 mg/kg，处于 1 级水平，含量丰富。其中处于 1 级水平的占总耕地面积的 44.12%，2 级水平的占 36.46%，3 级水平的占 17.12%，4 级水平以下的占 2.30%，即 80.58%以上土壤有效锰含量处于 2 级以上水平，全市大部分耕地土壤有效锰含量处于丰富水平（表 4-52）。

表 4-52　耕层土壤有效锰分级及面积

| 项目 | 级别 | | | | |
|---|---|---|---|---|---|
| | 1 | 2 | 3 | 4 | 5 |
| 标准（mg/kg） | >30 | 15～30 | 5～15 | 1～5 | ≤1 |
| 各等级耕地面积（hm²） | 372 452.05 | 307 757.24 | 144 558.18 | 17 544.36 | 1 827.54 |
| 占耕地总面积比例（%） | 44.12 | 36.46 | 17.12 | 2.08 | 0.22 |

## 2. 不同土壤类型下土壤有效锰含量状况分析

不同土壤类型耕层土壤有效锰含量差异较大。棕壤含量最高，平均值为 50.3 mg/kg，属于 1 级水平；粗骨土和石质土含量最低，平均值分别为 26.8 mg/kg 和 23.5 mg/kg，属于 2 级水平。由高到低为：棕壤＞潮土＞褐土＞水稻土、砂姜黑土＞粗骨土＞石质土。

棕壤各亚类有效锰含量差异较大，平均含量都属于 1 级水平。白浆化棕壤含量最高，平均值为 62.9 mg/kg；棕壤含量最低，平均值为 38.3 mg/kg。褐土各亚类有效锰含量差异较大，潮褐土平均含量为 25.0 mg/kg，属于 2 级水平，其他 3 亚类属于 1 级水平。

砂姜黑土、潮土、水稻土各亚类间有效锰含量差异较小。粗骨土各亚类间有效锰含量差异较大，钙质粗骨土、酸性粗骨土含量较低，属于 2 级水平，中性粗骨土含量较高，属于 1 级水平。石质土两亚类间有效锰含量差异较小（表 4-53）。

表 4-53 不同土壤类型及亚类土壤有效锰含量状况

| 土类 | 亚类 | 平均数 (mg/kg) | 变化范围 (mg/kg) | 置信区间 | 变异系数 (%) | 标准差 (mg/kg) |
|---|---|---|---|---|---|---|
| 棕壤 | 棕壤 | 38.3 | 1.1~187.1 | 7.8~84.5 | 83.02 | 38.32 |
| | 潮棕壤 | 50.4 | 2.5~157.2 | 13.1~87.8 | 74.01 | 37.33 |
| | 白浆化棕壤 | 62.9 | 5.5~178.4 | 19.4~106.3 | 69.09 | 43.43 |
| | 棕壤性土 | 49.7 | 1.0~199.3 | 17.1~82.3 | 65.54 | 32.65 |
| 褐土 | 褐土 | 30.3 | 2.9~101.8 | 9.4~51.2 | 68.95 | 20.90 |
| | 淋溶褐土 | 30.2 | 1.3~145.6 | 7.2~53.3 | 76.25 | 23.05 |
| | 潮褐土 | 25.0 | 2.7~154.8 | 4.3~45.7 | 82.87 | 20.69 |
| | 褐土性土 | 42.9 | 2.5~150.5 | 11.8~74.0 | 72.60 | 31.14 |
| 砂姜黑土 | 砂姜黑土 | 31.7 | 0.8~126.0 | 4.3~59.1 | 86.43 | 27.41 |
| | 石灰性砂姜黑土 | 32.0 | 18.1~53.6 | 18.2~45.8 | 43.24 | 13.84 |
| 潮土 | 潮土 | 34.5 | 1.0~139.1 | 11.8~57.9 | 67.81 | 23.36 |
| | 湿潮土 | 42.0 | 3.4~185.3 | 3.9~80.1 | 90.64 | 38.07 |
| 水稻土 | 潜育水稻土 | 33.0 | 3.9~98.7 | 8.6~57.4 | 73.81 | 24.36 |
| | 淹育水稻土 | 30.9 | 2.9~183.9 | 8.2~53.6 | 73.45 | 22.69 |

（续）

| 土类 | 亚类 | 平均数<br>（mg/kg） | 变化范围<br>（mg/kg） | 置信区间 | 变异系数<br>（%） | 标准差<br>（mg/kg） |
|------|------|------|------|------|------|------|
| 粗骨土 | 钙质粗骨土 | 23.1 | 1.0～131.0 | 8.3～37.8 | 63.95 | 14.74 |
| | 酸性粗骨土 | 24.2 | 0.6～93.7 | 7.7～40.7 | 68.31 | 16.50 |
| | 中性粗骨土 | 33.2 | 11.2～86.4 | 16.6～49.8 | 49.96 | 16.59 |
| 石质土 | 钙质石质土 | 20.9 | 9.8～46.2 | 9.6～32.3 | 54.15 | 11.33 |
| | 酸性石质土 | 26.2 | 9.6～59.8 | 7.8～44.6 | 70.21 | 18.40 |

### 3. 不同用地类型下土壤有效锰含量状况分析

不同用地类型土壤有效锰含量差异较大。花生田和设施蔬菜地有效锰含量较高，平均值分别为 46.73 mg/kg 和 42.70 mg/kg。露地蔬菜地有效锰含量最低，平均值为 24.90 mg/kg。含量的顺序为：花生田＞设施蔬菜地＞粮田＞园地＞露地蔬菜地（表 4-54）。

**表 4-54　不同用地类型土壤有效锰含量状况**

| 用地类型 | 平均数<br>（mg/kg） | 变化范围<br>（mg/kg） | 置信区间 | 变异系数<br>（%） | 标准差<br>（mg/kg） |
|------|------|------|------|------|------|
| 粮田 | 33.00 | 1.0～185.3 | 7.7～58.3 | 76.65 | 25.31 |
| 设施蔬菜地 | 42.70 | 4.4～71.8 | 23.9～61.6 | 44.07 | 18.83 |
| 露地蔬菜地 | 24.90 | 3.0～99.3 | 7.6～42.4 | 69.62 | 17.32 |
| 园地 | 30.90 | 1.1～131.0 | 7.1～54.6 | 76.91 | 23.73 |
| 花生田 | 46.73 | 2.5～199.3 | 9.1～84.4 | 80.54 | 37.63 |

### 4. 不同质地类型下土壤有效锰含量状况分析

不同质地类型耕地土壤有效锰含量有较大差异。沙壤和黏土含量较高，平均值分别为 42.5 mg/kg 和 40.6 mg/kg；其他几种质地相差较小；中壤含量最低，平均值为 29.6 mg/kg。不同质地有效锰含量依次为：沙壤＞黏土＞沙土＞黏壤＞轻壤＞重壤＞中壤（表 4-55）。

表 4-55 不同质地类型土壤有效锰含量状况

| 质地类型 | 平均数 (mg/kg) | 变化范围 (mg/kg) | 置信区间 | 变异系数 (％) | 标准差 (mg/kg) |
|---|---|---|---|---|---|
| 沙土 | 38.5 | 2.4～199.3 | 4.5～72.5 | 88.43 | 34.01 |
| 沙壤 | 42.5 | 1.1～187.1 | 10.1～74.8 | 76.18 | 32.36 |
| 轻壤 | 33.7 | 1.2～145.6 | 10.7～56.7 | 68.26 | 23.00 |
| 中壤 | 29.6 | 1.0～185.3 | 3.7～55.5 | 87.61 | 25.91 |
| 重壤 | 33.3 | 1.0～116.1 | 9.3～57.3 | 72.15 | 24.02 |
| 黏壤 | 38.2 | 2.5～183.9 | 5.5～70.9 | 85.61 | 32.68 |
| 黏土 | 40.6 | 3.0～150.5 | 11.4～69.8 | 72.03 | 29.23 |

### 5. 锰的营养作用和作物缺锰的症状

#### (1) 锰的营养作用

锰在植物中是重要的氧化-还原剂，它控制着植物体内的许多氧化-还原体系；锰是维持叶绿体结构必需的；锰还以结合态直接参加光合作用的放氧过程；锰作为羟胺还原酶的组成成分，参与硝酸还原过程。

#### (2) 作物缺锰的症状

缺锰植物叶片的叶脉间失绿或呈淡绿色，叶脉呈现深绿色条纹、呈肋骨状，受害叶片失绿部分变为灰色并局部坏死；植株生长瘦弱，花发育不良。典型的缺锰症有燕麦的"灰斑病"、豆类（如菜豆、蚕豆、豌豆等）的"沼泽斑点病"，甜菜的"黄斑病"，菠菜的"黄病"，薄壳山核桃的"鼠耳病"等。

#### (3) 作物缺锰调控措施

锰是形成叶绿素和维持叶绿素正常结构的必需元素。锰也是许多酶的活化剂。作物补充锰的常用方法有：①一般每亩用硫酸锰 1～2.5 kg，与生理酸性化肥或农家肥混合条施或穴施。沙性的石灰质土壤用量宜多。如果用含锰工业废渣用量每亩可达 5～10 kg，撒施于地面，耕时翻入土中。②锰肥拌种量是各种微肥中最大的，一般可以每千克种子施用 4～8g 锰肥。③硫酸锰浸种浓度为

0.05％～0.1％（即 50 kg 水加 50～100g 锰肥），种子与溶液比例为 1：1，浸泡时间为 12～24h。④硫酸锰叶面喷洒浓度可在 0.05％～0.2％，视苗的大小而定。每亩喷洒 30～50 kg 即可。

# 五、土壤盐渍化状况分析

对 516 个菜地土样和 100 个粮田土样进行水溶性盐含量的分析，由表 4-56 可以看出：全市菜地土壤水溶性盐平均含量为 1.88 g/kg，粮田水溶性盐含量为 1.19 g/kg，根据表 4-57 盐渍化程度划分标准，都未达到盐渍化程度。对不同种植类型蔬菜土壤进行分析，温室和大棚土壤水溶性盐平均含量分别为 2.24 g/kg 和 2.10 g/kg，达到轻度盐渍化程度，中小棚和露地菜地分别为 1.89 g/kg 和 1.27 g/kg，未达到盐渍化程度。

表 4-56　不同种植制度下土壤水溶性盐含量分析

| 种植类型 | 平均值 (g/kg) | ≤2 (％) | 2～4 (％) | 4～6 (％) | 6～10 (％) | ＞10 (％) |
|---|---|---|---|---|---|---|
| 日光温室 | 2.24 | 13.37 | 5.62 | 0.97 | 2.33 | 0.00 |
| 大棚 | 2.10 | 12.79 | 7.75 | 0.97 | 0.39 | 0.00 |
| 中小棚 | 1.89 | 12.02 | 4.07 | 0.97 | 0.58 | 0.00 |
| 露地蔬菜地 | 1.27 | 31.59 | 5.81 | 0.78 | 0.00 | 0.00 |
| 合计 | 1.88 | 69.77 | 23.25 | 3.69 | 3.30 | 0.00 |
| 粮田 | 1.19 | 97.56 | 2.44 | 0.00 | 0.00 | 0.00 |

表 4-57　耕地土壤盐渍化程度划分标准

| 水溶性含量(g/kg) | ≤2 | 2～4 | 4～6 | 6～10 | ＞10 |
|---|---|---|---|---|---|
| 盐渍化程度 | 未盐渍化 | 轻度 | 中度 | 重度 | 盐土 |

对每个土样进行分级，发现菜地 69.77％的土样不存在盐渍化现象，23.26％的土样轻度盐渍化，3.68％的土样中度盐渍化，3.29％的土样重度盐渍化。温室、大棚、中小拱棚和露地蔬菜地的

土样都存在不同程度的盐渍化现象，其中温室重度盐渍化的土样占比明显高于其他三种种植类型。说明菜地重度盐渍化现象主要集中在日光温室种植模式。日光温室蔬菜生产周期长，产量高，农户为了获得更高的产值，肥料投入量非常大。调查中发现，部分农民在番茄坐果期，平均每周均要冲施 1～2 次高浓度大量元素冲施肥或者有机无机复合肥，每次用量为 10 kg 左右。此外日光温室环境密闭，缺少雨水淋洗，且温度、湿度、通气状况等与大田有较大差别，其特殊的生态环境与不合理的水肥管理措施极易导致土壤次生盐渍化问题的产生。临沂市露地蔬菜主要种植模式是地膜覆盖栽培的大蒜，大蒜种植肥料投入是粮食作物的 2 倍左右，但露地栽培均为一年两作，主要是大蒜—玉米轮作。农户在生产中给大蒜施肥较多，而大蒜收获后夏季作物玉米一般不施肥。经过夏季雨水的淋洗和作物对养分的消耗，大田蔬菜地盐渍化程度较轻。通过调查发现，粮田仅有 2.44％ 的土样表现为轻度盐渍化，绝大部分土样水溶性盐含量不高，不存在盐渍化问题。

## （一）盐渍化症状

当大棚内土壤全盐含量小于 1 g/kg 时，蔬菜作物生长受到的影响较小；当全盐含量达到 1～3 g/kg 时，番茄、茄子、辣椒、黄瓜等果菜类蔬菜生长受阻，产品的商品性状较差；当全盐含量大于 3 g/kg 时，绝大多数蔬菜不能正常生长。蔬菜不同生长期主要表现症状不同。

苗期：播种后种子发芽受阻、出苗率低、出苗缓慢，出苗后有的逐渐死亡。

植株：生长缓慢、矮小，茎秆较细，甚至生长停滞。

根系：生长受到抑制，根尖及新根呈现褐色，甚至整个根系发黑腐烂、失去活力。

叶片：叶片颜色呈现深绿色或暗绿色、有闪光感，严重时叶色变为褐色，或者叶缘有橘黄色波浪状斑痕，下部叶片反卷或下垂，或者叶片卷曲失绿，叶尖卷曲枯黄；重者整个植株中午萎蔫，早晚可恢复常态；受害严重时会造成植株钙及其他微量元素缺乏，最后茎叶枯死。

土壤：冬季或早春季节地表干燥时，在突出地表的土块表面会出现一层白色盐类物质，湿度较大时突出的土块表面发绿，湿润时突出的土块表面呈现紫红色，特别是大棚滴水的地方更为明显。

## （二）盐渍化发生原因

### 1. 施肥不科学

①施用未腐熟的人畜粪尿。②施入副成分含量较多的化肥。③过多施用盐分含量较高的鸡粪等有机肥。④简单地认为多施肥能高产出，施肥时不考虑蔬菜作物需肥的数量及种类而盲目大量施肥，特别是偏施硝酸铵，会造成土壤中的氮、磷、钾比例失调，有些不能被蔬菜利用的成分会残留并积累于土壤中，引起土壤盐分含量的升高。

### 2. 雨水冲刷时间短

日光温室大棚蔬菜一般覆盖塑料薄膜时间较长，连栋大棚更是全年不揭膜，导致雨水对大棚土壤的冲刷时间较短，甚至没有冲刷，如此有利于表土盐分积累。大棚内温度较高，土壤水分蒸发量较大，易使土壤深层的盐分借助毛细管的作用上升到表土层积聚。

## （三）盐渍化防治技术

### 1. 增施有机肥和生物菌肥

大棚蔬菜生产要增施优质腐熟有机肥和生物菌肥，不偏施化肥，这样能有效减轻和防止土壤盐渍化发生。施用适量腐熟的猪粪、牛粪、饼肥和作物秸秆肥等有机肥，可在微生物的作用下增加土壤中的活性物质，保持土壤肥力，减轻和防止土壤盐分在表层积累。施用适量生物菌肥能促进土壤有机质的分解及转化，改善土壤理化性状，有效减轻土壤盐渍化，促进蔬菜作物的正常生长发育。

### 2. 测土配方施肥

根据作物、地块进行测土配方，在增施有机肥和生物菌肥的前提下，配合施用 15%～20% 的氮、磷、钾及中量元素、微量元素化肥，既可提高肥料利用率，增加蔬菜产量，又可减少土壤盐渍化。同时要避免经常施用同一种化肥，并注意减少化肥追施次数；施用化肥时，应进行沟施或穴施，施入深度以 5～6cm 为好，施肥后立即覆土，接着浇水，有条件的基地，可用追肥器穴施化肥。高温季节要适当控制追肥量。发生盐渍危害的耕地，不可施用氯化铵和硝酸钠。叶面追肥不易使土壤盐渍化，应大力推广应用该项技术。磷酸二氢钾、尿素、过磷酸钙以及一些微量元素化肥，均可作为叶面追肥推广应用。

### 3. 生物降盐

利用 6～8 月高温季节蔬菜大棚空闲期，种植一茬不施肥的玉米或水稻，或者种植一茬生长速度快、吸肥能力强的速生小白菜、绿肥苏丹草等作物，这些作物可从土壤中吸收多种养分，从而降低土壤溶液的盐分浓度。在土壤出现轻度盐渍化时可选择种植番茄、茄子、芹菜、甘蓝、莴苣、菠菜等耐盐性较强的蔬菜作物，并适当增加浇水次数。

### 4. 深翻

在蔬菜大棚空闲期间对土壤进行深翻，使含盐分多的表层土与含盐分少的深层土混合，以稀释耕层土壤盐分，一般每年要求深翻土壤两次以上，翻耕深度为 20～30 cm。

### 5. 淋雨和灌水排盐

在降雨较多的夏秋季节，揭去大棚上的塑料薄膜，任雨水淋洗土壤中的盐分。地下水位较高的地方，每年还需灌水排盐一次，即在大棚外围先挖好深度在 1 m 以上的排水沟，再在大棚内四周筑起土围，每亩灌水 130～150 m³，然后放水，使土壤中的盐分随水排走。降雨可与灌水排盐配合进行，淋雨和灌水后，要在种植作物前深翻耕地，以提高土壤的透气性。

### 6. 灌水洗盐

如果蔬菜大棚空闲期间雨水很少，可以用灌水洗盐的方法治理土壤盐渍化，即在每年 6—8 月的高温季节，利用大棚的换茬空闲期，对有土壤盐渍化的大棚，按照适当的大小在大棚地块四周筑起土围，土围高出耕地表面 10～15 cm，拍实土围，防止漏水。再进行大水漫灌，让水位高出土壤表面 3～5 cm，使土壤中的盐分充分溶于水，几天之后，水就会下渗并自然落干；盐渍化严重的大棚可反复向棚内灌水几次，使土壤表层的盐分随水充分渗下。灌水洗盐不仅可降低耕作层的盐分，还可消毒土壤，大幅度减轻土传性病害。

### 7. 膜下滴灌

在蔬菜作物生长季节，采用滴管在地膜下面滴灌，不仅可湿润土壤，使表层盐分随重力水下渗到土壤深层，而且可保持土壤疏松，有效抑制土壤深层毛管水上升，减少表层土壤中的盐分积累，减缓土壤盐渍化进程。该项技术应用时，滴灌设备应距离植株根部 4～7 cm，一般每行蔬菜作物铺一条滴灌带，滴头间距为 30～50 cm，每个滴头滴水量为 1～2 kg/h，每亩每小时滴水量为 3～5 t。

### 8. 换土或掺沙

当大棚土壤表层盐渍化严重时，可在晴好天气土壤干燥时，把积累盐分较多的 5 cm 左右深度的表层土壤铲除，并运到大棚外；同时，将大棚外的肥沃低盐客土补充到大棚内的土壤表层。也可给每亩大棚土壤掺入 100～200 kg 沙子，以改善土壤质地、土壤透气性，使土壤表层盐分容易随水下渗到深层。

### 9. 轮作

在发生盐渍化的大棚耕地上，可轮作栽培 2～4 茬吸肥除盐能力强的玉米、高粱等作物；如果地势低洼、水源充足，还可轮作种植 1～2 茬水稻、莲藕、茭白、芡实等水生作物，以有效地降低土壤表层盐分含量。

### 10. 地膜覆盖

大棚内越冬栽培、早春栽培和秋延后栽培的蔬菜作物，可以在畦面覆盖地膜的要尽量覆盖地膜，使蒸发的水分在地膜内凝结成水滴，并重新落回畦面，以洗刷表土盐分，减少表层土壤盐分积累。

# 第五章

# 耕地地力评价

耕地是土地的精华，是农业生产不可替代的重要生产资料，是保持社会和国民经济可持续发展的重要资源。保护耕地是我们的基本国策之一，因此，及时掌握耕地质量及其变化对于合理规划和利用耕地，切实保护耕地有十分重要的意义。耕地质量主要指耕地的综合生产能力，主要包括耕地化学性状（主要是养分）、物理性状（质地、构型、土体厚度、障碍层次）、立地条件（灌溉、坡地、地形地貌）等。我们通过资料收集、野外调查和室内化验分析，获取了大量耕地质量信息，在此基础上借助先进的"3S"技术，采用科学的技术路线和方法，进行了耕地地力综合评价，评价结果为全面了解全市耕地地力的现状及问题、耕地资源的高效和可持续利用提供了重要的科学依据。

## 一、评价的原则、依据及流程

### （一）评价的原则、依据

#### 1. 评价的原则

耕地地力就是耕地的生产能力，是在一定区域内一定的土壤类型上，耕地的土壤理化性状、所处自然环境条件、农田基础设施及耕作施肥管理水平等因素的总和。根据评价的目的要求，在临沂市耕地地力评价中，我们遵循的基本原则是：①综合因素研究与主导因素分析相结合原则。土地是一个自然经济综合体，是人们利用的对象，对土地质量的鉴定涉及自然和社会经济多个方面，耕地地力也是各类要素的综合体现。所谓综合因素研究是指对地形地貌、土壤理化性状、相关社会经济因素之总体进行全面的研究、分析与评价，以全面了解耕地地力状况。主导因素是指对耕地地力起决定作用的、相对稳定的因子，在评价中要着重对其进行研究分析。因此，把综合因素与主导因素结合起来进行评价则可以对耕地地力做出科学准确的评定。②共性评价与专题研究相结合原则。临沂市耕地利用存在水浇地、旱地等多种类型，土壤理化性状、环境条件、管理水平等不一，因此耕地地力水平有较大的差异。考虑市内耕地地力的系统、可比性，针对不同的耕地利用等状况，应选用统一的共同的评价指标和标准，即耕地地力的评价不针对某一特定的利用类型。另一方面，为了了解不同利用类型的耕地地力状况及其内部的差异情况，对有代表性的主要类型如蔬菜地等进行专题研究。这样，共性的评价与专题研究相结合，使整个评价和研究具有更大的应用价值。③定量和定性相结合的原则。土地系统是一个复杂的灰色系统，定量和定性要素共存，相互作用，相互影响。因此，为了保证评价结果的客观合理，宜采用定量和定性评价相结合的方法。在总体上，为了保证评价结果的客观合理，尽量采用定量评价方法，可定量化的评价因子如有机质等养分含量、土层厚度等按其数值参与计算，对非数量化的定性因子如土壤表层质地、质地构型等则进行量化处理，确定其相应的指数，并建立评价数据库，用计算机进行运算和处理，尽量避免人为随意性因素的影响。在评价因素筛选、权重确定、评价标准、等级确定等评价过程中，尽量采用定量化的数学模型，在此基础上充分运用人工智能和专家知识，对评价的中间过程和评价结果进行必要的定性调整，定量与定性相结合，从而保证了评价结果的准确合理。④采用卫星遥感和 GIS 支持的自动化评价方法原则。自动化、定量化的土地评价技术是当前土地评价的重要方向之一。近年来，随着计算机技术，特别是 GIS 技术在土地评价中的不断应用和发展，基于 GIS

技术进行自动定量化评价的方法已不断成熟，使土地评价的精度和效率大大提高。本次耕地地力评价工作采用最新 SPOT5 卫星遥感数据提取和更新耕地资源现状信息，通过数据库建立、评价模型及其与 GIS 空间叠加等分析模型的结合，实现了全数字化、自动化的评价流程，一定程度上代表了当前土地评价的最新技术方法。

### 2. 评价的依据

耕地地力是耕地本身的生产能力，因此耕地地力的评价则依据与此相关的各类自然和社会经济要素，具体包括三个方面：①耕地地力的自然环境要素。包括耕地所处的地形地貌条件、水文地质条件、成土母质条件以及土地利用状况等。②耕地地力的土壤理化要素。包括土壤剖面与质地构型、耕层厚度、质地、容重等物理性状，有机质、氮、磷、钾等主要养分、微量元素、pH 等理化性状。③耕地地力的农田基础设施条件。包括耕地的灌排条件、水土保持工程建设、培肥管理条件等。

## （二）评价流程

整个评价可分为三个方面的主要内容，按先后的次序分别为：

### 1. 资料工具准备及数据库建立

即根据评价的目的、任务、范围、方法，收集准备与评价有关的各类自然及社会经济资料，进行资料的分析处理。选择适宜的计算机硬件和 GIS 等分析软件，建立耕地地力评价基础数据库。

### 2. 耕地地力评价

划分评价单元，提取影响地力的关键因素并确定权重，选择相应评价方法，制定评价标准，确定耕地地力等级。

### 3. 评价结果分析

依据评价结果，量算各等级耕地面积，编制耕地地力分布图。分析耕地地力问题，提出耕地资源可持续利用的措施建议。

评价的工作流程如图 5-1 所示。

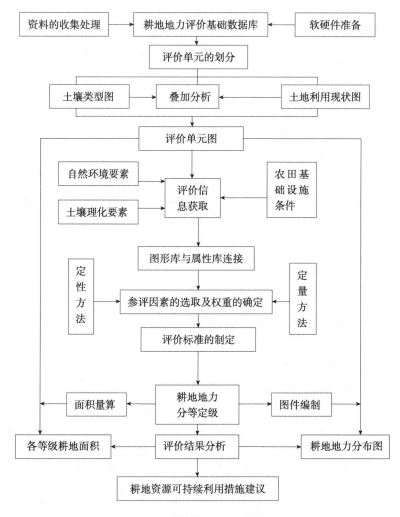

图 5-1　临沂市耕地地力评价流程图

# 二、软硬件准备、资料收集处理及基础数据库的建立

## （一）软硬件准备

### 1. 硬件准备

主要包括高档微机、AO 幅面数字化仪、AO 幅面扫描仪、喷墨绘图仪等。微机主要用于数据和图件的处理分析，数字化仪、扫描仪用于图件的输入，喷墨绘图仪用于成果图的输出。

### 2. 软件准备

①WINDOWS 操作系统软件。②FOXPRO 数据库管理、SPSS 数据统计分析、ACCESS 数据管理系统等应用软件。③MAPGIS、ARCView、ARCMAP 等 GIS 通用软件。同时，利用了农业农村部县域耕地资源管理信息系统软件。

## （二）资料收集处理

### 1. 资料的收集

耕地地力评价是以耕地的各性状要素为基础的，因此必须广泛地收集与评价有关的各类自然和社会经济因素资料，为评价工作做好数据的准备。本次耕地地力评价我们收集获取的资料主要包括以下几个方面：

**（1）野外调查资料**

按野外调查点获取，主要包括地形地貌、土壤母质、水文、土层厚度、表层质地、耕地利用现状、灌排条件、作物长势产量、管理措施水平等。

**（2）室内化验分析资料**

包括有机质、全氮、速效氮、全磷、速效磷、速效钾等大量养分含量，交换性钙、镁等中量养分含量，有效锌、硼、钼等微量养分含量，土壤污染元素含量及 pH 等。

**（3）社会经济统计资料**

以行政区划为基本单位的人口、土地面积、作物面积，以及各类投入产出等社会经济指标数据。

**（4）基础及专题图件资料**

相关比例尺地形图、行政区划图、土地利用现状图、地貌图、土壤图等。

### 2. 资料的处理

获取的评价资料可以分为定量和定性资料两大部分，为了采用定量化的评价方法和自动化的评价手段，减少人为因素的影响，需要对其中的定性因素进行定量化处理，根据因素的级别状况赋予其相应的分值或数值。此外，对于各类养分等按调查点获取的数据，则需要进行插值处理，生成各类养分图。

**（1）定性因素的量化处理**

耕层质地：考虑不同质地类型的土壤肥力特征以及与植物生长发育的关系，赋予不同质地类别相应的分值（表5-1）。

表5-1　耕层质地的量化处理

| 项目 | 耕层质地 | | | | | |
|------|------|------|------|------|------|------|
| | 中壤 | 轻壤 | 重壤 | 黏土 | 沙壤 | 沙土 |
| 分值 | 100 | 95 | 90 | 85 | 75 | 65 |

地貌类型：根据不同的地貌类型对耕地地力及作物生长的影响，赋予其相应的分值（表5-2）。

表5-2　地貌类型的量化处理

| 项目 | 地貌类型 | | | | | | | |
|------|------|------|------|------|------|------|------|------|
| | 冲积平原 | 山间河谷平原 | 涝洼平原 | 中丘 | 缓丘 | 低丘 | 高丘 | 低山 | 中山 |
| 分值 | 100 | 100 | 90 | 75 | 70 | 70 | 65 | 60 | 50 |

土层厚度：根据不同的土层厚度对耕地地力及作物生长的影响，赋予其相应的分值（表5-3）。

表5-3 土层厚度的量化处理

| 项目 | 土层厚度（cm） | | | |
|---|---|---|---|---|
| | >100 | 60~100 | 30~60 | 15~30 |
| 分值 | 100 | 80 | 60 | 40 |

障碍层：考虑影响临沂市耕地地力的主要障碍状况，将其障碍层归纳为不同的类型，并根据其对耕地地力的影响程度进行量化处理（表5-4）。

表5-4 障碍层的量化处理

| 项目 | 障碍层 | | | |
|---|---|---|---|---|
| | 无 | 沙层 | 砂姜层 | 砾质层 |
| 分值 | 100 | 80 | 70 | 50 |

灌排能力：根据影响临沂市耕地地力的灌排能力，包括灌溉能力和排水能力两个方面，根据灌溉能力和排水能力对灌排能力进行量化处理，将其灌排能力归纳为不同的类型（表5-5）。

表5-5 灌排能力的量化处理

| 项目 | 灌排能力 | | | | |
|---|---|---|---|---|---|
| | 四水区 | 三水区 | 二水区 | 一水区 | 不能灌溉 |
| 分值 | 100 | 85 | 70 | 50 | 30 |

### （2）各类养分专题图层的生成

对于土壤有机质、氮、磷、钾、锌、硼、钼等养分数据，我们首先按照野外实际调查点进行整理，建立了以各养分为字段，以调查点为记录的数据库。之后，进行了土壤采样样点图与分析数据库的连接，在此基础上对各养分数据进行自动的插值处理。

我们对比了在 MAPGIS 和 ARCView 环境中的插值结果，发现 ARCView 环境中的插值结果线条更为自然圆滑，符合实际。因此，本研究中所有养分采样点数据均在 ARCView 环境下操作，利用其空间分析模块功能对各养分数据进行自动的插值处理，经编辑处理，自动生成各土壤养分专题栅格图层。后续的耕地地力评价也以栅格形式进行，与矢量形式相比，能够将各评价要素信息精确到栅格（像元）水平，保证了评价结果的准确。图 5-2、图 5-3 为在 ARCView 下插值生成的临沂市土壤有机质、全氮含量分布栅格图。

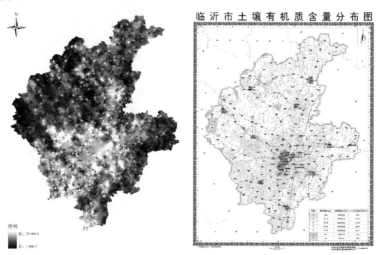

图 5-2 临沂市土壤有机质含量分布栅格图（左）和矢量图（右）

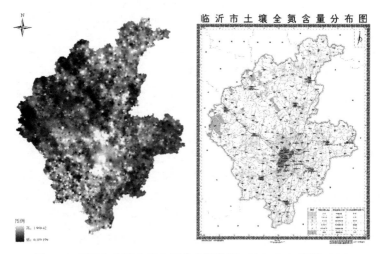

图 5-3 临沂市土壤全氮含量分布栅格图（左）和矢量图（右）

### (三) 基础数据库的建立

#### 1. 基础属性数据库的建立

为更好地对数据进行管理和为后续工作提供方便，将采样点基本情况信息、农业生产情况信息、土壤理化性状化验分析数据等信息以调查点为基本数据库进行属性数据库的建立，作为后续耕地地力评价工作的基础。

#### 2. 基础专题图图形库的建立

将扫描矢量化及插值等处理生成的各类专题图件，在ARCView 和 MAPGIS 软件的支持下，分别以栅格形式和点、线、区文件的形式进行存储和管理，同时将所有图件统一转换到相同的地理坐标系统下，以进行图件的叠加等空间操作，各专题图图斑属性信息通过键盘交互式输入或通过与属性库挂接读取，构成基本专题图图形数据库。图形库与基础属性库之间通过调查点相互连接。

# 三、评价单元的划分及评价信息的提取

## (一) 评价单元的划分

评价单元是由对土地质量具有关键影响的各土地要素组成的空间实体，是土地评价的最基本单位、对象和基础图斑。同一评价单元内的土地自然基本条件、土地的个体属性和经济属性基本一致，不同土地评价单元之间，既有差异性，又有可比性。耕地地力评价就是要通过对每个评价单元的评价，确定其地力级别，把评价结果落到实地和编绘的土地资源图上。因此，土地评价单元划分的合理与否，直接关系到土地评价的结果以及工作量的大小。

目前，对土地评价单元的划分尚无统一的方法，有依据土壤类型、依据土地利用类型、依据行政区划单位、依据方里网等多种方法。本次临沂市耕地地力评价土地评价单元的划分采用土壤图、土地利用现状图、行政区划图的叠置划分法，相同土壤单元、土地利用现状类型及行政区的地块组成一个评价单元，即"土地利用现状类型-土壤类型-行政区划"的格式。其中，土壤类型划分到土种，土地利用现状类型划分到二级利用类型，行政区划分到乡镇，制图区界以基于遥感影像的临沂市最新土地利用现状图为准。为了保证土地利用现状的现势性，基于野外的实地调查对耕地利用现状进行了修正。同一评价单元内的土壤类型相同，利用方式相同，所属行政区相同，交通、水利、经营管理方式等基本一致，用这种方法划分评价单元既可以反映单元之间的空间差异性，使土地利用类型有了土壤基本性质的均一性，又使土壤类型有了确定的地域边界线，使评价结果更具综合性、客观性，可以较容易地将评价结果落到实处。

通过图件的叠置和检索，将临沂市耕地地力划分为 5 879 个评价单元。

## （二）评价信息的提取

影响耕地地力的因子非常多，并且它们在计算机中的存储方式也不相同，因此如何准确地获取各评价单元评价信息是评价中的重要一环，鉴于此，我们舍弃直接从键盘输入参评因子值的传统方式，采取将评价单元与各专题图件叠加采集各参评因素的信息的方式。具体的做法是：①按唯一标识原则为评价单元编号。②在 ARCView 环境下生成评价信息空间库和属性数据库。③在ARCMAP环境下从图形库中调出各化学性状评价因子的专题图，与评价单元图进行叠加计算出各因子的均值。④保持评价单元几何形状不变，在耕地资源管理信息系统中直接对叠加后形成的图形的属性库进行"属性提取"操作，以评价单元为基本统计单位，按面积加权平均汇总评价单元立地条件评价因子的分值。

由此，得到图形与属性相连的、以评价单元为基本单位的评价信息，为后续耕地地力的评价奠定了基础。

# 四、参评因素的选取及其权重的确定

正确地进行参评因素的选取并确定其权重，是科学地评价耕地地力的前提，直接关系到评价结果的正确性、科学性和社会可接受性。

## （一）参评因素的选取

参评因素是指参与评定耕地地力等级的耕地的诸属性。影响耕地地力的因素很多，在本次临沂市耕地地力评价中根据临沂市的区域特点遵循主导因素原则、差异性原则、稳定性原则、敏感性原则，采用定量和定性方法，进行了参评因素的选取。

### 1. 系统聚类方法

系统聚类方法用于筛选影响耕地地力的理化性质等定量指标，通过聚类将类似的指标进行归并，辅助选取相对独立的主导因子。我们利用 SPSS 统计软件进行了土壤养分等化学性状的系统聚类，聚类结果为土壤养分等化学性状评价指标的选取提供了依据。

### 2. DELPHI 法

用 DELPHI 法进行了影响耕地地力的立地条件、物理性状等定性指标的筛选。我们确定了由土壤农业化学学者、专家及临沂市土肥站业务人员组成的专家组，首先对指标进行分类，在此基础上进行了指标的选取，并讨论确定最终的选择方案。

综合以上 2 种方法，在定量因素中根据各因素对耕地地力影响的稳定性，以及营养元素的全面性，在聚类分析的基础上，结合专家组的选择结果，最后确定将灌排能力、地貌类型、耕层质地、障碍层、土层厚度、有机质、大量元素（速效钾、有效磷）等 8 项因素作为耕地地力评价的参评指标。

## （二）权重的确定

在耕地地力评价中，需要根据各参评因素对耕地地力的贡献确定权重，确定权重的方法很多，本评价中采用层次分析法（AHP）来确定各参评因素的权重。

层次分析法（AHP）是在定性方法的基础上发展起来的定量确定参评因素权重的一种系统分析方法，这种方法可将人们的经验思维数量化，用以检验决策者判断的一致性，有利于实现定量化评价。AHP 法确定参评因素的步骤如下：

### 1. 建立层次结构

耕地地力为目标层（G 层），影响耕地地力的立地条件、物理性状、化学性状为准则层（C 层），再把影响准则层中各元素的项目作为指标层（A 层），其结构关系如图 5-4 所示。

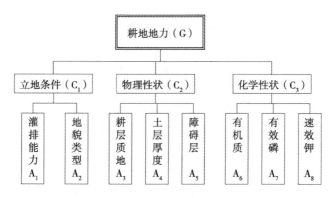

图 5-4　耕地地力影响因素层次结构

### 2. 构造判断矩阵

根据专家经验，确定 C 层对 G 层以及 A 层对 C 层的相对重要程度，共构成 $A$、$C_1$、$C_2$、$C_3$ 共 4 个判断矩阵。例如，耕层质地、土层厚度、土层厚度、障碍层对耕地物理性状的判断矩阵表示为：

$$C_2 = \begin{pmatrix} a_{11} & a_{12} & a_{13} \\ a_{21} & a_{22} & a_{23} \\ a_{31} & a_{32} & a_{33} \end{pmatrix} = \begin{pmatrix} 1.000\ 0 & 0.655\ 7 & 1.454\ 5 \\ 1.525\ 0 & 1.000\ 0 & 2.218\ 2 \\ 0.687\ 5 & 0.450\ 8 & 1.000\ 0 \end{pmatrix}$$

其中，$a_{ij}$（$i$ 为矩阵的行号，$j$ 为矩阵的列号）表示对 $C_2$ 而言，$a_i$ 对 $a_j$ 的相对重要性的数值。

### 3. 层次单排序及一致性检验

即求取 A 层对 C 层的权数值，可归结为计算判断矩阵的最大特征根对应的特征向量。利用 SPSS 等统计软件，得到的各权数值及一致性检验的结果（表 5-6）。

**表 5-6　权数值及一致性检验结果**

| 矩阵 | 特征向量 | CI | CR |
|------|----------|-----|-----|
| 矩阵 $A$ | 0.362 0，0.411 8，0.226 2 | 0 | 0＜0.1 |
| 矩阵 $C_1$ | 0.575 5，0.424 5 | | |
| 矩阵 $C_2$ | 0.311 3，0.474 7，0.214 0 | 0 | 0＜0.1 |
| 矩阵 $C_3$ | 0.474 8，0.290 8，0.234 4 | 0 | 0＜0.1 |

从表中可以看出，$CR＜0.1$，具有很好的一致性。

### 4. 各因子权重确定

根据层次分析法计算结果，最终确定了临沂市耕地地力评价各参评因子的权重（表 5-7）。

**表 5-7　各因子的权重**

| 参评因子 | 权重 | 参评因子 | 权重 |
|----------|------|----------|------|
| 灌排能力 | 0.208 3 | 地貌类型 | 0.153 7 |
| 障碍层 | 0.088 1 | 耕层质地 | 0.128 2 |
| 土层厚度 | 0.195 5 | 有机质 | 0.107 4 |
| 有效磷 | 0.065 8 | 速效钾 | 0.053 0 |

# 五、耕地地力等级的确定

土地是一个灰色系统，系统内部各要素之间与耕地的生产能力之间关系十分复杂，此外，评价中也存在着许多不严格、模糊性的概念，因此我们在评价中引入了模糊数学方法，采用模糊评价方法来进行耕地地力等级的确定。

## （一）参评因素隶属函数的建立

用 DELPHI 法根据一组分布均匀的实测值评估出对应的一组隶属度，然后在计算机中绘制这两组数值的散点图，再根据散点图进行曲线模拟，寻求参评因素实际值与隶属度关系方程从而建立隶属函数。各参评因素的分级及其相应的专家赋值和隶属度如表 5-8 所示。

**表 5-8　参评因素的分级及其分值**

| 地貌类型 | 冲积平原 | 山间河谷平原 | 涝洼平原 | 中丘 | 缓丘 | 低丘 | 高丘 | 低山 | 中山 | | |
|---|---|---|---|---|---|---|---|---|---|---|---|
| 分值 | 100 | 100 | 90 | 75 | 70 | 70 | 65 | 60 | 50 | | |
| 隶属度 | 1.00 | 1.00 | 0.90 | 0.75 | 0.70 | 0.70 | 0.65 | 0.60 | 0.50 | | |
| 灌排能力 | 四水区 | 三水区 | 二水区 | 一水区 | 不能灌溉 | | | | | | |
| 分值 | 100 | 85 | 70 | 50 | 30 | | | | | | |
| 隶属度 | 1.00 | 0.85 | 0.70 | 0.50 | 0.30 | | | | | | |
| 有机质 | 20 | 18 | 16 | 14 | 12 | 10 | 8 | 6 | | | |
| 分值 | 100 | 98 | 95 | 90 | 84 | 78 | 65 | 50 | | | |
| 隶属度 | 1.00 | 0.98 | 0.95 | 0.90 | 0.84 | 0.78 | 0.65 | 0.50 | | | |
| 有效磷 | 400 | 300 | 200 | 110 | 80 | 60 | 40 | 30 | 20 | 15 | 10 | 5 |
| 分值 | 70 | 80 | 90 | 100 | 98 | 96 | 92 | 90 | 85 | 80 | 60 | 40 |
| 隶属度 | 0.70 | 0.80 | 0.90 | 1.00 | 0.98 | 0.96 | 0.92 | 0.90 | 0.85 | 0.80 | 0.60 | 0.40 |
| 速效钾 | 400 | 320 | 240 | 160 | 120 | 100 | 80 | 60 | | | |
| 分值 | 100 | 98 | 93 | 85 | 82 | 78 | 70 | 50 | | | |
| 隶属度 | 1.00 | 0.98 | 0.93 | 0.85 | 0.82 | 0.78 | 0.70 | 0.50 | | | |
| 耕层质地 | 中壤 | 轻壤 | 重壤 | 黏土 | 沙壤 | 沙土 | | | | | |
| 分值 | 100 | 95 | 90 | 85 | 75 | 65 | | | | | |
| 隶属度 | 1.00 | 0.95 | 0.90 | 0.85 | 0.75 | 0.65 | | | | | |
| 障碍层 | 无 | 沙层 | 砂姜层 | 砾质层 | | | | | | | |
| 分值 | 100 | 80 | 70 | 50 | | | | | | | |
| 隶属度 | 1.00 | 0.80 | 0.70 | 0.50 | | | | | | | |
| 土层厚度 | >100 | 60～100 | 30～60 | 15～30 | | | | | | | |

（续）

| 地貌类型 | 冲积平原 | 山间河谷平原 | 涝洼平原 | 中丘 | 缓丘 | 低丘 | 高丘 | 低山 | 中山 |
|---|---|---|---|---|---|---|---|---|---|
| 分值 | 100 | 80 | 60 | 40 | | | | | |
| 隶属度 | 1.00 | 0.80 | 0.60 | 0.40 | | | | | |

通过模拟共得到直线型、戒上型、戒下型三种类型的隶属函数，其中有效磷属于以上两种或两种以上的复合型隶属函数，地貌类型、耕层质地等描述性的因素属于直线型隶属函数，然后根据隶属函数确定各参评因素的单因素评价评语。以有机质为例绘制的散点分布和模拟曲线如图 5-5 所示。

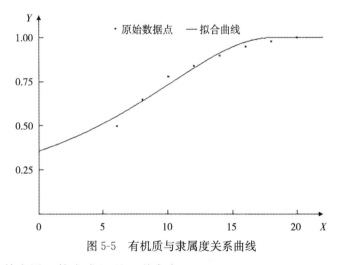

图 5-5 有机质与隶属度关系曲线

其隶属函数为戒上型，形式为：

$$Y=\begin{cases} 0, & x\leqslant u_t \\ 1/[1+a(x-c)^2], & u_t<x<c \\ 1, & c\leqslant x \end{cases}$$

式中，$Y$ 为因素评估；$x$ 为样品观测值；$c$ 为标准指标；$a$ 为常数；$u_t$ 为指标下限值。

各参评因素类型及其隶属函数如表 5-9 所示。

**表 5-9 参评因素类型及其隶属函数**

| 函数类型 | 参评因素 | 隶属函数 | $a$ | $c$ | $u_t$ |
|---|---|---|---|---|---|
| 戒上型 | 有机质 (g/kg) | $Y=1/[1+a(x-c)^2]$ | 0.005 43 | 18.22 | 3.5 |
| 戒上型 | 速效钾 (mg/kg) | $Y=1/[1+a(x-c)^2]$ | 0.000 007 60 | 327.836 | 15 |
| 戒上型 <110 戒下型 >110 | 有效磷 (mg/kg) | $Y=1/[1+a(x-c)^2]$ | 0.000 099 2 0.000 007 42 | 80.159 111.967 | 3 450 |
| 正直线型 | 地貌类型 (分值) | $Y=ax$ | 0.01 | 100 | 0 |
| 正直线型 | 障碍层 (分值) | $Y=ax$ | 0.01 | 100 | 0 |
| 正直线型 | 耕层质地 (分值) | $Y=ax$ | 0.01 | 100 | 0 |
| 正直线型 | 灌排能力 (分值) | $Y=ax$ | 0.01 | 100 | 0 |
| 正直线型 | 土层厚度 (分值) | $Y=ax$ | 0.01 | 100 | 0 |

# （二）耕地地力等级的确定

## 1. 计算耕地地力综合指数

用指数和法来确定耕地的综合指数，公式为：

$$IFI=\sum F_i \times C_i$$

式中，$IFI$（integrated fertility index）代表耕地地力综合指数；$F_i$＝第 $i$ 个评价因素；$C_i$＝第 $i$ 个因素的组合权重。

具体操作过程：在市域耕地资源管理信息系统中，在"专题评价"模块中编辑立地条件、物理性状和化学性状的层次分析模型以及各评价因子的隶属函数模型，然后选择"耕地生产潜力评价"功能进行耕地地力综合指数的计算。

## 2. 确定最佳的耕地地力等级数目

计算耕地地力综合指数之后，在耕地资源管理系统中我们选择累积曲线分级法进行评价，根据曲线斜率的突变点（拐点）来确定等级的数目和划分综合指数的临界点，将临沂市耕地地力共划分为六级，各等级耕地地力综合指数见表 5-10，综合指数分布见图 5-6。

**表 5-10 临沂市耕地地力等级综合指数**

| 指标 | IFI | | | | | |
|---|---|---|---|---|---|---|
| | ＞0.90 | 0.82～0.90 | 0.74～0.82 | 0.66～0.74 | 0.58～0.66 | ≤0.58 |
| 耕地地力等级 | 一等 | 二等 | 三等 | 四等 | 五等 | 六等 |

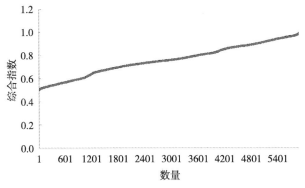

图 5-6 临沂市综合指数分布图

# 六、成果图编制及面积量算

## （一）图件的编制

为了提高制图的效率和准确性，在地理信息系统软件 MAPGIS 的支持下，进行临沂市耕地地力评价图及相关图件的自动编绘处理，大致分以下几步：扫描矢量化各基础图件—编辑点、线—点、线校正处理—统一坐标系—区编辑并对其赋属性—根据属性赋颜色—根据属性加注记—图幅整饰输出。另外还充分发挥 MAPGIS 强大的空间分析功能用评价图与其他图件进行叠加，从而生成其他专题图件，如评价图与行政区划图叠加，进而计算各行政区划单位内的耕地地力等级面积等。

### 1. 专题图地理要素底图的编制

专题图的地理要素内容是专题图的重要组成部分，用于反映专题内容的地理分布，并作为图幅叠加处理等的分析依据。地理要素的选择应与专题内容相协调，考虑图面的负载量和清晰度，应选择基本的、主要的地理要素。

我们以临沂市最新的土地利用现状图为基础，对此图进行了制图综合处理，选取主要的居民点、交通道路、水系、境界线等及其相应的注记，进而编辑生成各专题图地理要素底图。

### 2. 耕地地力评价图的编制

以耕地地力评价单元为基础，根据各单元的耕地地力评价等级结果，对相同等级的相邻评价单元进行归并处理，得到各耕地地力等级图斑。在此基础上，分2个层次进行图面耕地地力等级的表示：一是颜色表示，即赋予不同耕地地力等级相应的颜色。其次是代号，用罗马数字Ⅰ、Ⅱ、Ⅲ、Ⅳ、Ⅴ、Ⅵ表示不同的耕地地力等级，并在评价图相应的耕地地力图斑上注明。将评价专题图与以上的地理要素图复合，整饰得临沂市耕地地力评价图，扫描下方二维码即可观看。

### 3. 其他专题图的编制

对于有机质、速效钾、有效磷、有效锌等其他专题要素地图，则按照各要素的分级分别赋予相应的颜色，标注相应的代号，生成专题图层。之后与地理要素图复合，编辑处理生成专题图件，并进行图幅的整饰处理，扫描右侧二维码即可观看专题图。

## （二）面积量算

面积的量算可通过与专题图相对应的属性库的操作直接完成。对耕地地力等级面积的量算，则可在相关数据库管理软件的支持下，对图件属性库进行操作，检索相同等级的面积，然后汇总得各类耕地地力等级的面积，根据临沂市图幅理论面积进行平差，得到准确的面积数值。对于不同行政区划单位内部、不同的耕地利用类型等的耕地地力等级面积的统计，则通过耕地地力评价图与相应的专题图进行叠加分析，由其相应属性库统计获得。

# 第六章

# 耕地地力分析

## 一、耕地地力等级及空间分布分析

### (一) 耕地地力等级面积

利用 MAPGIS 软件，对评价图属性库进行操作，检索统计耕地各等级的面积和图幅总面积。以 2013 年临沂市耕地总面积 844 139.37 hm² 为基准，按面积比例平差，计算出各耕地地力等级面积。

临沂市耕地总面积为 844 139.37 hm²，其中一级地和二级地占总耕地面积的 30.75%；三级地和四级地占耕地总面积的 46.70%；五级地和六级地占耕地总面积的 22.55%。三级地分布面积最大，占总耕地面积的 27.58%。六级地分布面积最小，占总耕地面积的 9.57%（表 6-1）。

**表 6-1　临沂市耕地地力评价结果面积统计**

| 项目 | 等级 | | | | | | |
| --- | --- | --- | --- | --- | --- | --- | --- |
| | 一级地 | 二级地 | 三级地 | 四级地 | 五级地 | 六级地 | 总计 |
| 面积 (hm²) | 87 693.25 | 171 857.58 | 232 781.25 | 161 412.75 | 109 598.94 | 80 795.60 | 844 139.37 |
| 百分比 (%) | 10.39 | 20.36 | 27.58 | 19.12 | 12.98 | 9.57 | 100.00 |

## （二）耕地地力空间分布分析

### 1. 耕地地力等级分布

一级地和二级地主要分布于临沂市中南部地区，微地貌类型以山间河谷平原、高丘、中丘、冲积平原、涝洼平原为主。这一区域耕地地力情况较好，农业基础设施均配套成型，测土配方施肥工程也首先在这一区域展开。三级地、四级地比较分散地分布于临沂市中部和北部，属于只要加大资金投入、完善基础设施、改善生产条件，产量就能大幅提高的中产田类型，有一定的开发潜力。五级地和六级地主要分布在中东部、西部地区，这部分耕地有效耕层薄，肥力低，灌溉条件较差，还有部分未利用土地，属于低产田类型。

### 2. 耕地地力等级的行政区域划分

从耕地地力等级行政区域分布数据库中，按权属字段检索出各等级的记录，统计出一～六级地在各乡镇的分布状况（表6-2）。

从表中可以看出，一、二级高等地力耕地所占比例较高的县区为河东区、兰陵县、罗庄区、郯城县，三、四级中等地力耕地所占比例较高的县区主要为沂水县、沂南县、费县、兰山区、临沭县，五、六级低等地力耕地所占比例较大的县区有蒙阴县、平邑县、莒南县。

# 二、耕地地力等级分述

## （一）一级地

### 1. 面积与分布

一级地综合评价指数＞0.92，耕地面积为 87 693.25 hm²，占全市总耕地面积的 10.39％。其中水浇地 69 597.98 hm²，占一级地面积为 79.37％；旱地 6 514.96 hm²，占一级地面积的 7.43％；灌溉水田 11 580.31 hm²，占一级地面积的 13.21％（表6-3）。

表 6-2 临沂市耕地地力等级行政区域分布

| 县名称 | 项目 | 一级地 | 二级地 | 三级地 | 四级地 | 五级地 | 六级地 | 总计 |
|---|---|---|---|---|---|---|---|---|
| 沂水县 | 面积（hm²） | 5 719.70 | 27 092.15 | 48 414.48 | 48 475.07 | 172.72 | 0.00 | 129 874.12 |
| | 百分比（%） | 4.40 | 20.86 | 37.28 | 37.32 | 0.13 | 0.00 | 100.00 |
| 蒙阴县 | 面积（hm²） | 444.72 | 5 793.31 | 10 768.38 | 17 179.77 | 10 895.58 | 11 102.66 | 56 184.41 |
| | 百分比（%） | 0.79 | 10.31 | 19.17 | 30.58 | 19.39 | 19.76 | 100.00 |
| 沂南县 | 面积（hm²） | 7 153.67 | 6 099.47 | 33 109.53 | 13 702.36 | 16 790.79 | 11 178.49 | 88 034.31 |
| | 百分比（%） | 8.13 | 6.93 | 37.61 | 15.56 | 19.07 | 12.70 | 100.00 |
| 费县 | 面积（hm²） | 188.75 | 2 597.45 | 37 039.75 | 4 355.94 | 23 653.19 | 11 326.54 | 79 161.62 |
| | 百分比（%） | 0.24 | 3.28 | 46.79 | 5.50 | 29.88 | 14.31 | 100.00 |
| 兰山区 | 面积（hm²） | 7 116.29 | 3 631.45 | 11 608.77 | 3 164.25 | 6 067.06 | 0.00 | 31 587.82 |
| | 百分比（%） | 22.53 | 11.50 | 36.75 | 10.02 | 19.21 | 0.00 | 100.00 |
| 平邑县 | 面积（hm²） | 6 012.18 | 5 500.24 | 15 260.93 | 14 379.42 | 8 677.55 | 35 802.76 | 85 633.07 |
| | 百分比（%） | 7.02 | 6.42 | 17.82 | 16.79 | 10.13 | 41.81 | 100.00 |

（续）

| 县名称 | 项目 | 一级地 | 二级地 | 三级地 | 四级地 | 五级地 | 六级地 | 总计 |
|---|---|---|---|---|---|---|---|---|
| 河东区 | 面积（hm²） | 13 857.75 | 12 179.89 | 8 905.62 | 2 220.02 | 893.65 | 0.00 | 38 056.93 |
| | 百分比（%） | 36.41 | 32.00 | 23.40 | 5.83 | 2.35 | 0.00 | 100.00 |
| 莒南县 | 面积（hm²） | 11 736.57 | 13 072.35 | 11 923.17 | 21 334.91 | 28 563.16 | 11 385.15 | 98 015.32 |
| | 百分比（%） | 11.97 | 13.34 | 12.16 | 21.77 | 29.14 | 11.62 | 100.00 |
| 临沭县 | 面积（hm²） | 0.00 | 3 099.87 | 25 921.82 | 27 212.90 | 2 268.50 | 0.00 | 58 503.10 |
| | 百分比（%） | 0.00 | 5.30 | 44.31 | 46.52 | 3.88 | 0.00 | 100.00 |
| 兰陵县 | 面积（hm²） | 24 724.14 | 30 013.93 | 24 098.46 | 5 726.03 | 10 334.97 | 0.00 | 94 897.53 |
| | 百分比（%） | 26.05 | 31.63 | 25.39 | 6.03 | 10.89 | 0.00 | 100.00 |
| 罗庄区 | 面积（hm²） | 10 739.48 | 7 223.86 | 2 469.48 | 1 322.58 | 463.65 | 0.00 | 22 219.06 |
| | 百分比（%） | 48.33 | 32.51 | 11.11 | 5.95 | 2.09 | 0.00 | 100.00 |
| 郯城县 | 面积（hm²） | 0.00 | 55 553.60 | 3 260.85 | 2 339.52 | 818.11 | 0.00 | 61 972.08 |
| | 百分比（%） | 0.00 | 89.64 | 5.26 | 3.78 | 1.32 | 0.00 | 100.00 |

表6-3 一级地各利用类型面积

| 利用类型 | 评价单元（个） | 面积（hm²） | 占耕地总面积百分比（%） | 占一级地面积百分比（%） |
|---|---|---|---|---|
| 旱地 | 78 | 6 514.96 | 0.77 | 7.43 |
| 水浇地 | 522 | 69 597.98 | 8.24 | 79.37 |
| 灌溉水田 | 96 | 11 580.31 | 1.37 | 13.21 |
| 总计 | 696 | 87 693.25 | 10.39 | 100.00 |

## 2. 主要属性分析

一级地土壤类型以淋溶褐土、河潮土、潮褐土、洪积褐土、水稻土为主。土壤表层质地为轻壤、中壤和黏土，无明显障碍层次。微地貌类型以山间河谷平原、冲积平原、涝洼平原为主，土层深厚，土壤理化性状良好，可耕性强。农田水利设施较为完善，灌排条件较好，灌溉保证率达到100%。土壤养分含量较高（表6-4）。

表6-4 一级地主要养分含量

| 项目 | 有机质（g/kg） | 有效磷（mg/kg） | 速效钾（mg/kg） |
|---|---|---|---|
| 平均值 | 16.42 | 45.51 | 121.11 |
| 范围值 | 8.60~26.70 | 11.90~186.70 | 50.00~283.00 |
| 含量水平 | 中偏上 | 中偏上 | 中偏上 |

## 3. 存在问题

一级地存在问题：①该地区属全市经济较发达地区，人们历来较注重二、三产业，农业投入比例明显低于二、三产业。②土壤肥力虽然较高，但是与高产高效农业的需求还有一定差距。③施肥、用药种类与比例不合理，缺乏针对性，盲目性较大。④由于经济发达，工矿企业较多，点源污染程度有所加重。

## 4. 合理利用

一级地是全市综合性能最好的耕地，各项评价指标均属良好型。土层厚，排灌性好，易于耕作，养分含量高，保肥、保水能力强，适于各种作物生长，是临沂市的丰产耕地，被称为临沂市的"菜篮子"。利用方向是发展高产、优质、高效农业，如无公害蔬菜基地、日光温室、反季节瓜果栽培等。为此，应搞好以下工作：①农业部门应结合科技入户、配方施肥等工程，加大宣传力度，转变观念，提高认识，加大农业投入，提升农业综合生产能力。②增施有机肥，增加土壤有机质含量；实施平衡施肥，防止土壤污染，适量补施微肥，提高耕地质量。③加大检测力度，确保农业灌溉、施肥、用药安全，搞好无公害生产。④利用方向，应科学规划，严格控制建设用地，加强保护，做到用地养地，可持续利用。

## （二）二级地

### 1. 面积与分布

二级地综合评价指数为 0.82～0.92，耕地面积为171 857.58 hm²，占全市耕地总面积的 20.36%。其中水浇地 120 265.36 hm²，占二级地面积的 69.98%；旱地 38 285.26 hm²，占二级地面积的 22.28%；灌溉水田 13 306.95 hm²，占二级地面积的 7.74%（表6-5）。

表6-5　二级地各利用类型面积

| 利用类型 | 评价单元（个） | 面积（hm²） | 占总耕地面积百分比（%） | 占二级地面积百分比（%） |
|---|---|---|---|---|
| 旱地 | 364 | 38 285.26 | 4.54 | 22.28 |
| 水浇地 | 820 | 120 265.36 | 14.25 | 69.98 |
| 灌溉水田 | 97 | 13 306.95 | 1.58 | 7.74 |
| 总计 | 1 281 | 171 857.58 | 20.36 | 100.00 |

### 2. 主要属性分析

二级地土壤类型以潮褐土、淋溶褐土、河潮土、砂姜黑土、水稻土为主，土壤表层质地主要是轻壤、中壤和黏土，该类型地区部分耕地有砂姜层障碍层次。微地貌类型以高丘、冲积平原、涝洼平原为主。土层较深厚，土壤理化性状良好，可耕性较强。农田水利设施较为完善，灌排条件良好，灌溉保证率达到或接近70%。土壤养分含量均属于全市中等偏上水平（表6-6）。

**表6-6 二级地主要养分含量**

| 项目 | 有机质（g/kg） | 有效磷（mg/kg） | 速效钾（mg/kg） |
|---|---|---|---|
| 平均值 | 14.93 | 34.2 | 108.81 |
| 范围值 | 6.90～25.60 | 8.30～158.50 | 39.00～304.00 |
| 含量水平 | 中偏上 | 中偏上 | 中偏上 |

### 3. 存在问题

二级地存在的问题主要是少部分地区耕层中存在砂姜层这一障碍性层次，耕地环境质量欠佳；灌溉水平较好；耕地养分含量处于中等偏上水平，但是与高产高效农业的需求还有一定差距。

### 4. 合理利用

合理利用的措施：增施有机肥料，实行秸秆直接还田或过腹还田，不断培肥地力；采取深耕等措施，破除犁底层，改良土壤质地和构型，有利于作物根系伸展。同时与农田基础建设相结合，兴修水利，大力推广节水灌溉技术，扩大灌溉面积；平整土地，改良作物种植条件；在坚持因地制宜的基础上，着重补施微肥。

## （三）三级地

### 1. 面积与分布

三级地综合评价指数为0.72～0.82，耕地面积为232 781.25 hm²，占全市耕地总面积的27.58%，为临沂市耕地面积最大的一个等级。其中旱地156 180.31 hm²，占三级地面积的67.09%；水浇地73 263.55 hm²，占三级地面积的31.47%；灌溉水田3 337.38 hm²，占三级地面积的1.43%（表6-7）。

**表 6-7  三级地各利用类型面积**

| 利用类型 | 评价单元（个） | 面积（hm²） | 占总耕地面积百分比（%） | 占三级地面积百分比（%） |
|---|---|---|---|---|
| 旱地 | 1 054 | 156 180.31 | 18.50 | 67.09 |
| 水浇地 | 624 | 73 263.55 | 8.68 | 31.47 |
| 灌溉水田 | 29 | 3 337.38 | 0.40 | 1.43 |
| 总计 | 1 707 | 232 781.24 | 27.58 | 100.00 |

## 2. 主要属性分析

三级地土壤类型以褐土性土、淋溶褐土、潮褐土、潮棕壤、石灰性褐土、褐土、棕壤为主。土壤表层质地主要是轻壤、中壤、重壤和黏土，部分耕地有沙层和砂姜层障碍层次。微地貌类型以低山、起伏侵蚀剥蚀低台地、平坦洪积平原、起伏洪积低台地为主。灌溉保证率达到或接近 70%。土壤养分有效磷含量偏低，有机质和速效钾与全市平均水平持平（表 6-8）。

**表 6-8  三级地主要养分含量**

| 项目 | 有机质（g/kg） | 有效磷（mg/kg） | 速效钾（mg/kg） |
|---|---|---|---|
| 平均值 | 14.30 | 31.15 | 110.89 |
| 范围值 | 6.50～25.80 | 5.30～170.60 | 35.00～263.00 |
| 含量水平 | 中偏上 | 中等 | 中偏上 |

## 3. 存在问题

部分耕地灌溉条件受到一定限制，灌溉水平参差不齐，少量耕地靠天吃饭；耕地大平小不平，地块微有倾斜；耕地养分存在不平衡现象。

## 4. 合理利用

合理利用措施为：①大力搞好农田基本建设，维护和建设水利设施，大力推广节水灌溉，提高灌溉保证率。②平田整地，深翻改土，加深耕层厚度，改善土壤物理性状。③增施磷肥，适当补施微肥。

## （四）四级地

### 1. 面积与分布

四级地综合评价指数为 0.62～0.72，耕地面积为161 412.75 hm²，占全市耕地总面积的 19.12%。其中旱地 136 950 hm²，占四级地面积的 84.84%；水浇地 24 294.86 hm²，占四级地面积的 15.05%；灌溉水田 167.9 hm²，占四级地面积的 0.1%（表 6-9）。

**表 6-9 四级地各利用类型面积**

| 利用类型 | 评价单元（个） | 面积（hm²） | 占总耕地面积百分比（%） | 占四级地面积百分比（%） |
| --- | --- | --- | --- | --- |
| 旱地 | 921 | 136 950 | 16.22 | 84.84 |
| 水浇地 | 200 | 24 294.86 | 2.88 | 15.05 |
| 灌溉水田 | 2 | 167.90 | 0.02 | 0.10 |
| 总计 | 1 123 | 161 412.75 | 19.12 | 100.00 |

### 2. 主要属性分析

四级地土壤类型以棕壤、褐土、水稻土、褐土性土为主。土壤表层质地主要是轻壤、沙壤和重壤，兼有少量黏土。部分耕层中砾质层和沙层障碍性层次比较明显。微地貌类型以低山、高丘、中丘、中山、缓丘、低丘为主。部分地区灌溉保证率能达到 50%。土壤养分含量均偏低（表 6-10）。

**表 6-10 四级地主要养分含量**

| 项目 | 有机质（g/kg） | 有效磷（mg/kg） | 速效钾（mg/kg） |
| --- | --- | --- | --- |
| 平均值 | 12.20 | 27.56 | 93.69 |
| 范围值 | 5.40～23.70 | 5.50～171.30 | 36.00～260.00 |
| 含量水平 | 中等 | 中等 | 中偏下 |

### 3. 存在问题

该级土地耕层中存在明显的障碍性层次，砾石较多，阻碍作物的正常发育；农田水利设施不完善，灌溉条件较差；养分含量偏低，对作物生长不利。

### 4. 改良利用

改良利用措施为：修筑梯田，平整土地，增施有机肥，改善土壤环境；调整种植业结构，大力发展旱作农业，利用山区环境好、无污染的特点，引导鼓励农民发展果品生产；进一步兴修农田水利，提高雨水利用率；增施有机肥、磷肥、钾肥和微肥，改善土壤养分状况。

利用方向：向生产专用优质商品粮油方向发展，生产绿色无公害农产品。

## （五）五级地

### 1. 面积与分布

五级地综合评价指数为 0.55～0.62，耕地面积为 109 598.94 $hm^2$，占全市耕地总面积的 12.98%。其中旱地 104 335.5 $hm^2$，占五级地面积的 95.2%；水浇地 5 137.03 $hm^2$，占五级地面积的 4.69%；灌溉水田 126.41 $hm^2$，占五级地面积的 0.12%（表 6-11）。

**表 6-11　五级地各利用类型面积**

| 利用类型 | 评价单元（个） | 面积（$hm^2$） | 占总耕地面积百分比（%） | 占五级地面积百分比（%） |
|---|---|---|---|---|
| 旱地 | 631 | 104 335.50 | 12.36 | 95.20 |
| 水浇地 | 60 | 5 137.03 | 0.61 | 4.69 |
| 灌溉水田 | 1 | 126.41 | 0.01 | 0.12 |
| 总计 | 692 | 109 598.94 | 12.98 | 100.00 |

### 2. 主要属性分析

五级地土壤类型以棕壤性土、褐土性土为主，含有少量棕壤、褐土。土壤表层质地以沙壤、重壤为主，含少量轻壤。耕层中含有砾质层明显的障碍性层次。微地貌类型以低山、高丘、中丘、缓丘、低丘为主。部分地区灌溉保证率能达到 50%。土壤养分含量偏低（表 6-12）。

### 表6-12 五级地主要养分含量

| 项目 | 有机质（g/kg） | 有效磷（mg/kg） | 速效钾（mg/kg） |
|------|------|------|------|
| 平均值 | 13.43 | 31.14 | 108.24 |
| 范围值 | 6.30～22.40 | 6.30～153.90 | 31.00～274.00 |
| 含量水平 | 中等 | 中偏下 | 中等 |

#### 3. 改良利用

这部分耕地近年来一直是临沂市中低产田改造的重点。该级地耕层中存在障碍性层次，不宜大面积开发整理成耕地，应根据实际情况发展林果业。同时加大荒山治理力度，综合整治山水林田路。

利用方向是整修梯田，营造水土保持林，提高综合控制水土的能力；因土制宜调整农业种植结构，发展耐旱耐土壤贫瘠作物；发展经济林，实行多种经营方式，增加收入。

## （六）六级地

#### 1. 面积与分布

六级地综合评价指数<0.55，耕地面积为 80 795.60 hm²，占全市耕地总面积的 9.57%，为临沂市耕地面积最小的一个等级。其中旱地 80 530.94 hm²，占六级地面积的 99.67%；水浇地 264.66 hm²，占六级地面积的 0.33%（表6-13）。

### 表6-13 六级地各利用类型面积

| 利用类型 | 评价单元（个） | 面积（hm²） | 占总耕地面积百分比（%） | 占六级地面积百分比（%） |
|------|------|------|------|------|
| 旱地 | 376 | 80 530.94 | 9.54 | 99.67 |
| 水浇地 | 4 | 264.66 | 0.03 | 0.33 |
| 灌溉水田 | 0 | 0.00 | 0.00 | 0.00 |
| 总计 | 380 | 80 795.60 | 9.57 | 100.00 |

#### 2. 主要属性分析

六级地土壤类型以棕壤性土、褐土性土为主。土壤表层质地以沙壤为主。耕层中含有砾质层这一明显障碍性层次。微地貌类型以低山、中山、低丘为主。仅有少部分地区灌溉保证率能达到50%。土壤养分含量均较低（表6-14）。

**表6-14 六级地主要养分含量**

| 项目 | 有机质（g/kg） | 有效磷（mg/kg） | 速效钾（mg/kg） |
|------|------|------|------|
| 平均值 | 9.74 | 23.58 | 66.72 |
| 范围值 | 4.50～15.90 | 7.70～58.60 | 35.00～149.00 |
| 含量水平 | 偏下 | 偏下 | 偏下 |

### 3. 改良利用

六级地土壤物理条件较差，大部分存在砾质层这一障碍性层次，灌溉水平较低，大部分只能靠天吃饭，不宜种植大田作物。改良利用上应因地制宜，充分利用坡地自然条件，修筑塘坝，大力开辟水源，克服干旱威胁。

利用方向是调整种植业结构，适当发展经济林、用材林，实行多种经营方式，同时起到改善土壤环境条件、防止水土流失、保护自然植被的作用。

# 第七章

# 耕地改良利用

　　耕地是农业生产和农业可持续发展的重要基础。耕地维持着作物生产力、影响着环境的质量和动物、植物和人类的健康。自 1979—1985 年全国第二次土壤普查以来，随着农村经营体制、耕作制度、作物品种、种植结构、产量水平和肥料使用等方面的显著变化，耕地利用状况也发生了明显改变。近年来，虽然对部分耕地实施了地力监测，但至今对区域中低产耕地状况及其障碍因素等缺乏系统性、实用性的调查分析，使耕地利用与改良难以适应新形势下农业生产发展的要求。因此，开展区域耕地地力调查评价，摸清区域中低产耕地状况及其障碍因素，有的放矢地开展中低产耕地的科学改良利用，挖掘区域耕地的生产潜力，对于临沂市耕地资源的可持续利用具有十分重要的意义。

## 一、耕地改良利用分区原则与分区系统

### （一）耕地改良利用分区的原则

　　耕地改良利用分区的基本原则是：从耕地自然条件出发，主导性、综合性、实用性和可操作性相结合。按照因地制宜、因土适用、合理利用和配置耕地资源，充分发挥各类耕地的生产潜力，坚持用地与养地相结合，近期与长远相结合的原则。以土壤组合类型、肥力水平、改良方向和主要改良措施的一致性为主要依据，同

时考虑地貌、气候、水文和生态等条件以及植被类型，参照历史与现状等因素综合考虑进行分区。

## （二）耕地改良利用分区系统

根据耕地改良利用原则，将影响耕地利用的各类限制因素归纳为耕地自然环境要素、耕地土壤养分要素和耕地土壤物理要素，将全市耕地改良利用划分为 3 个改良利用类型区：耕地自然环境条件改良利用区、耕地土壤培肥改良利用区、耕地土体整治改良利用区，并分别用大写字母 E、N 和 P 表示。各改良利用类型区内，再根据相应的限制性主导因子，续分为相应的改良利用亚类。

# 二、耕地改良利用分区方法

## （一）耕地改良利用分区因子的确定

耕地改良利用分区因子是指参与评定改良利用分区类型的耕地诸属性。由于影响的因素很多，我们根据耕地地力评价，遵循主导因素原则、差异性原则、稳定性原则、敏感性原则，进行了限制性主导因素的选取。考虑与耕地地力评价中评价因素的一致性，考虑各土壤养分的丰缺状况及其相关要素的变异情况，选取耕地土壤有机质含量、耕地土壤有效磷含量、耕地土壤速效钾含量因素作为耕地土壤养分状况的限制性主导因子；选取灌溉保证率作为耕地自然环境状况的限制性主导因子；选取耕层质地条件、障碍层条件和土层厚度条件作为耕地土壤物理状况的限制性主导因子。

## （二）耕地改良利用分区标准

依据农业农村部《全国中低产田类型划分与改良技术规范》，根据山东省各县区耕地地力评价资料，综合分析目前全省各耕地改良利用因素的现状水平，同时针对影响临沂市耕地利用水平的主要因素，邀请具有土壤管理经验的相关专家进行分析，制定了耕地改良利用各主导因子的分区及其耕地改良利用类型的确定标准。具体分级标准见表 7-1。

**表 7-1　耕地改良利用主导因子分区标准**

| 耕地改良利用区划 | 限制因子 | 代号 | 分区标准 |
|---|---|---|---|
| 耕地土壤培肥<br>改良利用区（N） | 有机质（O，g/kg）<br>有效磷（P，mg/kg）<br>速效钾（K，mg/kg） | $N_P$<br>$N_P$<br>$N_P$ | <10<br><20<br><120 |
| 耕地自然环境条件<br>改良利用区（E） | 灌排能力（i，%） | $E_i$ | 一水区、无灌溉 |
| 耕地土体整治<br>改良利用区（P） | 耕层质地（t）<br>障碍层（c）<br>土层厚度（l） | $P_t$<br>$P_c$<br>$P_l$ | 沙土、砾质<br>土体中有障碍层次<br>极薄层、薄层 |

## （三）耕地改良利用分区方法

在 GIS 支持下，利用耕地地力评价单元图，根据耕地改良利用各主导因子分区标准在其相应的属性库中进行检索分析，确定各单元相应的耕地改良利用类型，通过图面编辑生成耕地改良利用分区图，并统计各类型面积比例。

# 三、耕地改良利用分区专题图的生成

## （一）耕地土壤培肥改良利用分区图的生成

根据耕地土壤养分限制因素分区标准把临沂市耕地有机质分为两类，即有机质改良利用区和有机质非改良利用区，有机质改良利用区以代号 $N_O$ 标注；同样，有效磷改良利用区用代号 $N_P$ 标注，速效钾改良利用区用代号 $N_K$ 标注，编辑生成耕地土壤培肥改良利用分区图。结果见图 7-1。

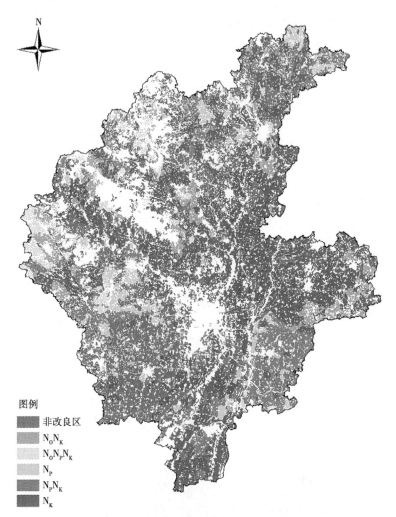

N

图例

非改良区

$N_O N_K$

$N_O N_P N_K$

$N_P$

$N_P N_K$

$N_K$

图 7-1 耕地土壤培肥改良利用分区图

## (二) 耕地自然环境条件改良利用分区图的生成

根据耕地自然环境条件限制因素分区标准进行临沂市耕地改良利用分区。灌溉保证条件分为灌溉保证条件改良利用区和灌溉保证条件非改良利用区，改良利用区用代号 $E_i$ 标注。在 GIS 下检索生成耕地土体整治改良利用分区图。结果见图 7-2。

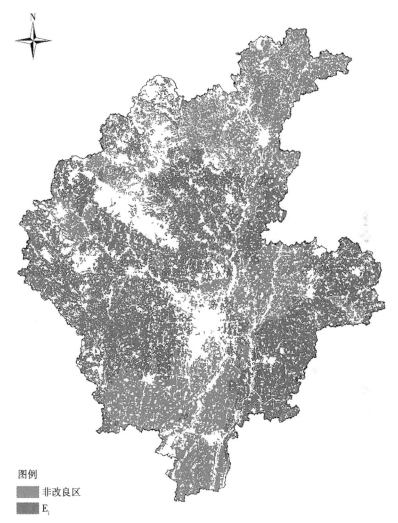

图例

■ 非改良区

■ $E_i$

图 7-2　耕地自然环境条件改良利用分区图

## （三）耕地土体整治改良利用分区图的生成

根据耕地土地条件限制因素分区标准，耕层质地条件改良利用

区用符号 $P_t$ 标注，障碍层改良利用区用符号 $P_c$ 标注，土层厚度改良利用区用符号 $P_l$ 标注。在 GIS 下检索生成耕地土体整治改良利用分区图。结果见图 7-3。

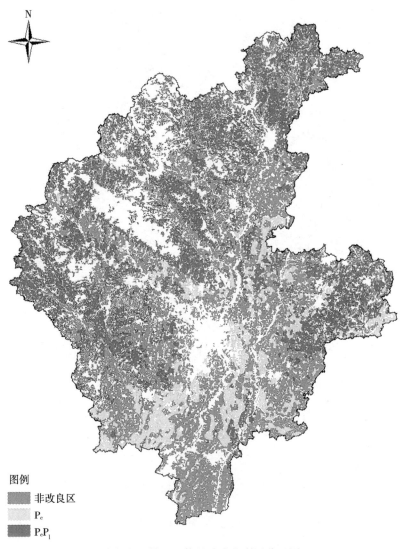

N

图例

▓ 非改良区

░ $P_c$

▓ $P_cP_l$

图 7-3　耕地土体整治改良利用分区图

# 四、耕地改良利用分区结果分析

## （一）耕地土壤培肥改良利用分区面积统计及问题分析

临沂市耕地土壤培肥改良利用区各改良利用类型面积及其比例见表7-2。

**表 7-2　临沂市耕地土壤培肥改良利用分区面积统计表**

| 项目 | 改良利用分区 | | | | | |
|---|---|---|---|---|---|---|
| | $N_0N_K$ | $N_0N_PN_K$ | $N_P$ | $N_PN_K$ | $N_K$ | 非改良区 |
| 面积（hm²） | 61 023.00 | 30 941.96 | 48 373.65 | 138 971.75 | 366 049.11 | 198 779.88 |
| 百分比（%） | 7.23 | 3.67 | 5.73 | 16.46 | 43.36 | 23.55 |

由图 7-1 和表 7-2 可以看出，临沂市土壤养分状况较差，土壤养分不需培肥改良的耕地占耕地总面积的 23.55%，需要培肥改良的土地在市域内成片或集中分布。其中缺乏有机质的耕地面积为 91 964.97 hm²，占耕地总面积的 10.89%；缺钾的耕地面积为 596 985.83 hm²，占耕地总面积的 70.72%；缺磷的耕地面积为 218 287.37 hm²，占耕地总面积的 25.86%。缺乏单一养分的耕地面积为 414 422.77 hm²，占耕地总面积的 49.09%；缺乏两种养分的耕地面积为 199 994.76 hm²，占耕地总面积的 23.69%。从各类型面积比例可以看出，临沂市耕地土壤培肥改良的主要方向为有针对性地增施钾肥和磷肥。临沂市土壤中有机质总体含量较高，不需培肥改良。

## （二）耕地自然环境条件改良利用分区面积统计及问题分析

临沂市耕地自然环境条件改良利用区各改良利用类型面积及其比例见表 7-3。

**表 7-3　临沂市耕地自然环境条件改良利用分区面积统计表**

| 项目 | 改良利用分区 | |
|---|---|---|
| | $E_i$ | 非改良区 |
| 面积（hm²） | 450 336.42 | 393 802.95 |

（续）

| 项目 | 改良利用分区 | |
|---|---|---|
| | $E_i$ | 非改良区 |
| 百分比（%） | 53.35 | 46.65 |

由图 7-2 和表 7-3 可以看出，临沂市耕地自然环境条件较差，地形崎岖，灌溉条件较差，不需改良的耕地面积达到 393 802.95 $hm^2$，占耕地总面积的 46.65%。需要改良的耕地表现为土壤灌排能力较差，面积为 450 336.42 $hm^2$，占总面积的 53.35%，在临沂市境内成片或集中分布。因此，临沂市耕地自然环境条件改良利用的主要方向为防止土壤的灌排能力减弱。

## （三）耕地土体整治改良利用分区面积统计及问题分析

临沂市耕地土体整治改良利用区各改良利用类型面积及其比例见表 7-4。

表 7-4    临沂市耕地土体整治改良利用分区面积统计表

| 项目 | 改良利用分区 | | |
|---|---|---|---|
| | $P_c$ | $P_cP_l$ | 非改良区 |
| 面积（$hm^2$） | 90 337.64 | 325 717.79 | 428 083.95 |
| 百分比（%） | 10.70 | 38.59 | 50.71 |

由图 7-3 和表 7-4 可以看出，临沂市耕地土体结构较好，主要是临沂市地处山区，少部分耕层土层较薄，带有障碍层。需要改良的耕地也主要集中在沙质层。障碍层需要改良的耕地面积为 466 055.42 $hm^2$，占耕地总面积的 49.29%，土层厚度需要改良的耕地面积为 325 717.79 $hm^2$，占耕地总面积的 38.59%。所以，临沂市土体整治宜采取秸秆还田、增施有机肥料、深耕等措施，改良偏沙的土壤表层质地及不良的土体结构，这将是临沂市耕地土体整治改良的主要方向。

# 五、耕地改良利用对策及措施

## （一）增加经济投入，加大耕地保护力度

农业是既要承担自然风险又要承担市场风险的弱势产业，保护农业是国民经济发展中面临的重大问题。由于调控体制不健全，受比较利益驱使，各层次资金投入重点向非农业倾斜，资金投入不足已成为农业生产发展的主要制约因素。要达到农业增产的目的就要增加耕地投入，加强中低产田改造，不断提高耕地的质量，从而提高耕地利用的经济效益。临沂市宜进一步加强对耕地改良利用的投入，通过对耕地的改良逐步消除制约耕地生产力的限制因素，培肥地力，改善农业生产条件和农田生态环境。

## （二）平衡施肥，用养结合，增施磷肥钾肥，培肥地力

长期以来，临沂市在耕地开发利用上重利用，轻培肥，重化肥，虽然全市化肥的施用量逐年增加，但并不合理，引起土壤养分特别是磷、钾养分含量的下降和失衡，导致耕地肥力下降。因此要持续提高中低产耕地的基础地力，为农作物生长创造高产基础，必须将用土与养土妥善结合起来，广辟有机肥源，重视磷肥、钾肥及有机肥的施用，提倡冬种绿肥和使用有机-无机复混肥。同时应利用中低产耕地调查评价成果，科学指导化肥的调配，科学优化平衡施肥，重视合理增施钾肥、磷肥及微肥，不断培肥地力，实现对中低产耕地资源的持续利用。

## （三）加强水利建设，改善灌溉条件

水是作物生长的必要条件，灌排条件与耕地的基础地力有着密切的关系，因而可以通过采取以下措施，实现自然降水的空间聚集，改善区域农田的土壤水分状况，推广节水灌溉技术，改善和扩大灌溉面积。

（1）健全灌溉工程，改善灌区输水、配水设备，加强灌溉作业管理，改进地面灌溉技术，采用增产、增值的节水灌溉方法和灌溉技术。加强水利建设，修筑田埂，防止水土冲刷；安排好水利规划，修好水渠，防止渗漏，加强管理，提高引灌水的利用率。

（2）人工富集天然降水，建造大、中、小型蓄水池、塘等蓄水体系，将集纳雨水、拦截径流和蓄水有效结合起来，在作物需水的关键时期进行灌溉，解决作物的需求和降水错位的矛盾，以充分发挥水分的增产效果。

（3）改善土壤结构，增加土壤的蓄水能力，通过对土壤增施有机物料（如施用有机肥、秸秆还田等）和应用土壤改良剂，改良土壤结构，增强土壤结构的稳定性，提高土壤对降水的入渗速率和持水量。

## （四）采用农业措施改良土壤质地，改善土体结构

临沂市耕地土壤限制性因素主要为耕层土壤沙化，可以采用以肥改沙的方法，一方面增加土壤中养分的含量，另一方面增加土壤中的有机胶体，对改良土壤沙化和提高土壤肥力有显著的作用。此外选择适宜的作物种植，既能改善土壤性质又能获得较好的经济效益。因而因地制宜地发展当地名优产品，是适应自然、提高经济效益的有效措施。

## （五）集约化利用耕地资源，发展生态型可持续农业，改善生态环境

耕地生态环境质量的高低是决定农作物能否持续稳产、高产、优产、高效的重要因素。根据临沂市资源优势以及生态环境的特点，因地制宜地利用耕地资源，通过合理轮作、科学间套种等措施，增加复种指数，努力提高耕地资源的利用率；注重多物种、多层次、多时序、多级质能、多种产业的有机结合，农、林、牧、副、渔并举，建立生态型可持续农业系统，达到经济、

生态和社会效益的高度统一。此外，应重新审视耕地承包到户政策所导致的耕地经营权分散在新形势下出现的不利于耕地资源规模集约经营的缺点，努力探讨建立"公司＋农户"或各种专业化合作组织等耕地规模集约经营模式，促进全市耕地资源的集约经营和提高经济效益。

# 第八章
# 耕地资源管理数据库建设

## 一、数据库建设的流程及依据平台

### （一）耕地资源信息系统数据库建设流程

临沂市耕地资源信息系统数据库建设，是实现农业耕地地力评价成果资料统一化、标准化的重要工作，是实现综合农业信息资料共享的技术手段。耕地资源信息系统数据库建设工作，是利用近几年临沂市测土配方施肥补贴项目土地利用现状调查成果，全国第二次土壤普查临沂市的土壤、地貌成果，临沂市所辖县域的耕层质地及土体构型，以及耕地地力评价采集的土壤化学分析成果、灌溉分布图等成果，通过对以上资料进一步分析、甄别以及修改补充进行全市汇总，建立一个集空间数据库和属性数据库的存储、管理、查询、分析、显示为一体的数据库，为实现下一步三年一轮回数据的实时更新，快速、有效地检索，为决策部门提供信息支持，大大地提高耕地资源的管理水平，为科学施肥种田、农业可持续发展，深化农业科学管理工作服务。

临沂市数据库建设流程涉及资料收集、资料整理与预处理、数据采集、拓扑关系建立、属性数据输入、数据入库等工作阶段。

### （二）建库的依据及平台

临沂市数据库建设主要是依据和参考《县域耕地资源管理信

系统数据字典》、耕地地力评价指南以及有关区域汇总技术要求完成的。

建库前期工作采用 MAPGIS 平台，对电子版资料进行点、线、面文件的规范化处理和拓扑处理，将所有建库资料首先配准到临沂市 1∶20 万地理底图上。对纸介质或图片格式的资料进行扫描处理，将所有资料配准到临沂市 1∶20 万地理底图上，进行点、线、面分层矢量化处理和拓扑处理，最后配准到临沂市 1∶20 万地理底图框上。空间数据库成果为 MAPGIS 点、线、面格式的文件，属性数据库成果为 Excel 格式。将 MAPGIS 格式转为 Shapel 格式，在 ArcGIS 平台上进行数据库规范化处理，最后将数据库资料导入扬州开发的耕地资源信息管理系统中运行，或在 ArcGIS 平台上运行。

建库的依据如下：

（1）GB 2260—2002 《中华人民共和国行政区划代码》

（2）NY/T 309—1996 《全国耕地类型区、耕地地力等级划分标准》

（3）NY/T 310—1996 《全国中低产田类型划分与改良技术规范》

（4）GB/T 17296—2000 《中国土壤分类与代码》

（5）全国农业区划委员会 《土地利用现状调查技术规程》

（6）国土资源部 《土地变更调查技术规程》

（7）GB/T 13989—1992 《国家基本比例尺地形图分幅与编号》

（8）GB/T 13923—1992 《国土基础信息数据分类与代码》

（9）GB/T 17798—1999 《地球空间数据交换格式》

（10）GB 3100—1993 《国际单位制及其应用》

（11）GB/T 16831—1997 《地理点位置的纬度、经度和高程表示方法》

（12）GB/T 10113—2003 《分类编码通用术语》

（13）NY/T 1634—2008 《全国耕地地力调查与评价技术

规程》

（14）农业部　《测土配方施肥技术规范（试行）》

（15）农业部　《测土配方施肥专家咨询系统编制规范（试行）》

（16）中国农业出版社　《县域耕地资源管理信息系统数据字典》

# 二、空间数据库的建设

## （一）空间数据库的内容

临沂市空间数据库建设基础图件包括土地利用现状图、土壤图、地貌图、耕地地力调查点位图、耕地地力评价等级图、土壤养分系列图等，如表8-1所示。

表8-1　临沂市空间数据库成果表

| 序号 | 成　果　图　名　称 | 备注 |
|:---:|:---:|:---:|
| 1 | 临沂市土地利用现状图 | |
| 2 | 临沂市地貌图 | |
| 3 | 临沂市土壤图 | |
| 4 | 临沂市灌溉分区图 | |
| 5 | 临沂市耕地地力调查点点位图 | |
| 6 | 临沂市土壤 pH 分布图 | |
| 7 | 临沂市土壤缓效钾含量分布图 | |
| 8 | 临沂市土壤碱解氮含量分布图 | |
| 9 | 临沂市土壤全氮含量分布图 | |
| 10 | 临沂市土壤速效钾含量分布图 | |
| 11 | 临沂市土壤有机质含量分布图 | |
| 12 | 临沂市土壤有效磷含量分布图 | |
| 13 | 临沂市土壤有效硫含量分布图 | |

（续）

| 序号 | 成　果　图　名　称 | 备注 |
|---|---|---|
| 14 | 临沂市土壤有效锰含量分布图 | |
| 15 | 临沂市土壤有效钼含量分布图 | |
| 16 | 临沂市土壤有效硼含量分布图 | |
| 17 | 临沂市土壤有效铁含量分布图 | |
| 18 | 临沂市土壤有效铜含量分布图 | |
| 19 | 临沂市土壤有效锌含量分布图 | |
| 20 | 临沂市耕地地力评价等级图 | |

## （二）点、线、面图层的建设

按照空间数据库建设的分层原则，所有成果图的空间数据库均采用同一个地理底图，也就是地理底图单独一个文件存放。将土地、点位、土壤、地貌、灌溉、土壤养分、评价等作为专业成果建库，其地理底图和成果空间数据库分层为：

（1）地理底图分六个图层，其中地理内容点、线、面三个图层，地理底图图例的点、线、面三个图层，如表8-2所示。

**表8-2　临沂市地理底图空间数据库点、线、面分层名称**

| 图件名称 | 层数 | 数据库分层名称 | 备注 |
|---|---|---|---|
| 地理底图 | 6 | 底图.WP<br>底图.WL<br>底图.WT<br>底图TL.WP<br>底图TL.WL<br>底图TL.WT | |

（2）点位图分八个图层，其中地理底图点、线、面三个图层，点位图一个图层，点位注释一个图层，点位图图例点、线、面三个图层，如表8-3所示。

**表 8-3　临沂市点位图空间数据库点、线、面分层名称**

| 图件名称 | 层数 | 数据库分层名称 | 备 注 |
|---|---|---|---|
| 点位图 | 8 | 底图 . WP<br>底图 . WL<br>底图 . WT<br>点位 . WT<br>点位注释 . WT<br>点位 TL. WP<br>点位 TL. WL<br>点位 TL. WT | |

（3）土地利用现状图分六个图层，其中土地利用现状图点、线、面三个图层，土地利用现状图图例点、线、面三个图层，如表 8-4 所示。

**表 8-4　临沂市土地利用现状图空间数据库点、线、面分层名称**

| 图件名称 | 层数 | 数据库分层名称 | 备 注 |
|---|---|---|---|
| 土地利用现状图 | 6 | 现状 . WP<br>现状 . WL<br>现状 . WT<br>现状 TL. WP<br>现状 TL. WL<br>现状 TL. WT | |

（4）地貌图分九个图层，其中地理底图点、线、面三个图层，地貌图点、线、面三个图层，地貌图图例点、线、面三个图层，如表 8-5 所示。

**表 8-5　临沂市地貌图空间数据库点、线、面分层名称**

| 图件名称 | 层数 | 数据库分层名称 | 备 注 |
|---|---|---|---|
| 地貌图 | 9 | 地貌 . WP<br>地貌 . WL<br>地貌 . WT<br>底图 . WP<br>底图 . WL<br>底图 . WT<br>地貌 TL. WP<br>地貌 TL. WL<br>地貌 TL. WT | |

（5）土壤图分九个图层，其中地理底图点、线、面三个图层，土壤图点、线、面三个图层，土壤图图例点、线、面三个图层，如表 8-6 所示。

**表 8-6　临沂市土壤图空间数据库点、线、面分层名称**

| 图件名称 | 层数 | 数据库分层名称 | 备 注 |
|---|---|---|---|
| 土壤图 | 9 | 土壤 . WP<br>土壤 . WL<br>土壤 . WT<br>底图 . WP<br>底图 . WL<br>底图 . WT<br>土壤 TL. WP<br>土壤 TL. WL<br>土壤 TL. WT | |

（6）耕地地力评价图分九个图层，其中地理底图点、线、面三个图层，评价图点、线、面三个图层，评价图图例点、线、面三个图层，如表 8-7 所示。

**表 8-7　临沂市评价图空间数据库点、线、面分层名称**

| 图件名称 | 层数 | 数据库分层名称 | 备 注 |
|---|---|---|---|
| 耕地地力评价图 | 9 | 耕地评价 . WP<br>耕地评价 . WL<br>耕地评价 . WT<br>底图 . WP<br>底图 . WL<br>底图 . WT<br>耕地评价 TL. WP<br>耕地评价 TL. WL<br>耕地评价 TL. WT | |

（7）土壤养分图分九个图层，其中地理底图点、线、面三个图层，土壤养分图点、线、面三个图层，土壤养分图图例点、线、面

三个图层，如表 8-8 所示。

**表 8-8　临沂市土壤养分图空间数据库点、线、面分层名称**

| 图件名称 | 层数 | 数据库分层名称 | 备 注 |
|---|---|---|---|
| 土壤养分图 | 9 | 土壤养分 . WP<br>土壤养分 . WL<br>土壤养分 . WT<br>底图 . WP<br>底图 . WL<br>底图 . WT<br>土壤养分 TL. WP<br>土壤养分 TL. WL<br>土壤养分 TL. WT | |

　（8）灌溉分区图分九个图层，其中灌溉图点、线、面三个图层，地理底图点、线、面三个图层，灌溉图图例点、线、面三个图层，如表 8-9 所示。

**表 8-9　临沂市土灌溉图空间数据库点、线、面分层名称**

| 图件名称 | 层数 | 数据库分层名称 | 备 注 |
|---|---|---|---|
| 灌溉分区图 | 9 | 灌溉分区 . WP<br>灌溉分区 . WL<br>灌溉分区 . WT<br>底图 . WP<br>底图 . WL<br>底图 . WT<br>灌溉分区 TL. WP<br>灌溉分区 TL. WL<br>灌溉分区 TL. WT | |

　（9）临沂市成果图比例尺为 1∶20 万，高斯-克吕格投影，1980 年西安坐标系。

（10）空间数据库建设平台，前期 MAPGIS 点、线、面格式，后期转为 ArcGIS 平台的 Shapel 格式。导入扬州开发的耕地资源管理信息系统即可应用。

# 三、属性数据库的建设

## （一）属性数据库的内容

由于地市汇总的点位数据全部是采用县域评价的点位数据，其属性内容均按照《县域耕地资源管理信息系统数据字典》和有关专业的属性代码标准填写。在《县域耕地资源管理信息系统数据字典》中属性数据库的数据项，包括字段代码、字段名称、字段短名、英文名称、释义、数据类型、数据来源、量纲、数据长度、小数位、取值范围、备注等内容。所以属性数据库内容全部按照《县域耕地资源管理信息系统数据字典》的属性代码和专业术语标准填写。

## （二）属性数据库的录入

主要采用外挂数据库的方法，通过关键字段进行属性连接。在具体工作中，是在编辑或矢量化空间数据时，建立线要素层和点要素层的统一赋值的 ID 号，在 Excel 表中，第一列为 ID 号，其他列按照属性数据项格式内容填好后，利用命令统一赋属性值。

## （三）属性数据库的格式

由于属性数据库的内容均填写在 Excel 表中，空间数据库与属性数据库连接均采用外挂数据库的方法，Excel 表在不同的数据库平台上是通用的，虽然临沂市建库工作是在 MAOGIS 平台上，但在 MAOGIS 平台上将空间数据库转为 Shapel 格式，在 ArcGIS平台上空间数据库与 Excel 表重新连接后就可以使用了。

## （四）属性数据的结构

属性数据的结构内容，是严格按《县域耕地资源管理信息系统数据字典》编制的，其地理及专业成果属性数据库结构详见表8-10。

表8-10　临沂市耕地资源信息系统属性数据库结构表

| 图名 | 属 性 数 据 结 构 | 字段类型 |
|---|---|---|
| 行政区划图 | 内部标识码：系统内部 ID 号<br>实体类型：point，polyline，polygon<br>实体面积：系统内部自带<br>实体长度：系统内部自带<br>县内行政：根据国家统计局《统计上使用的县以下行政区划代码编制规则》编制 | 长整型，9<br>文本型，8<br>双精度，19，2<br>长整型，10<br>长整型，6 |
| 县乡村位置图 | 内部标识码：系统内部 ID 号<br>实体类型：point，polyline，polygon<br>X 坐标：无，Y 坐标：无<br>县内行政：根据国家统计局《统计上使用的县以下行政区划代码编制规则》编制<br>标注类型：村标注，乡标注，县标注 | 长整型，9<br>文本型，8<br>双精度，19，2<br>长整型，6<br><br>字符串，6 |
| 行政界线图 | 内部标识码：系统内部 ID 号<br>实体类型：point，polyline，polygon<br>实体长度：系统内部自带<br>界线类型：依据国家标准《基础地理信息分类与代码》（GB/T 13923—2016）编制要素代码 | 长整型，9<br>文本型，8<br>长整型，10<br>文本型，40 |
| 辖区边界图 | 内部标识码：系统内部 ID 号<br>实体类型：point，polyline，polygon<br>实体面积：系统内部自带<br>实体长度：系统内部自带<br>要素代码：依据国家标准《基础地理信息分类与代码》（GB/T 13923—2016）编制要素代码<br>要素名称：依据国家标准《基础地理信息分类与代码》（GB/T 13923—2016）编制要素名称<br>行政单位名称：单位的实际名称 | 长整型，9<br>文本型，8<br>双精度，19，2<br>长整型，10<br>长整型，5<br><br><br>文本型，40<br><br><br>文本型，20 |
| 装饰边界图 | 内部标识码：系统内部 ID 号 | 长整型，9 |

（续）

| 图名 | 属 性 数 据 结 构 | 字段类型 |
|---|---|---|
| 面状水系图 | 内部标识码：系统内部 ID 号<br>实体类型：point，polyline，polygon<br>实体面积：系统内部自带<br>实体长度：系统内部自带<br>要素代码：依据国家标准《基础地理信息分类与代码》（GB/T 13923—2016）编制要素代码<br>要素名称：依据国家标准《基础地理信息分类与代码》（GB/T 13923—2016）编制要素名称<br>面状水系码：自定义编码<br>面状水系名称：依据 2006 年 10 月版山东省地图册编制<br>湖泊贮水量：依据 1∶5 万地形图 | 长整型，9<br>文本型，8<br>双精度，19，2<br>长整型，10<br>长整型，5<br><br>文本型，40<br><br>字符串，5<br>字符串，20<br>字符串，8 |
| 线状水系图 | 内部标识码：系统内部 ID 号<br>实体类型：point，polyline，polygon<br>实体长度：系统内部自带<br>要素代码：依据国家标准《基础地理信息分类与代码》（GB/T 13923—2016）编制要素代码<br>要素名称：依据国家标准《基础地理信息分类与代码》（GB/T 13923—2016）编制要素名称<br>线状水系码：自定义编码<br>线状水系名称：依据 2006 年 10 月版山东省地图册编制<br>河流流量：无 | 长整型，9<br>文本型，8<br>长整型，10<br>长整型，5<br><br>文本型，40<br><br>长整型，4<br>文本型，20<br>长整型，6 |
| 道路图 | 内部标识码：系统内部 ID 号<br>实体类型：point，polyline，polygon<br>实体长度：系统内部自带<br>要素代码：依据国家标准《基础地理信息分类与代码》（GB/T 13923—2016）编制要素代码<br>要素名称：依据国家标准《基础地理信息分类与代码》（GB/T 13923—2016）编制要素名称<br>公路代码：根据国家标准《公路路线标识规则命名、编号和编码》（GB 917.1—2000）编制<br>公路名称：根据国家标准《公路路线标识规则命名、编号和编码》（GB 917.1—2000）编制 | 长整型，9<br>文本型，8<br>长整型，10<br>长整型，5<br><br>文本型，40<br><br>文本型，11<br><br>文本型，20 |
| 地貌类型分区图 | 内部标识码：系统内部 ID 号<br>实体类型：point，polyline，polygon<br>实体面积：系统内部自带 | 长整型，9<br>文本型，8<br>双精度，19，2 |

（续）

| 图名 | 属 性 数 据 结 构 | 字段类型 |
|---|---|---|
| 地貌类型<br>分区图 | 实体长度：系统内部自带<br>地貌类型：数据引用自"中国科学院生物多样性委员会 地貌类型代码库"（四类码） | 长整型，10<br>文本型，18 |
| 灌溉分区图 | 内部标识码：系统内部 ID 号<br>实体类型：point，polyline，polygon<br>实体面积：系统内部自带<br>实体长度：系统内部自带<br>灌溉水源：县局提供数据<br>灌溉水质：无<br>灌溉方法：县局提供数据<br>年灌溉次数：县局提供数据<br>灌溉条件：无<br>灌溉保证率：无<br>灌溉模数：无<br>抗旱能力：无 | 长整型，9<br>文本型，8<br>双精度，19，2<br>长整型，10<br>文本型，10<br>文本型，4<br>文本型，18<br>文本型，2<br>文本型，4<br>长整型，3<br>双精度，5，2<br>长整型，3 |
| 土地利用<br>现状图 | 内部标识码：系统内部 ID 号<br>实体类型：point，polyline，polygon<br>实体面积：系统内部自带<br>实体长度：系统内部自带<br>地类号：国土资源部发布的《全国土地分类》三级类编码<br>平差面积：无 | 长整型，9<br>文本型，8<br>双精度，19，2<br>长整型，10<br>长整型，3<br><br>双精度，7，2 |
| 土壤图 | 内部标识码：系统内部 ID 号<br>实体类型：point，polyline，polygon<br>实体面积：系统内部自带<br>实体长度：系统内部自带<br>土壤国标码：土壤类型国标分类系统编码 | 长整型，9<br>文本型，8<br>双精度，19，2<br>长整型，10<br>长整型，8 |
| 地下水矿化<br>度等值线图 | 内部标识码：系统内部 ID 号<br>实体类型：point，polyline，polygon<br>实体长度：系统内部自带<br>地下水矿化度：依据县级矿化度图实际数据填写 | 长整型，9<br>文本型，8<br>长整型，10<br>双精度，5，1 |

（续）

| 图名 | 属 性 数 据 结 构 | 字段类型 |
|---|---|---|
| 耕地地力调查点点位图 | 内部标识码：系统内部 ID 号<br>实体类型：point，polyline，polygon<br>X 坐标：北京 54 坐标系<br>Y 坐标：北京 54 坐标系<br>点县内编号 AP310102：自定义编号 | 长整型，9<br>文本型，8<br>双精度，19，2<br>双精度，19，2<br>长整型，8 |
| 行政区基本情况数据表 | 县内行政码 SH110102：根据国家统计局《统计上使用的县以下行政区划代码编制规则》编制<br>省名称：山东省<br>县名称：××市，××区，××县<br>乡名称：××乡，××镇，××街道<br>村名称：××村，××委员会<br>行政单位名称：××市，××区，××县，××乡，××镇，××街道，××村，××委员会<br>总人口：无<br>农业人口：无<br>非农业人口：无<br>国民生产总值 GNP：无 | 长整型，6<br>字符串，6<br>字符串，8<br>字符串，18<br>字符串，18<br>字符串，20<br>字符串，7<br><br>字符串，7<br>字符串，7<br>双精度，11，2<br>字符串，20 |
| 县级行政区划代码表 | 行政单位名称：××市，××区，××县，××乡××镇××街道××村××委员会<br>县内行政码 SH110102：根据国家统计局《统计上使用的县以下行政区划代码编制规则》编制 | 长整型，6<br><br>长整型，9 |
| 土地利用现状地块数据表 | 内部标识码：系统内部 ID 号<br>地类号：国土资源部发布的《全国土地分类》三级类编码<br>地类名称：国土资源部发布的《全国土地分类》三级类名称<br>计算面积：无<br>地类面积：无<br>平差面积：无<br>报告日期：无 | 长整型，9<br>字符串，3<br><br>字符串，20<br><br>双精度，7，2<br>双精度，7，2<br>双精度，7，2<br>日期型，10 |
| 土壤类型代码表 | 土壤国标码：土壤类型国标分类系统编码<br>土壤国标名：土壤类型国标分类系统名称 | 字符串，8<br>字符串，20 |

（续）

| 图名 | 属 性 数 据 结 构 | | 字段类型 |
|---|---|---|---|
| 耕地地力调查点基本情况及化验结果数据表 | 灌溉水源：县提供数据 | | 字符串，10 |
| | 灌溉方法：县提供数据 | | 字符串，18 |
| | 调查点国内统一编号：自定义编号 | | 字符串，14 |
| | 调查点县内编号：自定义编号 | | 字符串，8 |
| | 调查点自定义编号 AP310103：自定义编号 | | 字符串，40 |
| | 调查点类型：耕地地力调查点 | | 字符串，20 |
| | 户主联系电话：区号-本地电话号码 | | 字符串，13 |
| | 调查人联系电话：区号-本地电话号码 | | 字符串，13 |
| 耕地地力调查点基本情况及化验结果数据表 | 调查人姓名：××××  | | 字符串，8 |
| | 调查日期：采集当天日期 | | 日期型，10 |
| | ≥0 ℃积温：无 | | 字符串，5 |
| | ≥10 ℃积温：无 | | 字符串，5 |
| | 年降水量：县提供数据 | | 字符串，4 |
| | 全年日照时数：无 | | 字符串，4 |
| | 光能辐射总量：无 | | 字符串，4 |
| | 无霜期：县提供数据 | | 字符串，3 |
| | 干燥度：无 | | 双精度，4，2 |
| | 东经：县提供数据 | | 双精度，9，5 |
| | 北纬：县提供数据 | | 双精度，8，5 |
| | 坡度：地形坡度　　海拔：海拔高度 | | 双精度，6，1 |
| | 坡向：缺少数据 | | 双精度，4，1 |
| | 地形部位：数据引用自《全国耕地类型区、耕地地力等级划分》（NY/T 309—1996）和《全国中低产田类型划分与改良技术规范》（NY/T 310—1996） | | 字符串，4 |
| | 田面坡度：依据田面实际坡度 | | 字符串，50 |
| | 灌溉保证率：无 | | 双精度，4，1 |
| | 排涝能力：无 | | 字符串，3 |
| | 梯田类型：无 | | 字符串，2 |
| | 梯田熟化年限：无 | | 字符串，10 |
| | 保护块面积：无 | | 字符串，3 |
| | 土壤侵蚀类型：无 | | 双精度，7，2 |
| | 土壤侵蚀程度：无明显侵蚀，轻度侵蚀 | | 字符串，8 |
| | 污染源企业名称：无 | | 字符串，20 |
| | 污染源企业地址：无 | | 字符串，50 |
| | 液体污染物排放量：无 | | 字符串，50 |

（续）

| 图名 | 属 性 数 据 结 构 | 字段类型 |
|---|---|---|
| 耕地地力调查点基本情况及化验结果数据表 | 粉尘污染物排放量：无 | 双精度，6，1 |
| | 污染面积：无 | 双精度，6，1 |
| | 污染物类型：无 | 双精度，9，2 |
| | 污染范围：无 | 字符串，20 |
| | 污染造成的损害：无 | 字符串，40 |
| | 距污染源距离：无 | 字符串，30 |
| | 污染物形态：无 | 字符串，5 |
| | 污染造成的经济损失：无 | 字符串，4 |
| | 省名称：山东省 | 字符串，9 |
| | 县名称：××市，××区，××县 | 字符串，8 |
| | 乡名称：××乡，××镇，××街道 | 字符串，18 |
| | 村名称：××村，××委员会 | 字符串，18 |
| | 户主姓名 | 字符串，8 |
| | 土壤类型代码（国标）：根据县提供数据填写 | 字符串，8 |
| | 土类名称（县级）：县提供数据 | 字符串，20 |
| 耕地地力调查点基本情况及化验结果数据表 | 亚类名称（县级）：县提供数据 | 字符串，20 |
| | 土属名称（县级）：县提供数据 | 字符串，20 |
| | 土种名称（县级）：县提供数据 | 字符串，20 |
| | 剖面构型：土层符号代码表、土层后缀符号代码表、剖面构型数据编码表根据《中国土种志》整理 | 字符串，10 |
| | 质地构型：无 | 字符串，8 |
| | 耕层厚度：县提供数据 | 字符串，2 |
| | 障碍层类型：无 | 字符串，10 |
| | 障碍层出现位置：无 | 字符串，3 |
| | 障碍层厚度：无 | 字符串，3 |
| | 成土母质：数据引用自《土壤调查与制图》（第二版），中国农业出版社 | 字符串，30 |
| | 质地：中壤土，重壤土，沙壤土 | 字符串，6 |
| | 容重：县提供数据 | 双精度，4，2 |
| | 田间持水量：县提供数据 | 字符串，2 |
| | pH：依据土壤化学分析 pH 耕地地力等级评价成果填写 | 双精度，4，1 |
| | CEC：依据土壤化学分析 CEC 值耕地地力等级评价成果填写 | 双精度，4，1 |

（续）

| 图名 | 属 性 数 据 结 构 | 字段类型 |
|---|---|---|
| 耕地地力调查点基本情况及化验结果数据表 | 有机质：依据土壤化学分析有机质值耕地地力等级评价成果填写 | 双精度，5，1 |
| | 全氮：依据土壤化学分析全氮值耕地地力等级评价成果填写 | 双精度，6，3 |
| | 全磷：依据土壤化学分析全磷值耕地地力等级评价成果填写 | 字符串，5 |
| | 有效磷：依据土壤化学分析有效磷值耕地地力等级评价成果填写 | 双精度，5，1 |
| | 缓效钾：依据土壤化学分析缓效钾值耕地地力等级评价成果填写 | 字符串，4 |
| | 速效钾：依据土壤化学分析速效钾值耕地地力等级评价成果填写 | 字符串，3 |
| | 有效锌：依据土壤化学分析有效锌值耕地地力等级评价成果填写 | 双精度，5，2 |
| | 水溶态硼：依据土壤化学分析水溶态硼值耕地地力等级评价成果填写 | 双精度，4，2 |
| | 有效硅：依据土壤化学分析有效硅值耕地地力等级评价成果填写 | 双精度，6，2 |
| | 有效钼：依据土壤化学分析有效钼值耕地地力等级评价成果填写 | 双精度，4，2 |
| | 有效铜：依据土壤化学分析有效铜值耕地地力等级评价成果填写 | 双精度，5，2 |
| | 有效锰：依据土壤化学分析有效锰值耕地地力等级评价成果填写 | 双精度，5，1 |
| | 有效铁：依据土壤化学分析有效铁值耕地地力等级评价成果填写 | 双精度，6，1 |
| | 交换性钙：依据土壤化学分析交换性钙值耕地地力等级评价成果填写 | 双精度，6，1 |
| | 交换性镁：依据土壤化学分析交换性镁值耕地地力等级评价成果填写 | 双精度，5，1 |
| | 有效硫：依据土壤化学分析有效硫值耕地地力等级评价成果填写 | 双精度，5，1 |
| | 盐化类型：无 | 双精度，5，1 |
| | 1 m 土层含盐量：无 | 字符串，20 |
| | 耕层土壤含盐量：无 | 双精度，5，1 |

（续）

| 图名 | 属　性　数　据　结　构 | 字段类型 |
|---|---|---|
| 耕地地力调查点基本情况及化验结果数据表 | 水解性氮：依据土壤化学分析水解性氮值耕地地力等级评价成果填写<br>旱季地下水位：无<br>采样深度：县提供数据 | 双精度，5，1<br>双精度，5，3<br>字符串，3<br>字符串，7 |
| 耕层土壤有机质等值线图 | 内部标识码：系统内部 ID 号<br>实体类型：point，polyline，polygon<br>实体长度：系统内部自带<br>有机质：依据土壤化学分析有机质值耕地地力等级评价成果填写 | 长整型，9<br>文本型，10<br>长整型，10<br>双精度，5，1 |
| 耕层土壤全氮等值线图 | 内部标识码：系统内部 ID 号<br>实体类型：point，polyline，polygon<br>实体长度：系统内部自带<br>全氮：依据土壤化学分析全氮值耕地地力等级评价成果填写 | 长整型，9<br>文本型，10<br>长整型，10<br>双精度，4，2 |
| 耕层土壤有效磷等值线图 | 内部标识码：系统内部 ID 号<br>实体类型：point，polyline，polygon<br>实体长度：系统内部自带<br>有效磷：依据土壤化学分析有效磷值耕地地力等级评价成果填写 | 长整型，9<br>文本型，10<br>长整型，10<br>双精度，5，1 |
| 耕层土壤速效钾等值线图 | 内部标识码：系统内部 ID 号<br>实体类型：point，polyline，polygon<br>实体长度：系统内部自带<br>速效钾：依据土壤化学分析速效钾值耕地地力等级评价成果填写 | 长整型，9<br>文本型，10<br>长整型，10<br>长整型，3 |
| 耕层土壤缓效钾等值线图 | 内部标识码：系统内部 ID 号<br>实体类型：point，polyline，polygon<br>实体长度：系统内部自带<br>缓效钾：依据土壤化学分析缓效钾值耕地地力等级评价成果填写 | 长整型，9<br>文本型，10<br>长整型，10<br>长整型，4 |

（续）

| 图名 | 属 性 数 据 结 构 | 字段类型 |
|------|------------------|---------|
| 耕层土壤有效锌等值线图 | 内部标识码：系统内部 ID 号<br>实体类型：point，polyline，polygon<br>实体长度：系统内部自带<br>有效锌：依据土壤化学分析有效锌值耕地地力等级评价成果填写 | 长整型，9<br>文本型，10<br>长整型，10<br>双精度，5，2 |
| 耕层土壤有效钼等值线图 | 内部标识码：系统内部 ID 号<br>实体类型：point，polyline，polygon<br>实体长度：系统内部自带<br>有效钼：依据土壤化学分析有效钼值耕地地力等级评价成果填写 | 长整型，9<br>文本型，10<br>长整型，10<br>双精度，4，2 |
| 耕层土壤有效铜等值线图 | 内部标识码：系统内部 ID 号<br>实体类型：point，polyline，polygon<br>实体长度：系统内部自带<br>有效铜：依据土壤化学分析有效铜值耕地地力等级评价成果填写 | 长整型，9<br>文本型，10<br>长整型，10<br>双精度，5，2 |
| 耕层土壤有效硅等值线图 | 内部标识码：系统内部 ID 号<br>实体类型：point，polyline，polygon<br>实体长度：系统内部自带<br>有效硅：依据土壤化学分析有效硅值耕地地力等级评价成果填写 | 长整型，9<br>文本型，10<br>长整型，10<br>双精度，6，2 |
| 耕层土壤有效锰等值线图 | 内部标识码：系统内部 ID 号<br>实体类型：point，polyline，polygon<br>实体长度：系统内部自带<br>有效锰：依据土壤化学分析有效锰值耕地地力等级评价成果填写 | 长整型，9<br>文本型，10<br>长整型，10<br>双精度，5，1 |
| 耕层土壤有效铁等值线图 | 内部标识码：系统内部 ID 号<br>实体类型：point，polyline，polygon<br>实体长度：系统内部自带<br>有效铁：依据土壤化学分析有效铁值耕地地力等级评价成果填写 | 长整型，9<br>文本型，10<br>长整型，10<br>双精度，5，1 |

（续）

| 图名 | 属 性 数 据 结 构 | 字段类型 |
|---|---|---|
| 耕层土壤 pH 等值 线图 | 内部标识码：系统内部 ID 号<br>实体类型：point，polyline，polygon<br>实体长度：系统内部自带<br>pH：依据土壤化学分析 pH 耕地地力等级评价成果填写 | 长整型，9<br>文本型，10<br>长整型，10<br>双精度，4，1 |
| 耕层土壤 交换性钙 等值线图 | 内部标识码：系统内部 ID 号<br>实体类型：point，polyline，polygon<br>实体长度：系统内部自带<br>交换性钙：依据土壤化学分析交换性钙值耕地地力等级评价成果填写 | 长整型，9<br>文本型，10<br>长整型，10<br>双精度，6，1 |
| 耕层土壤 交换性镁 等值线图 | 内部标识码：系统内部 ID 号<br>实体类型：point，polyline，polygon<br>实体长度：系统内部自带<br>交换性镁：依据土壤化学分析交换性镁值耕地地力等级评价成果填写 | 长整型，9<br>文本型，10<br>长整型，10<br>双精度，5，1 |
| 耕层土壤 有效硫 等值线图 | 内部标识码：系统内部 ID 号<br>实体类型：point，polyline，polygon<br>实体长度：系统内部自带<br>有效硫：依据土壤化学分析有效硫值耕地地力等级评价成果填写 | 长整型，9<br>文本型，10<br>长整型，10<br>双精度，5，1 |
| 耕层土壤 水解性氮 等值线图 | 内部标识码：系统内部 ID 号<br>实体类型：point，polyline，polygon<br>实体长度：系统内部自带<br>水解性氮：依据土壤化学分析水解性氮值耕地地力等级评价成果填写 | 长整型，9<br>文本型，10<br>长整型，10<br>双精度，5，3 |
| 耕地地力 评价等级 图 | 内部标识码：系统内部 ID 号<br>实体类型：point，polyline，polygon<br>实体面积：系统内部自带<br>等级（县内）：120 | 长整型，9<br>文本型，10<br>双精度，19，2<br>文本型，2 |
| 耕层土壤 有效硼 等值线图 | 内部标识码：系统内部 ID 号<br>实体类型：point，polyline，polygon<br>实体长度：系统内部自带<br>有效硼：依据土壤化学分析有效硼值耕地地力等级评价成果填写 | 长整型，9<br>文本型，10<br>长整型，10<br>双精度，4，2 |

（续）

| 图名 | 属 性 数 据 结 构 | 字段类型 |
|---|---|---|
| 土壤全盐含量分布图 | 内部标识码：系统内部 ID 号<br>实体类型：point，polyline，polygon<br>实体长度：系统内部自带<br>全盐：依据土壤化学分析全盐值耕地地力等级评价成果填写 | 长整型，9<br>文本型，10<br>长整型，10<br>双精度，4，1 |
| 耕层土壤有效镁等值线图 | 内部标识码：系统内部 ID 号<br>实体类型：point，polyline，polygon<br>实体长度：系统内部自带<br>有效镁：依据土壤化学分析有效镁值耕地地力等级评价成果填写 | 长整型，9<br>文本型，10<br>长整型，10<br>长整型，2 |
| 耕层土壤有效钙等值线图 | 内部标识码：系统内部 ID 号<br>实体类型：point，polyline，polygon<br>实体长度：系统内部自带<br>有效钙：依据土壤化学分析有效钙值耕地地力等级评价成果填写 | 长整型，9<br>文本型，10<br>长整型，10<br>长整型，2 |

# 四、县域测土配方施肥专家系统

随着计算机技术的迅速发展，计算机信息管理系统已成增强管理水平、提高工作效率、转变工作模式和增大应用范围的一项重要工具。菏泽市软件协会利用计算机信息技术、GIS 技术和数据库技术开发了莒南、河东、兰山、罗庄、兰陵、平邑、郯城、沂水、沂南、蒙阴、费县、临沭等 12 个县区农作物测土配方施肥专家系统。系统集空间数据、外部数据集各类多媒体数据于一体，可完成数据的采集、编辑、存储、分析和输出等一整套功能。其空间数据支持矢量和栅格两种格式，其中矢量格式以 ARCView 的形文件（Shape）为基础；外部数据以 ACCESS 的 MDB 数据库格式为基础；多媒体数据以超文件数据为基础，支持文本文件（TXT）、图像文件（BMP、JPG 等）、视频文件（AVI、MPG）、音频文件（WAV、MIDI）、网页文件（HTML

等）。系统基于作物生产能力评价为每一个指导单元推荐目标产量，结合施肥知识库中的土壤特性、作物特性、肥料运筹等相关参数推荐适宜的系列肥料配方，并为每一个施肥指导单元推荐合理的施肥方案，为全面、高效地开展科学施肥指导工作提供了很好的技术平台。其主要特点有：①集 GIS 、数据库、专家系统、决策支持系统等技术于一体，功能覆盖面广；②集空间数据、属性数据的采集、管理和输出于一体，可独立实现图件数字化、编辑、坐标定义、专题制图、打印、数据库建立、统计分析和表格输出等功能；③支持多种方式的显示与查询功能，如全景显示、放大、缩小、漫游、全图层信息查询、结构化语言查询（SQL）、空间选取、数据集及图形导出等；④支持多种空间分析，如缓冲区分析、图形切割、叠加求交、叠加求并、合并小多边形、属性提取及以点代面等；⑤独立的"层次分析-模糊分析-累积曲线"评价体系，可用于多目的的综合评价。

## （一）利用施肥专家系统进行耕地生产能力评价

（1）施肥专家系统应用界面（图 8-1、图 8-2）。

图 8-1　施肥专家系统登录界面

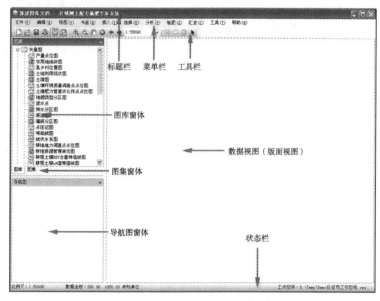

图 8-2　施肥专家系统应用界面

（2）加载耕地生产力评价单元图（图 8-3），并连接属性数据库。

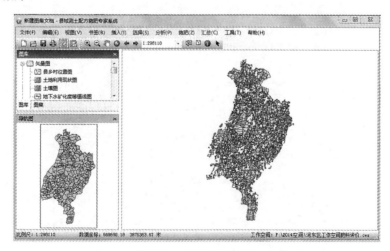

图 8-3　耕地生产力评价单元图加载界面

（3）选择目标产量法进行施肥推荐（图8-4）。

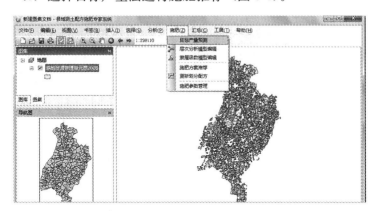

图 8-4　测土配方施肥系统-目标产量预测对话框

（4）编辑作物品种信息、施肥参数等。

①选择作物和品种（图8-5）。

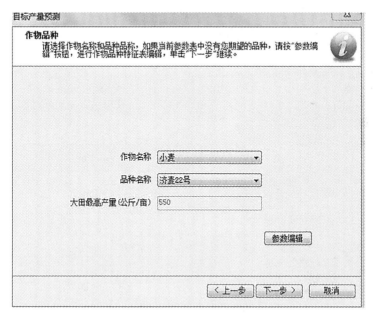

图 8-5　目标产量预测-作物品种选择对话框

②编辑作物品种特性及生育期信息（图 8-6）。

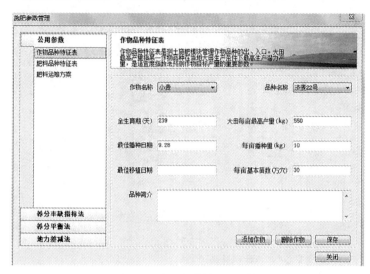

图 8-6　施肥参数管理对话框

③填写施肥运筹方案（图 8-7）。

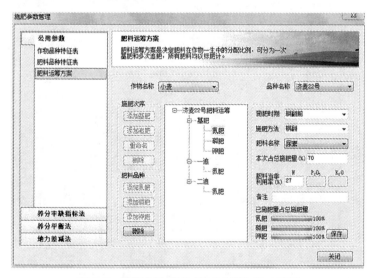

图 8-7　施肥参数管理-肥料运筹方案对话框

④磷钾肥用丰缺指标法，需分土壤质地填写作物丰缺指标（图 8-8）。

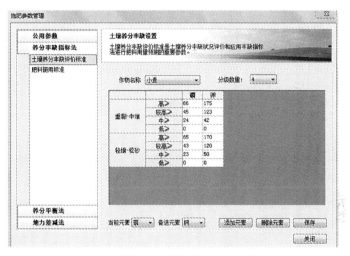

图 8-8　施肥参数管理-土壤养分丰缺评价标准对话框

⑤氮肥推荐使用地力差减法需填写每百千克产量养分吸收量及土地基础产量（图 8-9、图 8-10）。

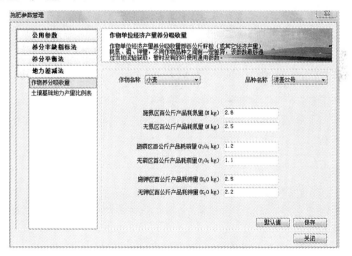

图 8-9　施肥参数管理-作物养分吸收量对话框

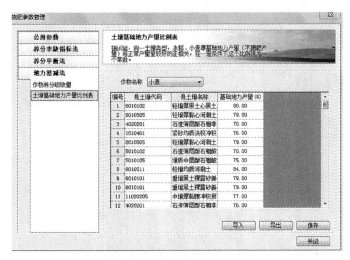

图 8-10　施肥参数管理-土壤基础地力产量比例表对话框

（5）编辑层次分析模型，拟合参评指标的隶属函数，进行作物生产能力评价（图 8-11）。

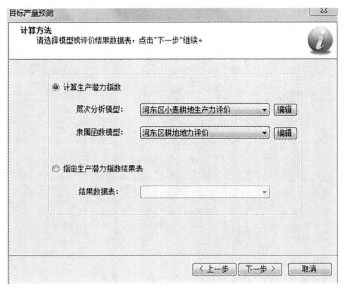

图 8-11　目标产量预测对话框

①利用施肥评价决策参评因素质地、有机质等构造矩阵（施肥决策研究）（图8-12）。

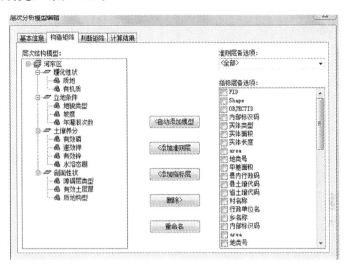

图8-12　层次分析模型编辑-构造矩阵对话框

②填写各参评因素的指标权重（图8-13）。

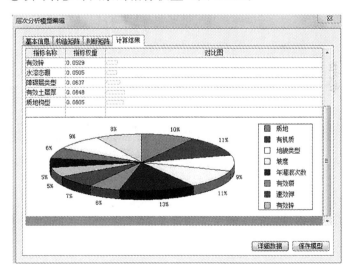

图8-13　层次分析模型编辑-计算结果对话框

③根据以上参评因素分值不同系统自动运算，形成作物生产能力评价图（图8-14）。

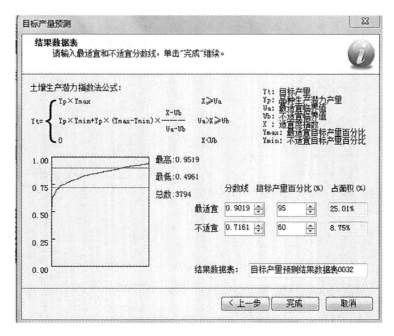

图8-14 目标产量预测对话框

（6）作物生产能力评价图（图8-15）。

## （二）利用施肥专家系统作物单元推荐施肥

（1）利用作物生产能力成果图，编辑填写作物和施肥运筹方案、基础地力产量表等内容（图8-16、图8-17）。

（2）氮肥利用地力差减法、磷钾利用丰缺指标法（图8-18、图8-19）。

（3）系统通过排列组合法合并形成5个配方，不同配方用不同颜色标识（图8-20）。

图 8-15 河东区小麦耕地生产力评价图

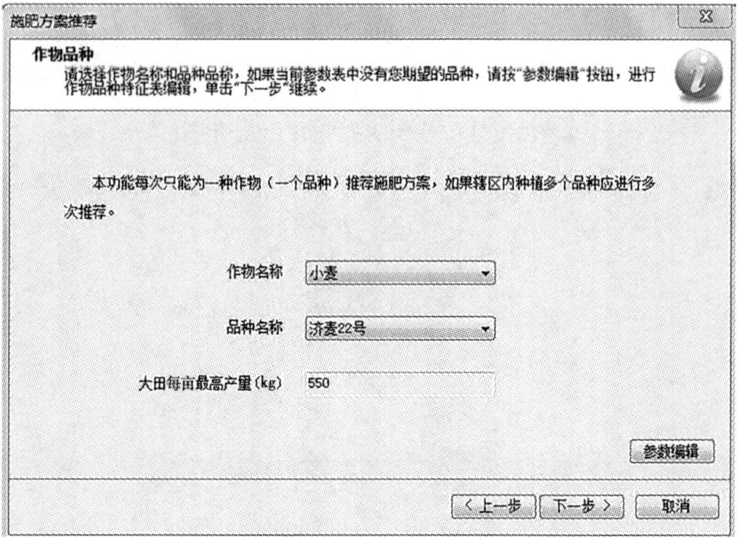

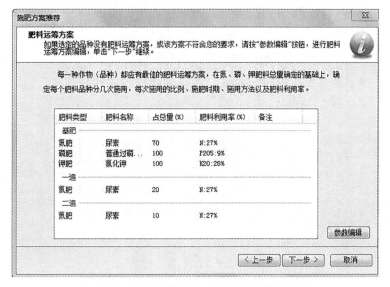

图 8-16  施肥方案推荐-作物品种对话框

图 8-17  施肥方案推荐-肥料运筹方案对话框

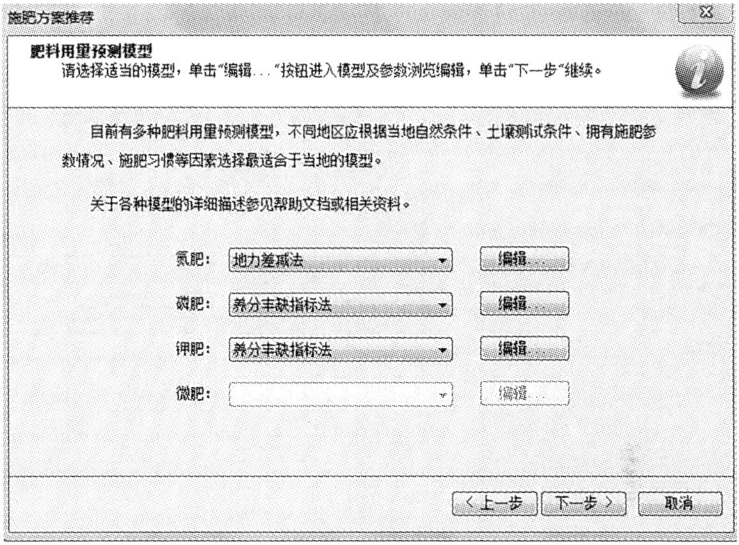

图 8-18　施肥方案推荐-肥料用量预测模型对话框

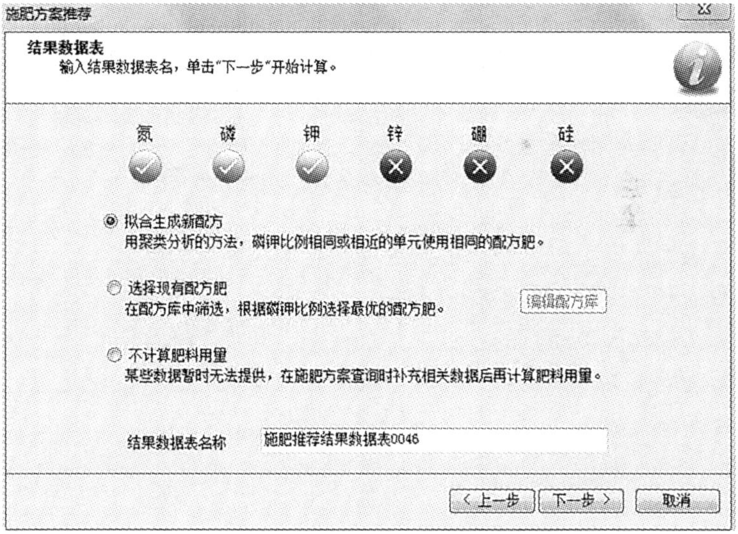

图 8-19　施肥方案推荐-结果数据表对话框

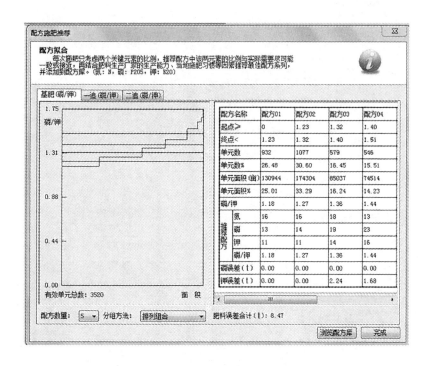

图 8-20　配方施肥推荐-配方拟合对话框

　　①根据以上成果图，可以合理整合形成区域大配方，用于配方肥的生产，直接供应到农户手中。

　　②针对分散经营的特点，通过点击不同施肥推荐图斑，可以显示其施肥推荐方案，农户可以根据需要选择单质肥料进行混配（图8-21 至图 8-25）。

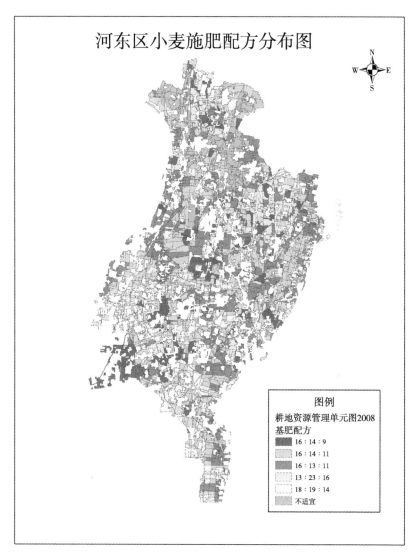

图 8-21　河东区小麦施肥配方图

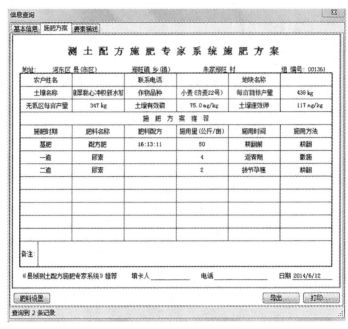

图 8-22 推荐施肥方案对话框

图 8-23 导出图层对话框

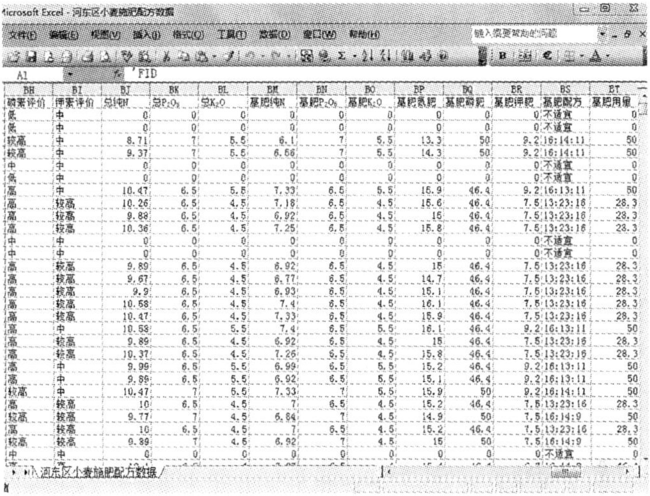

Microsoft Excel - 河东区小麦施肥配方数据

文件(F) 编辑(E) 视图(V) 插入(I) 格式(O) 工具(T) 数据(D) 窗口(W) 帮助(H)

| 数案评价 | 钾素评价 | 总钾 | 配P₂O₅ | 配K₂O | 基肥纯N | 基肥P₂O₅ | 基肥K₂O | 基肥氮肥 | 基肥磷肥 | 基肥钾肥 | 基肥配方 | 基肥用量 |
|---|---|---|---|---|---|---|---|---|---|---|---|---|
| 氮 | 中 | | 0 | 0 | 0 | 0 | 0 | 0 | 0 | 0 | 不适宜 | 0 |
| 氮 | 中 | | 0 | 0 | 0 | 0 | 0 | 0 | 0 | 0 | 不适宜 | 0 |
| 较高 | 中 | 8.71 | 7 | 5.5 | 6.1 | 7 | 5.5 | 13.3 | 50 | 9.2|16:14:11 | 50 |
| 较高 | 中 | 9.37 | 7 | 5.5 | 6.66 | 7 | 5.5 | 14.3 | 50 | 9.2|16:14:11 | 50 |
| 中 | 中 | | 0 | 0 | 0 | 0 | 0 | 0 | 0 | 0 | 不适宜 | 0 |
| 氮 | 中 | | 0 | 0 | 0 | 0 | 0 | 0 | 0 | 0 | 不适宜 | 0 |
| 高 | 中 | 10.47 | 6.5 | 5.5 | 7.33 | 6.5 | 5.5 | 16.9 | 46.4 | 9.2|16:13:11 | 50 |
| 高 | 较高 | 10.26 | 6.5 | 4.5 | 7.18 | 6.5 | 4.5 | 16.6 | 46.4 | 7.5|13:23:16 | 28.3 |
| 高 | 较高 | 9.88 | 6.5 | 4.5 | 6.92 | 6.5 | 4.5 | 16.4 | 46.4 | 7.5|13:23:16 | 28.3 |
| 高 | 较高 | 10.36 | 6.5 | 4.5 | 7.25 | 6.5 | 4.5 | 15.8 | 46.4 | 7.5|13:23:16 | 28.3 |
| 中 | 中 | | 0 | 0 | 0 | 0 | 0 | 0 | 0 | 0 | 不适宜 | 0 |
| 高 | 较高 | 9.89 | 6.5 | 4.5 | 6.92 | 6.5 | 4.5 | 15 | 46.4 | 7.5|13:23:16 | 28.3 |
| 高 | 较高 | 9.67 | 6.5 | 4.5 | 6.77 | 6.5 | 4.5 | 14.7 | 46.4 | 7.5|13:23:16 | 28.3 |
| 高 | 较高 | 9.9 | 6.5 | 4.5 | 6.93 | 6.5 | 4.5 | 16 | 46.4 | 7.5|13:23:16 | 28.3 |
| 高 | 较高 | 10.58 | 6.5 | 4.5 | 7.4 | 6.5 | 4.5 | 16.1 | 46.4 | 7.5|13:23:16 | 28.3 |
| 高 | 较高 | 10.47 | 6.5 | 4.5 | 7.33 | 6.5 | 4.5 | 15.9 | 46.4 | 7.5|13:23:16 | 28.3 |
| 高 | 中 | 10.58 | 6.5 | 5.5 | 7.4 | 6.5 | 5.5 | 16.1 | 46.4 | 9.2|16:13:11 | 50 |
| 高 | 较高 | 9.89 | 6.5 | 4.5 | 6.92 | 6.5 | 4.5 | 15 | 46.4 | 7.5|13:23:16 | 28.3 |
| 高 | 较高 | 19.37 | 6.5 | 4.5 | 7.26 | 6.5 | 4.5 | 15.8 | 46.4 | 7.5|13:23:15 | 28.3 |
| 高 | 中 | 9.99 | 6.5 | 5.5 | 6.99 | 6.5 | 5.5 | 15.2 | 46.4 | 9.2|16:13:11 | 50 |
| 高 | 中 | 9.88 | 6.5 | 5.5 | 6.92 | 6.5 | 5.5 | 15.1 | 46.4 | 9.2|16:13:11 | 50 |
| 较高 | 中 | 10.47 | 7 | 5.5 | 7.33 | 7 | 5.5 | 15.9 | 50 | 9.2|16:14:11 | 50 |
| 高 | 较高 | 10 | 6.5 | 4.5 | 7 | 6.5 | 4.5 | 15.3 | 46.4 | 7.5|13:23:16 | 28.3 |
| 较高 | 较高 | 9.77 | 7 | 4.5 | 6.84 | 7 | 4.5 | 14.9 | 50 | 7.5|16:14:9 | 28.3 |
| 高 | 较高 | 10 | 6.5 | 4.5 | 7 | 6.5 | 4.5 | 15 | 50 | 7.5|16:14:9 | 28.3 |
| 较高 | 较高 | 9.89 | 7 | 4.5 | 6.92 | 7 | 4.5 | 15 | 50 | 7.5|16:14:9 | 28.3 |
| 中 | 中 | | 0 | 0 | 0 | 0 | 0 | 0 | 0 | 0 | 不适宜 | 0 |

河东区小麦施肥配方数据

图 8-24 河东区小麦施肥配方数据对话框

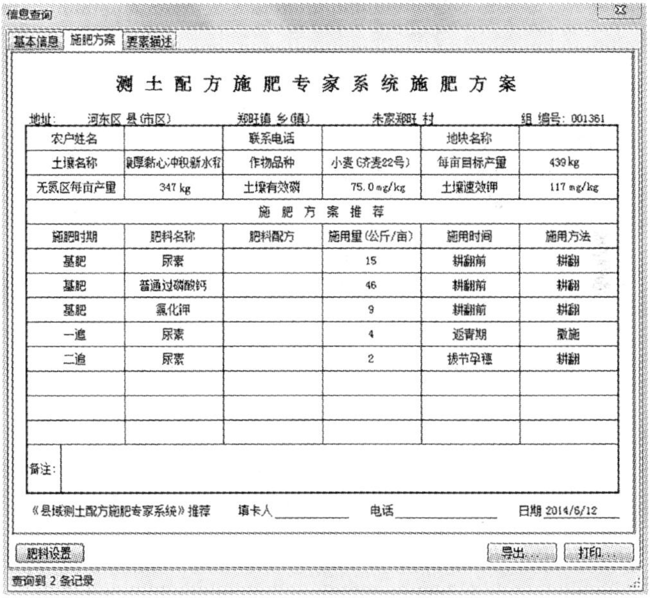

信息查询

基本信息 施肥方案 要素描述

### 测 土 配 方 施 肥 专 家 系 统 施 肥 方 案

地址： 河东区 县(市区) 郑旺镇 乡(镇) 朱家郑旺 村 组 编号：001361

| 农户姓名 | | 联系电话 | | 地块名称 | |
|---|---|---|---|---|---|
| 土壤名称 | 覆厚氰心冲积新水稻 | 作物品种 | 小麦 (济麦22号) | 每亩目标产量 | 439 kg |
| 无氮区每亩产量 | 347 kg | 土壤有效磷 | 75.0 mg/kg | 土壤速效钾 | 117 mg/kg |

施 肥 方 案 推 荐

| 施肥时期 | 肥料名称 | 肥料配方 | 施用量(公斤/亩) | 施用时间 | 施用方法 |
|---|---|---|---|---|---|
| 基肥 | 尿素 | | 15 | 耕翻前 | 耕翻 |
| 基肥 | 普通过磷酸钙 | | 46 | 耕翻前 | 耕翻 |
| 基肥 | 氯化钾 | | 9 | 耕翻前 | 耕翻 |
| 一追 | 尿素 | | 4 | 返青期 | 撒施 |
| 二追 | 尿素 | | 2 | 拔节孕穗 | 耕翻 |

备注：

《县域测土配方施肥专家系统》推荐 填卡人 _____ 电话 _____ 日期 2014/6/12

肥料设置 导出 打印

查询到 2 条记录

图 8-25 信息查询-施肥方案对话框

## (三) 专家系统推荐配方应用

### 1. 施肥信息上墙

根据施肥专家系统配方进行整合形成区域大配方，制作县区所有行政村的测土配方施肥技术施肥方案宣传栏，安装在行政村的村委周围，指导农户选购配方肥（图 8-26）。

图 8-26　测土配方施肥技术施肥方案宣传栏

### 2. 触摸屏一体机

将施肥专家系统的数据库导出，安装在各镇街农业服务大厅的触摸屏一体机上，可以实现方便快捷地测土数据查询和配方查询，指导农民进行农业种植。触摸屏查询版主要实现土壤测试数据查询、耕地生产能力评价、分散农户施肥推荐指导等业务。目前临沂市基本实现了镇街全覆盖（图 8-27、图 8-28）。

### 3. 网上查询

随着互联网技术的普及，很多农户在家就能上网，为了方便农户查询施肥信息，临沂市各县区开通了施肥信息网上查询功能。任何一台上网的计算机，都可以通过网页浏览器连接到农业农村局服务器，通过输入特定的条件查询作物施肥配方建议方案及耕地养分信息。

### 4. 测土配方施肥专家系统手机微信平台开发应用

随着智能手机的广泛使用，采用农民听得懂的语音、看得懂的

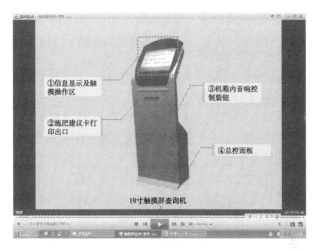

图 8-27　触摸屏—体机专家查询系统外观

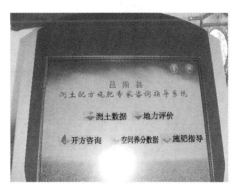

图 8-28　专家咨询系统界面

信息、收得到的方式，指导农民选肥、用肥，手机信息服务成为测土配方施肥项目信息服务方面的新方式新手段。在社会信息化日渐普及的今天，微信已经渗入我们生活中的各个角落。课题组依托菏泽软件协会，把县域测土配方施肥专家系统开发成专门针对手机查询的农作物施肥信息系统——微信平台版。截至目前，共有临沭、费县、兰陵、河东、平邑等项目县区开通了微信平台。任何一位拥有智能手机的用户都可以通过关注当地农业部门的微信公众号或通过扫描二维码来访问农作物施肥信息系统的掌上查询版。轻松实现对土壤测试数据、作物种植施肥建议方案的查询，还可通过此系统检索相关的作物种植施肥技术文档。

访问方式：

（1）关注微信公众账号。通过微信扫描公众账号二维码或直接在微信添加朋友里查询当地农业部门的公众账号名称。关注成功后，点开公众账号，在下方的菜单中找到测土配方施肥项目，点击进入。

（2）通过手机直接扫描二维码进入查询系统（图8-29）。

图8-29 费县测土配方施肥
查询系统

（3）手机登录网址，可以直接进入测土配方施肥查询系统，可以获得地块配方、区域配方、按数据计算配方和按地图查询配方。

# 附录 1  临沂市土壤改良技术

## 一、白浆化棕壤改良技术

白浆化棕壤是临沂市低产土壤之一，不同程度地影响着粮、棉、油等产业的发展。以农耕地为主要利用方式的滞水型白浆化棕壤土属有两个障碍层次，犁底层以下有一层粉沙含量高、养分贫乏且含大量铁锰结核的白浆层，厚度为 20～30 cm；其下为黏重、紧实、透水不良的黏土层。由于存在不利于作物生长发育的障碍层次，农作物产量水平低，适种范围窄。大量研究结果及改良利用经验证明，可以通过改良白浆化棕壤使土壤增产潜力充分发挥出来，使农作物产量有大幅度的提高。

### （一）白浆化棕壤概况

临沂市白浆化棕壤面积约 100 万亩，占棕壤面积的 8.11%，主要分布在莒南、临沭等县区的剥蚀缓丘上，在费县、兰陵、沂南等县区的山丘平缓地带也有零星分布。

临沂市白浆化棕壤有 1 个土属（滞水型白浆化棕壤）6 个土种，轻壤表浅位白浆化酸性岩残坡积白浆化棕壤面积最大。白浆化棕壤的成土母质主要为酸性岩残坡积物和残积洪积物，岩性多为黑云母钾长片麻岩、花岗片麻岩和花岗变粒岩等，质地上轻下黏，地形坡度一般小于 5°，由于地面微有倾斜，地表并不积水。较黏的底土为缓渗带，透水性差，所以雨季剖面上部容易滞水包浆，故又称包浆土。该类土壤季节性滞水，雨水下渗慢，土壤中的铁锰在还原状态下，由氧化态变成还原态，部分随水下渗淀积而流失，但有相当一部分还原态铁锰在土壤变干后重新被氧化，凝结成铁锰结核，这就使土壤白浆层形成铁锰结膜或铁锰结核，在长期的干湿交替下形成了养分贫瘠、粉沙含量高、胶结坚硬的白浆层；同时由于淋溶作用白浆层中的黏粒淋溶到其下层，形成了黏重、紧实、含黏粒的不透水淀积层。

## （二）白浆化棕壤低产的原因

白浆化棕壤低产的原因有很多，主要有以下几方面。

### 1. 植物营养元素总储量不高，速效养分含量较低

农耕地滞水型白浆化棕壤表层有机质平均含量为 9.6 g/kg，白浆层更低，有的仅为 2.0 g/kg 左右。此种土壤由于生物积累差，大量营养元素含量较低，并缺乏锌、钼、硼等微量元素。白浆化土壤养分含量见附表 1-1。

附表 1-1　白浆化土壤养分状况表

| 类别 | 有机质 (g/kg) | 全氮 (g/kg) | 有效磷 (mg/kg) | 速效钾 (mg/kg) | 有效硼 (mg/kg) | 有效钼 (mg/kg) | 有效锌 (mg/kg) | pH |
|------|------|------|------|------|------|------|------|------|
| 普通耕地 | 14.5 | 0.85 | 22.7 | 96 | 0.40 | 0.17 | 1.28 | 6.5 |
| 白浆化棕壤 | 9.6 | 0.62 | 11.3 | 63 | 0.36 | 0.11 | 0.66 | 6.2 |

### 2. 土壤透水性能差，雨季土体内排水不良，易涝

白浆化棕壤分布区降水量较高，且较集中，降水渗入透水性良好的表土层后，由于白浆层的滞水及白浆层下部难透水的黏化层的托水作用，致使上层土壤水分经常处于包浆状态，发生涝害，影响作物正常生长，造成减产。

### 3. 土壤蓄水作用差，黏土层毛管作用弱，易旱

白浆化棕壤虽然在雨季经常处于饱和状态，但水分只是停滞在难透水的黏土层以上，雨季过后，上层土壤水分强烈蒸发，黏土层毛管作用弱，加之白浆化棕壤区地下水位较深，下层土壤水及地下水难以补给上层土壤，白浆层失水后，坚硬而又无结构，根系难以伸展，致使旱象严重。

### 4. 土体构型不良造成不良的土壤水分物理性质

表土层-白浆层-黏土层这一土体构型在自然条件下是难以改变的，必须人为地因地制宜进行改良。

## (三) 白浆化土壤改良目标

白浆化土壤改良实现"涝能排、旱能灌、渠相通、灌排系统齐全"的目标，需要注意：①形成良好的灌排系统。②活土层厚，土体构造好，彻底打破障碍层次，土体的构造最好是上松下紧，即活土层要松，心土层要紧；活土层要在 20～25 cm，固、气、液三相比例适当；活土层疏松多孔，有利于热、水、气、肥的调节，形成根系生长的理想环境，保证作物生长好，根深叶茂，产量高。③进行提高耕地综合生产能力的基本建设，清除或减轻制约产量的土壤障碍因素，提高耕地基础地力等级，改善农业生产条件。

## (四) 白浆化棕壤改良利用配套措施

### 1. 浅沟排水，及时排除土壤上层滞水

白浆化棕壤应当采取措施，及时解决雨后土壤上层滞水即包浆或解涝问题。为此，可在田间开挖临时排水浅沟，这种浅沟既可以加速排除地表径流，又可以加速排除土壤上层滞水。临时排水浅沟应横坡开挖，沟的深度以挖透白浆层为宜，以便提高排水效率。这些临时排水浅沟应与排水通畅的支沟相连。

### 2. 引水灌溉，消除白浆化棕壤的干旱问题

土壤越干旱，其物理性质会越恶劣。因此引水灌溉，除了解决作物的需水要求外，还能起到调节土壤水分等物理性质的作用。

### 3. 增施有机肥料，大力推广秸秆还田技术

白浆化棕壤低产的重要原因为土壤有效养分低，养分之间的比例不协调，土壤有机质含量低，所以增肥是关键，增肥主要是指增施有机肥料。白浆化棕壤施用有机肥料比其他土壤增产幅度大，这是因为有机肥料的增产作用一方面是补充作物的养料，另一方面是改良土壤的物理性质，不断提高土壤肥力。增施有机肥料，关键是

解决有机肥料的来源问题。就目前的情况来看，种植绿肥是开辟有机肥料来源的重要途径。据外地经验，可以种植夏绿肥掩青，作为小麦的基肥。种植绿肥，在品种及间、套种方式上也应因地制宜，可先小面积试验，再大面积推广。

推广秸秆还田技术，实行小麦高留茬等措施，对提升土壤有机质和土壤养分含量，改良土壤结构，提高土壤保肥保水能力具有重要作用。费县胡阳镇的试验证明，于夏季的7～8月实行农田盖草或小麦高留茬，亩盖草量为150～200 kg，每年可提高土壤有机质3 g/kg，土壤全氮、有效磷、速效钾等养分也有所提高，并可提高除草剂药膜的保护作用，能减少90％以上的杂草。

### 4. 测土配方施肥，是改良白浆化棕壤的有效措施

在施用有机肥料的基础上，科学合理测土配方施肥和适当补施化肥，是及时补充作物生长期间所需养分、提高作物产量的有效措施。白浆化棕壤各层养分含量均较低，有试验结果表明，白浆化棕壤单施磷肥，对大豆、花生、地瓜的增产效果均较显著；土壤水分充足时，氮肥效果显著，土壤水分较少时，磷肥效果超过氮肥，土温升高，土壤水分适宜时，磷肥的有效性增加，肥效更加显著。因此解决白浆化棕壤的灌排条件，调节土壤水热状况，是提高氮、磷肥效的重要环节。试验结果还表明，白浆化棕壤开垦初期施用磷肥增产效果明显，而几年后，氮肥的肥效显著，而氮、磷、钾配合施用效果较好。

近几年，临沂市围绕白浆化棕壤改良综合措施中的测土配方施肥，在小麦、玉米、花生上做了大量科学试验，获得了大量施肥指标和参数，取得了显著效果，为白浆化棕壤创高产打下了坚实基础。根据费县胡阳镇努力庄村和四九庄村近几年的测土配方施肥试验结果，在小麦上，亩施氮、磷、钾分别为12 kg、8 kg、6 kg，亩产达到510 kg，施肥最佳比例为1∶0.66∶0.5；在玉米上，亩施氮、磷、钾分别为15 kg、5 kg、7.5 kg，亩产达到550 kg，施肥最佳比例为1∶0.33∶0.5；在花生上，亩施氮、磷、钾分别为10 kg、8 kg、10 kg，亩产达到460 kg，施肥最佳比例为1∶0.8∶1，

花生的植株高度、根长、根重和出仁率都较习惯施肥有显著增长，可见科学施肥还起到了重要的增产作用。

在微量元素方面，初步查明白浆化棕壤缺钼、锌、硼，在花生上施用钼肥和硼肥，能显著增加根瘤菌数量，使根瘤增大，显著增加了产量。7个花生试验结果表明，每千克种子施用钼酸铵 3 g，增产幅度为 4.3%～20.8%，平均增产 11%，每亩增产荚果 15.5 kg，亩施用硫酸锌 2 kg，增产率为 5%～7.8%；亩施用硼砂 1 kg，增产率为7%～11.3%。

### 5. 深耕、翻改土，逐渐加深耕层，消除障碍层次，改变不良的土体结构

白浆化棕壤上沙、中白浆、下黏的土体构型，是造成不良的农业生产特性的主要条件。只有人为地耕、翻改土，才能逐渐改变这种不良的土体构型。耕主要是指逐渐加深耕层；翻主要是指在耕层以下进行深松土壤，沙黏渗混，改变原来土壤层位，抽掉障碍层等，耕、翻最好结合施用有机肥料进行，这样可以逐渐加深活土层，改良土壤结构，改善心土层的通透性，提高土壤蓄水保肥及抗旱抗涝能力。据费县胡阳镇反映，深翻不能将白浆层直接翻到地表，否则将造成连续几年的减产。

### 6. 客土改良

白浆化棕壤表层偏沙，白浆层板结，下层黏重。在有条件的地方可以结合耕翻土地，掺入一些改变土壤质地的壤土、细沙、炉灰渣及岩石的风化物，以改良土壤的物理性质、提高表层亚表层土壤的代换能力。近几年来，费县胡阳镇四九庄村将挖塘蓄水挖出的花岗片麻岩风化物压在地里，第二年种的春地瓜及秋后种的小麦长势很好，比不压的增产显著。

### 7. 种稻改良技术

农耕地白浆化棕壤分布地区，一般地下水位较深，水源缺乏。由于白浆化棕壤特殊的土壤结构特点，形成了此类土壤的水运动及水循环的独有特点，加之水资源缺乏，是造成农作物产量过低的重要原因。应结合兴修水利，提高农田的灌溉能力，实行

种植结构调整，特别是引种水稻，实行旱改水。过去也有引种水稻提高产量的事例，所以推广水稻种植是合理利用白浆化棕壤的重要途径。

# 二、耕地土壤酸化改良技术

随着社会的发展和人口的增长，人口、资源、环境之间矛盾的日益尖锐，土壤退化直接威胁着人类生存和农业生产的发展。从农业生产角度来看，土壤退化就是植物生长条件的恶化和土壤生产力的下降，其中土壤酸化给生态农业和农业增效带来的损害越来越明显，因此加强对酸化土壤的改良利用，对进一步提高耕地质量和地力，实现农作物稳产高产，保证粮食安全都重要作用。目前临沂市土壤 pH<5.5 的耕地有 269.25 万亩，pH<4.5 的耕地有 5.25 万亩，耕地尤其是花生田、设施蔬菜地栽培土壤酸化问题日趋严重。

## （一）耕地土壤酸化的主要原因

酸化是土壤风化成土的重要方面。自然条件下的土壤酸化通常是非常缓慢的过程，而且自然界本身可以通过自身的物质能量循环和缓冲能力不断对酸化过程进行调节。土壤酸化主要受环境因素、植物自身因素和人为因素的影响。

### 1. 环境因素

当土壤处于高温高湿的环境时，土壤中的有机物会产生厌氧发酵，会加重土壤的酸化。当土壤板结时，土壤中的微生物会把土壤中的硫转化为硫酸，将土壤中的氯转化为盐酸，增加土壤的酸性。当土壤有机质含量较低时，土壤的缓冲能力就会下降，无法有效地涵养和稀释各种酸性离子，无形中会加重酸化。

### 2. 植物自身因素

①植物在吸收营养的过程中，根系会分泌酸性物质，植物根系分泌的有机酸主要包括甲酸、乙酸、乳酸、苹果酸、琥珀酸、酒石

酸、柠檬酸、草酸、麦根酸、番石榴酸等，尤其是在多种环境胁迫条件下，植物会通过多分泌有机酸的方式来获取更多的营养，可以加重土壤的酸化程度。②根细胞吸收土壤溶液中各种矿质元素离子的过程，与根细胞的呼吸作用有密切的关系。根细胞通过呼吸作用产生二氧化碳，二氧化碳溶于水中，产生碳酸，可以加重土壤的酸化。③植物根系吸收氢离子会排放出等量的氢离子，氢离子的大量积累会导致土壤酸化程度加重。④豆科植物固定空气中的氮，把它转化成氨，植物吸收铵离子，排出氢离子。

### 3. 人为因素

①在农业生产过程中，大量使用未腐熟发酵的粪肥，这些粪肥进入土壤中会继续发酵，产生大量的有机酸，加重土壤的酸化。②生产中注重氮、磷、钾肥的施用，而忽视钙、镁等碱性肥料的施用，造成土壤酸化。③大量施用生理酸性肥料，肥料残留的酸根长期大量地积累在土壤中，导致土壤酸化加剧。

总体来看，土壤酸化的原因较多，主要原因还是大量地施用化肥。土壤一旦酸化对作物的产量和品质将产生较大影响。

## （二）耕地土壤酸化改良目标及控制措施

根据临沂市土壤酸碱度实际情况，对于中性及弱酸性土壤，维持其不酸化，对于酸性土壤，通过一定措施逐渐降低其酸化程度，使其逐渐向弱酸性及中性方向发展，以不断提高耕地生产潜力。具体采取以下综合措施。

### 1. 增施生物有机肥

生物有机肥可以降低碳氮比，碳氮比过大，微生物的分解速率慢，且要消耗土壤中的有效态氮素。同时可以抑制植物的病原菌，改善土壤的微生物环境和物理结构，提高植物的自身免疫力，提高作物的品质和耐储运性。临沂市积极开展新型生物有机肥试验示范工作。2012—2014 年，在临沭县店头镇东八里村连续 3 年安排了花生田复合微生物有机肥试验。结果显示，与当地农民常规施肥处理相比，施用复合微生物肥料提高了土壤 pH，并提高了花生产

量。施用复合微生物肥料 75 kg，增产效果最好，增产率达到
12.0%。具体见附图 1-1 和附表 1-2。

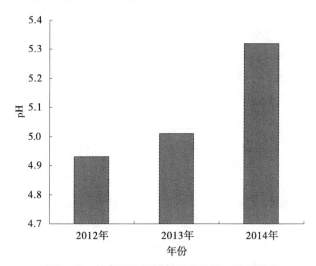

附图 1-1　复合微生物肥料对花生田 pH 的影响

**附表 1-2　复合微生物肥料对花生产量的影响**

| 试验地点 | 处理 | 每亩产量（kg） | | | | 与对照相比 | |
| --- | --- | --- | --- | --- | --- | --- | --- |
| | | I | II | III | 平均 | 增产量（kg） | 增产率（%） |
| 临沭县店头镇东八里村 | ①常规施肥（CK） | 330.1 | 389.5 | 355.0 | 358.2 | — | — |
| | ②复合微生物肥料 75 kg | 369.4 | 410.3 | 424.2 | 401.3 | 43.1 | 12.0 |
| | ③复合微生物肥料 50 kg | 362.5 | 350.0 | 393.0 | 368.5 | 10.3 | 2.9 |

### 2. 加大推广测土配方施肥技术力度

大面积推广测土配方施肥等科学合理的平衡施肥技术，协调
氮、磷、钾施肥比例，科学施用中微量元素肥料，实行有机肥与
无机肥、大量元素与微量元素相配合，大力推广有机-无机复合
肥，使养分协调，抑制土壤酸化。兰山区李官镇和河东区郑旺镇
两个试验点的结果显示，大棚番茄应用测土配方施肥技术明显提

高了产量，增产率最高达到 8.45％，平衡施肥降低了大棚土壤养分的累积，也就减缓了土壤的次生盐渍化和酸化。具体见附表 1-3 和附表 1-4。

附表 1-3　平衡施肥对番茄产量的影响

| 试验点 | 处理 | 每亩产量 (kg) | 每亩增产量 (kg) | 增产率 (％) |
|---|---|---|---|---|
| 兰山区李官镇 | 平衡施肥 | 6 203.1 | 366.80 | 6.30 |
| | 习惯施肥 | 5 836.3 | 0.76 | — |
| 河东区郑旺镇 | 平衡施肥 | 6 093.7 | 475.30 | 8.45 |
| | 习惯施肥 | 5 618.4 | 0.82 | — |

附表 1-4　番茄收获前后土壤养分含量情况

| 试验点及处理 | | 种植前 | | | 收获后 | | |
|---|---|---|---|---|---|---|---|
| | | 碱解氮 (mg/kg) | 有效磷 (mg/kg) | 速效钾 (mg/kg) | 碱解氮 (mg/kg) | 有效磷 (mg/kg) | 速效钾 (mg/kg) |
| 兰山区 李官镇 | 平衡施肥 | 146.5 | 115.2 | 66.2 | 143.8 | 124.85 | 70.8 |
| | 习惯施肥 | 146.5 | 115.2 | 66.2 | 150.2 | 148.25 | 68.5 |
| 河东区 郑旺镇 | 平衡施肥 | 124.8 | 125.6 | 79.8 | 126.1 | 134.60 | 72.6 |
| | 习惯施肥 | 124.8 | 125.6 | 79.8 | 126.3 | 152.30 | 69.7 |

### 3. 适量施用石灰和碱性肥料

石灰及其他含钙的碱性物质，如钙镁磷肥、草木灰等，不仅可以中和土壤酸性，还可以补充土壤中的钙。合理地施用草木灰、钙镁磷肥等碱性肥料，减少含氯化肥、过磷酸钙等酸性肥料的施用，可以中和酸性，抑制土壤向酸化方向发展。对于微酸性（pH6.0～6.5）土壤，可每公顷施石灰 300～450 kg，对于酸性土壤（pH5.5～5.9），可亩施 750 kg 石灰中和酸性，可有效提高土壤 pH，对改良土壤酸性具有较好的效果。课题组在沂南县苏村横沟崖村和湖头镇沟头村大棚西瓜安排 2 处试验，结果显示，每公顷施用生石灰 450 kg 和 900 kg，西瓜增产 3 215.15 kg 和 2 742.10 kg，增产 6.85％和 5.91％。从提高土壤 pH 改良土壤和提高西瓜产量两方面分析，大棚西瓜适宜的生石灰施用量应以450～900 kg/hm² 为宜（附表 1-5）。

附表 1-5　生石灰不同处理对 pH 的影响

| 试验地点 | 处理 | | pH | |
| --- | --- | --- | --- | --- |
| | 编号 | 生石灰量（kg/hm²） | 施用前 | 收获时 |
| 湖头镇沟头村 | 1 | 0 | 6.1 | 6.1 |
| | 2 | 450 | 6.1 | 6.5 |
| | 3 | 900 | 6.1 | 6.7 |
| | 4 | 1 350 | 6.1 | 6.9 |
| | 5 | 1 800 | 6.1 | 7.0 |
| 苏村镇横沟崖村 | 1 | 0 | 5.8 | 5.7 |
| | 2 | 450 | 5.8 | 6.1 |
| | 3 | 900 | 5.8 | 6.4 |
| | 4 | 1 350 | 5.8 | 6.8 |
| | 5 | 1 800 | 5.8 | 6.8 |

### 4. 大力推广施用土壤调理剂

施用微生物肥料，可以减少化肥用量，逐步消除土壤障碍和改善土壤酸碱状况。此外，施用含钙的土壤调理剂如"神六 54"对缓解土壤酸化和补充钙镁等养分，进而提高农作物产量也有一定的作用。课题组在沂南蒲汪镇开展花生试验。结果显示，"神六 54"有一定的降低土壤酸性的功效，是改良土壤酸化的一项辅助措施。施用"神六 54" 375 kg/hm² 和 750 kg/hm²，荚果增产 811.50 kg/hm² 和 918.00 kg/hm²，增产 20% 左右（附表 1-6、附表 1-7）。

附表 1-6　土壤调理剂不同处理对 pH 的影响

| 试验地点 | 编号 | 调节剂用量（kg/ hm²） | pH | |
| --- | --- | --- | --- | --- |
| | | | 施用前 | 收获时 |
| 蒲汪镇陡沟村 | 1 | 0 | 5.78 | 5.72 |

（续）

| 试验地点 | 编号 | 调节剂用量<br>（kg/ hm²） | pH 施用前 | pH 收获时 |
|---|---|---|---|---|
| 蒲汪镇陡沟村 | 2 | 375 | 5.78 | 5.91 |
| | 3 | 750 | 5.78 | 5.96 |
| | 4 | 1 125 | 5.78 | 5.86 |
| | 5 | 1 500 | 5.78 | 5.90 |

附表 1-7　施用"神六 54"对花生产量的影响

| 处理用量<br>（kg/hm²） | 产量<br>（kg/hm²） | 增减产<br>（kg/hm²） | 增产率<br>（%） |
|---|---|---|---|
| 0 | 4 401.00 | — | — |
| 375 | 5 212.50 | 811.50 | 18.44 |
| 750 | 5 305.50 | 904.50 | 20.55 |
| 1 125 | 5 319.00 | 918.00 | 20.86 |
| 1 500 | 5 286.00 | 885.00 | 20.11 |

### 5. 科学选择肥料品种

将普通过磷酸钙等酸性肥料改为钙镁磷肥等碱性肥料。钾元素的补充要提倡通过使用草木灰等有机肥料。推广控释肥料，提高肥料利用率。控释肥料具有一次性施肥、养分配比针对性强的特点，能够根据作物生长需要控制养分释放，能减少肥料用量，提高肥效，增加产量，提高作物品质。

### 6. 推广水肥一体化技术

水肥一体化技术是以水为载体，通过低压管道系统，在灌溉的同时进行施肥，实现了水分和养分的供应与作物生长需要的一致，具有用肥用水少、降低棚内湿度、减少病虫害等显著优点，且省工、高产、优质。山东省多年多点试验示范结果显示，实施水肥一体化技术氮肥利用率提高 20%，对减轻盐分积累、缓解土壤酸化具有显著作用。

# 三、果园轻简化田间堆肥技术

## （一）轻简化堆肥实施的意义和技术简介

果园化肥用量大，养分利用率低，化肥面源污染严重，土壤缺乏有机质，土壤板结、酸化。

近几年来，人们从果品数量的要求转到了果品质量的要求，果品急需进行转型升级，但我国果品质量普遍不高，满足不了市场对高端果品的需求。有机肥的大量应用能够显著提高果品品质，但是市场上有机肥价格高，果农用的有机肥很少，满足不了生产高端果品需要的有机肥量。

果农自己原来所谓的堆肥一般指自然堆放或者盖塑料薄膜堆放，满足不了堆肥微生物所需要的氧气和营养条件，所以一般没有效果。

现代堆肥利用好氧微生物对有机废弃物进行高温发酵，杀灭病原菌、杂草种子、虫卵，产生大量的有益菌群，能够生产出高端生物有机肥产品。但是现代堆肥基本是有机肥厂生产有机肥的技术工艺，投资大，设备复杂。

轻简化堆肥是和工厂化堆肥相比较而言的，一是设备轻简化，用一些简单的设备甚至不用设备，二是技术简单化，一看就懂，一学就会。每吨自制堆肥大约比购买商用有机肥节约 500～1 000 元，如果堆肥效果好，质量不低于市场上的优质有机肥。

## （二）工艺简介

### 1. 场地准备

在园区内选择一块空地作为堆肥用地，每 100 亩果园堆肥用地为 1.5 亩。进行场地硬化。

### 2. 设备购置

需要的设备有：粉碎机、搅拌机、装载机等，如果量小，翻堆等可以用铁锨等工具。

### 3. 轻简化堆肥应该注意的细节问题

（1）调节碳氮比为（25～35）：1。畜禽粪便的碳氮比较低，果木枝条的碳氮比高，可以相互配比进行调节。

（2）调节材料的含水量（如果是透气性强的材料，含水量可以高一些，为 60% 左右，如果是透气性差的材料，含水量低一些，为 50%～60%）。畜禽粪便一般含水量大，果木枝条或者秸秆含水量低，可以混配施用。

（3）加入菌剂：菌剂为复合好氧菌剂，加入量一般为 0.3% 左右。

（4）保证疏松通气：该工艺所需菌剂为复合菌剂，属于好氧菌群，所以必须提供好氧条件。一般秸秆和果木枝条可以起到疏松透气的作用。

（5）果木枝条和秸秆需要粉碎，筛孔 1～1.5 cm 效果较好。

### 4. 堆肥过程管理

温度达到 60～70 ℃，利用装载机翻堆或人工翻堆，以达到增加氧气、内外混匀的目的，如果这时候含水量低，还需补充水分。

一般堆 20～30 d，当堆体温度降到 50 ℃以下、果木枝条颜色变成黑褐色时，可以施用。

## （三）废弃物堆肥施用

### 1. 时间

废弃物堆肥深层施用以 9—11 月施用为最佳，初冬和早春也可以进行施肥，不同的果树类型有差异，晚熟果树在采果后进行施肥。

### 2. 废弃物堆肥施用位置与方法

#### （1）大果树施用位置与挖穴方法

在每棵果树树冠滴水区的外缘向树干处并与外缘平行（横向），挖长 80～100 cm、宽 40～60 cm、深 40～60 cm 的穴 3 个，方向按照统一方向（为第二年挖穴标记方位），第二年可以在 3 个穴之间的位置挖（不与去年位置重复）。第三年可以改为纵向挖穴，但也要靠近树的外缘挖，目的是在细根分布区挖穴。如果内堂挂果较少，要靠近内部挖穴，目的是为了让细根内引，促进内堂挂果。

**（2）宽行密植果园施用位置与开沟方法**

在果树树冠滴水区的外缘向里平行于树行挖沟，开沟宽度为 40~60 cm，开沟深度为 40 cm。利用开沟机挖沟或者人工挖沟。

**（3）废弃物堆肥与土壤和肥料混合方法**

将土壤和堆肥 2：1 混合，填入穴中即可。在基质和土壤混合的时候，也可以掺入一定量的控释肥，或者复合肥，或者全营养配方肥。掺混均匀后填入穴内或者施入沟内，上边覆土即可。

## （四）注意有机肥和化肥配合施用

堆肥化有机肥产品不含病原菌、杂草种子、虫卵，而且堆肥产品中含有大量有益微生物，抑制土传病虫害，还可以改善土壤理化性状，促进土壤团粒结构形成的，疏松透气，保水保肥，营养全面，提高作物品质。但是堆肥养分含量低，释放慢，最好是有机肥和化肥配合施用，最好是通过测土配方施用肥料，缺什么补什么。

# 附录 2　临沂市主要农作物施肥指标体系

## 一、施肥指标体系建设

近年来，随着生产条件、耕作制度、种植模式的变化，农民施肥品种和施肥方式、作物的产量水平、栽培模式和土壤肥力水平也发生了较大变化，施肥参数和施肥指标已不能适应目前生产的需要。自 2011 年以来，临沂市在对全市土壤进行采样测试分析的基础上，对不同土壤类型、作物和种植模式，通过田间试验示范，建立了小麦、玉米等作物的肥料效应方程、计算出单位经济产量养分吸收量、土壤养分校正系数、肥料利用率等参数，建立了小麦、玉米等主要作物的推荐施肥指标体系，为因地制宜地开展科学施肥提供依据。

### （一）田间试验方案

田间试验是建立指标体系的基础工作，也是测土配方施肥补贴项目的一项重要内容。为研究丰缺指标、适宜施肥量等有关施肥参数，建立主要作物的施肥指标体系，我们借鉴农业部（现农业农村部）技术规范推荐的"3414"方案设计，再增加一个习惯施肥处理，共 15 个处理，即"3415"方案，见附表 2-1。

附表 2-1　"3414"试验方案完全实施处理

| 处理编号 | 处理 | 氮 | 磷 | 钾 |
|---|---|---|---|---|
| 1 | $N_0P_0K_0$ | 0 | 0 | 0 |
| 2 | $N_0P_2K_2$ | 0 | 2 | 2 |

（续）

| 处理编号 | 处理 | 氮 | 磷 | 钾 |
|---|---|---|---|---|
| 3 | $N_1P_2K_2$ | 1 | 2 | 2 |
| 4 | $N_2P_0K_2$ | 2 | 0 | 2 |
| 5 | $N_2P_1K_2$ | 2 | 1 | 2 |
| 6 | $N_2P_2K_2$ | 2 | 2 | 2 |
| 7 | $N_2P_3K_2$ | 2 | 3 | 2 |
| 8 | $N_2P_2K_0$ | 2 | 2 | 0 |
| 9 | $N_2P_2K_1$ | 2 | 2 | 1 |
| 10 | $N_2P_2K_3$ | 2 | 2 | 3 |
| 11 | $N_3P_2K_2$ | 3 | 2 | 2 |
| 12 | $N_1P_1K_2$ | 1 | 1 | 2 |
| 13 | $N_1P_2K_1$ | 1 | 2 | 1 |
| 14 | $N_2P_1K_1$ | 2 | 1 | 1 |
| 15 | 习惯施肥 | 习惯用量 | 习惯用量 | 习惯用量 |

注：推荐氮磷钾 2 水平用量，小麦为 N：$P_2O_5$：$K_2O=$（12～15）：8：（6～8）；玉米为 N：$P_2O_5$：$K_2O=$（14～16）：（4～6）：（6～10）；花生为 N：$P_2O_5$：$K_2O=$（15～6）：6：（6～12）；大蒜为 N：$P_2O_5$：$K_2O=$（14～16）：（4～6）：（6～10）。方案中，0 水平指不施肥，2 水平指预估当地适宜施肥量，1 水平＝2 水平×0.5，3 水平＝2 水平×1.5（该水平为过量施肥水平）；小区面积：大田作物为 20～30 $m^2$，蔬菜作物为 30 $m^2$。

"3414" 方案设计吸收了回归最优设计处理少、效率高的优点，是国际上通常采用的多因素研究方案。在本项目中，该方案包括氮、磷、钾 3 个因素，每个因素 4 个水平，经优化组合，形成 14 个处理，即附表 2-1 中的处理 1～处理 14。

## （二）施肥指标体系的建立方法

### 1. 土壤氮、磷、钾养分丰缺指标的建立方法

根据 "3415" 完全实施试验和部分实施试验的作物产量和基础

土壤养分测试值的数学关系建立土壤养分丰缺指标体系。首先，根据缺素区作物产量与平衡施肥区的作物产量的比值计算相对产量。计算公式如下：

缺氮的相对产量＝处理 2（$N_0P_2K_2$）产量 /处理 6（$N_2P_2K_2$）
产量×100％

缺磷的相对产量＝处理 4（$N_2P_0K_2$）产量 /处理 6（$N_2P_2K_2$）
产量×100％

缺钾的相对产量＝处理 8（$N_2P_2K_0$）产量 /处理 6（$N_2P_2K_2$）
产量×100％

凡是具有计算（缺磷区）相对产量（以磷为例）的两个处理（$N_2P_0K_2$ 和 $N_2P_2K_2$）的试验点，都作为计算土壤养分（磷）有效试验点，将相对产量与基础土壤养分组成一组数对。将所有的相对产量与基础土壤养分数对在 Excel 表中作散点图，通过 Excel 软件的添加趋势线功能，建立相对产量与土壤养分测试值的数学关系，通常利用对数模型建立。再利用数学模型和相对产量标准，建立土壤养分丰缺指标（附图 2-1）。传统以相对产量 50％、75％、85％和 95％为标准划分，但经对现有试验数据进行综合分析可以看出，相对产量 50％以下的点很少，低于 75％的点也不足 35％。鉴于当前的实际情况和土壤养分含量的分布状况，将丰缺指标划分为四级：相对产量小于 75％对应的养分为低，75％和 90％之间对应的养分为中等，90％和 95％之间对应的养分为较丰富，大于 95％对应的养分为丰富（附表 2-2）。

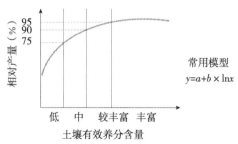

附图 2-1 土壤养分丰缺指标划分示意图

附表 2-2　土壤养分的分级评价标准

| 分级标准 | 相对产量（%） | | | |
|---|---|---|---|---|
| | ≤75 | 75～90 | 90～95 | ＞95 |
| 评价 | 低 | 中 | 较高 | 高 |

### 2. 适宜施肥量分析

#### （1）单一试验点的适宜施肥量分析

"3415"完全试验既可进行三元二次回归，也可选择部分处理分别进行二元二次回归和一元二次回归，再利用回归方程计算最大、最佳施肥量。但根据有关文献，对于同一点的数据，即使都回归显著，但最佳施肥量计算结果存在差异，元数越高，计算结果也越高。尚没有有效手段判断哪个结果更加合理，同时考虑多元回归成功率低，采用一元分析方法来计算或推断适宜施肥量。步骤如下：

步骤 1：选择试验中某一元素不同用量的 4 个处理的产量（其他两元素都在二水平，如磷的 4 个水平处理 $N_2P_0K_2$、$N_2P_1K_2$、$N_2P_2K_2$、$N_2P_3K_2$），建立施肥量与产量数对。

步骤 2：通过散点图观察产量随施肥量的变化，如无规律，则暂时按该点不需施肥处理。

步骤 3：简单计算不同处理产量的差异。如不超过 5%，则视为该点不需施肥，最佳施肥量为零。如施肥处理与不施肥处理产量的差异超过 5%，但施肥处理间产量差异不超过 5%，则最佳施肥量为最低设计施肥水平。

步骤 4：如产量变化有规律，则进行一元回归分析。

回归方法：一是 Excel 中散点图添加趋势线法，二是 Excel 回归计算法。

步骤 5：利用回归方程计算最佳施肥量。

计算最佳施肥量时的参考价格：小麦为 2.0 元/kg，玉米为 1.6 元/kg，花生（荚果）为 4.0 元/kg，大蒜（蒜头）为氮 4.0 元/kg、磷（$P_2O_5$）4.5 元/kg、钾（$K_2O$）4.7 元/kg。

## (2) 不同产量水平下的适宜施肥量分析

以平衡施肥（$N_2P_2K_2$）产量为依据，将试验点按高、中、低产量水平分类，剔除明显异常的数据，统计每一产量水平所有试验点最大、最佳施肥量。产量水平划分标准见附表2-3。

**附表2-3 产量水平划分标准**

| 作物 | 每亩产量水平（kg） | | |
| --- | --- | --- | --- |
| | 高 | 中 | 低 |
| 小麦 | ＞450 | 350～450 | ≤350 |
| 玉米 | ＞600 | 400～600 | ≤400 |
| 花生田 | ＞300 | 200～300 | ≤200 |

## (3) 不同土壤养分等级情况下的适宜施肥量分析

将试验点按土壤养分丰缺指标等级分4类，剔除明显异常的数据，统计每一土壤养分等级内所有试验点对应养分的最大、最佳施肥量。

# 二、花生施肥指标体系

2012—2014年在临沂市花生主产区的不同土壤类型上布置了38个田间试验。其中，费县6个，莒南县2个，临沭县9个，蒙阴县5个，沂南县4个，沂水县12个。试验小区面积为20～30 m²，区组随机排列，供试花生为当地主栽品种海花1号、丰花1号、花30等。花生于5月初播种，9月上旬收获。氮肥选用尿素（N46%），磷肥选用过磷酸钙（$P_2O_5$ 12%），钾肥选用氯化钾（$K_2O$ 60%），全部作基肥一次性施于垄中。其他栽培管理措施与当地大田生产一致。

## 1. 花生土壤养分丰缺指标建立

土壤速效氮、磷、钾丰缺指标是测土配方施肥的关键技术参数。根据对数类型建立花生相对产量与对应土壤养分测试值之间的回归曲线，分别得出土壤速效氮、磷、钾与花生相对产量间的回归方程（如附图2-2）。经分析，相关性都达到极显著性水平。有关资料显示，土壤肥力指标划分为3级或4级就已足够。因此，将土壤速效氮、磷、钾含量分为丰富（相对产量＞95％）、较丰富（相对产量90％～95％）、中（相对产量75％～90％）、和低（相对产量＜75％）4个等级，通过附图2-2中的函数方程计算出相应速效氮、磷、钾的丰缺指标（附表2-4）。

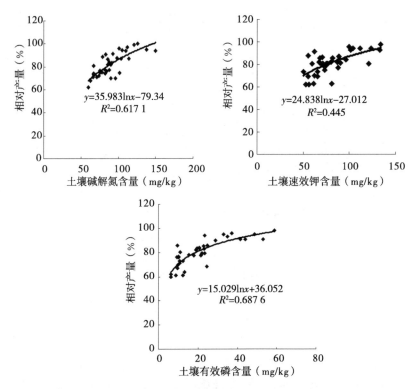

附图 2-2　土壤速效氮、磷、钾含量与相对产量的函数关系图

附表 2-4　花生土壤速效氮、磷、钾丰缺指标

| 养分等级 | 相对产量<br>（％） | 土壤碱解氮<br>（mg/kg） | 土壤有效磷<br>（mg/kg） | 土壤速效钾<br>（mg/kg） |
|---|---|---|---|---|
| 丰富 | ＞95 | ＞127 | ＞51 | ＞136 |
| 较丰富 | 90～95 | 111～127 | 36～51 | 111～136 |

（续）

| 养分等级 | 相对产量（%） | 土壤碱解氮（mg/kg） | 土壤有效磷（mg/kg） | 土壤速效钾（mg/kg） |
|---|---|---|---|---|
| 中 | 75～90 | 73～111 | 13～36 | 60～111 |
| 低 | ≤75 | ≤72 | ≤13 | ≤60 |

## 2. 氮、磷、钾肥推荐指标的确定

氮、磷、钾推荐施肥模型建立采用丰缺指标体系法，丰缺指标体系法是目前国际上普遍采用的推荐施肥方法，也是现阶段农业农村部主要提倡的配方设计方法。此法在建立土壤丰缺指标体系的基础上，根据产量和施肥量的函数关系求出最佳施肥量，建立最佳施肥量与养分测定值的函数关系式（附图 2-3）。

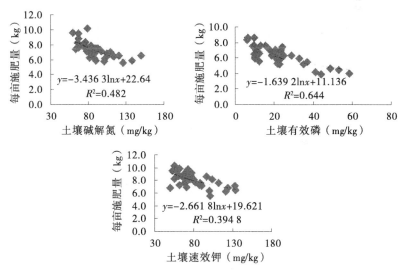

附图 2-3　土壤养分含量与最佳施肥量关系图

将附表 2-4 中的土壤养分丰缺指标代入附图 2-3 的函数式中，求出各级丰缺指标下的经济合理施肥量，结果列于附表 2-5。由表可以看出不同丰缺指标下氮、磷、钾对应的施肥分级：碱解氮土壤测定值为 72～127 mg/kg，对应的每亩最佳施肥量为 5～8.5 kg，有效磷的测定值为 13～51 mg/kg，对应的每亩最佳施肥量为4.0～7.5 kg；速效钾的测定值为 60～136 mg/kg，对应的每亩最佳施肥量为6.0～9.0 kg。

附表 2-5　不同土壤肥力条件下花生氮、磷、钾推荐施肥指标

| 养分等级 | 相对产量（%） | 每亩推荐氮用量（kg） | 每亩推荐磷用量（kg） | 每亩推荐钾用量（kg） |
|---|---|---|---|---|
| 丰富 | ＞95 | 5.0～5.9 | 4.0～4.7 | 6.0～6.6 |
| 较丰富 | 90～95 | 5.9～6.4 | 4.7～5.3 | 6.6～7.1 |
| 中 | 75～90 | 6.4～7.8 | 5.3～6.9 | 7.1～8.7 |
| 低 | ≤75 | 7.8～8.5 | 6.9～7.5 | 8.7～9.0 |

### 3. 结论

**(1) 土壤肥力对花生施肥有较大的影响**

土壤肥力水平与花生产量的贡献率成正比，空白产量与平衡施肥产量间的关系存在显著的线性正相关关系；氮、磷、钾肥的增产效果是 N＞P＞K。

**(2) 确立花生的土壤养分丰缺指标**

以相对产量＜75%、75%～90%、90%～95%、＞95%为标准将土壤养分丰缺指标确定为：土壤碱解氮丰富（＞127 mg/kg）、较丰富（111～127 mg/kg）、中（73～111 mg/kg）、低（≤73 mg/kg）；土壤有效磷丰富（＞51 mg/kg）、较丰富（36～51 mg/kg）、中（13～36 mg/kg）、低（≤13 mg/kg）；土壤速效钾丰富（＞136 mg/kg）、较丰富（111～136 mg/kg）、中（60～111 mg/kg）、低（≤111 mg/kg）。

**(3) 建立花生施肥推荐指标体系**

利用丰缺指标体系法计算出花生氮、磷、钾肥的施肥推荐指标，土壤碱解氮丰富、较丰富、中、低 4 个等级下每亩氮肥推荐量分别为 5.0～5.9 kg、5.9～6.4 kg、6.4～7.8 kg 和 7.8～8.5 kg；土壤有效磷丰富、较丰富、中、低 4 个等级下的每亩磷肥推荐量分别为 4.0～4.7 kg、4.7～5.3 kg、5.3～6.9 kg 和 6.9～7.5 kg；土壤速效钾丰富、较丰富、中、低 4 个等级下的每亩钾肥推荐量分别为 6.0～

6.6 kg、6.6～7.1 kg、7.1～8.7 kg 和 8.7～9.0 kg。

# 三、小麦施肥指标体系

## 1. 丰缺指标建立

利用费县、郯城、临沭、沂水、河东等县区的"3415"试验数据及部分实施试验结果，共获得有效数据 37 个。利用 Excel 图表和添加趋势线功能，对所得数据进行散点图分析，并添加趋势线，得出缺素区小麦相对产量与土壤养分关系回归方程（附图 2-4），从附图 2-4 中可以看出，土壤各养分测定值与相对产量的相关方程的相关系数较高，绝大多数点分布相对集中，趋势明显，能反映出相对产量与土壤有效养分的变化趋势，可建立土壤有效养分丰缺指标。

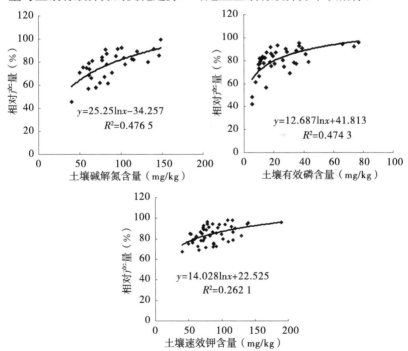

附图 2-4　临沂市小麦相对产量与土壤养分的关系图

利用附图 2-4 中得出的回归方程计算相对产量 75％、90％、95％对应的土壤养分含量，即丰缺指标。具体见附表 2-6。

附表 2-6  临沂市小麦土壤养分丰缺指标

| 养分等级 | 相对产量（％） | 丰缺指标（mg/kg） | | |
|---|---|---|---|---|
| | | 碱解氮 | 有效磷 | 速效钾 |
| 高 | ＞95 | ＞167 | ＞66 | ＞175 |
| 较高 | 90～95 | 137～167 | 45～66 | 123～175 |
| 中 | 75～90 | 75～137 | 14～45 | 42～123 |
| 低 | ≤75 | ≤75 | ≤14 | ≤42 |

### 2. 适宜施肥量

#### （1）不同产量水平下氮、磷、钾施肥量

根据小麦产量水平划分标准，对各试验点进行分类，汇总各类别的试验点的最大施肥量、最佳施肥量，计算其平均值，作为该地区域的推荐施肥量。由于低产田数据较少，没能得出氮肥、磷肥、钾肥的施用量。具体见附表 2-7 和附表 2-8。

附表 2-7  临沂市小麦最大施肥量

| 产量水平 | 每亩最大施肥量（kg） | | | 平衡施肥每亩产量（kg） |
|---|---|---|---|---|
| | N | $P_2O_5$ | $K_2O$ | |
| 高产田 | 14.6 | 8.1 | 9.2 | 495 |
| 中产田 | 13.4 | 7.2 | 7.1 | 409 |

附表 2-8  临沂市小麦最佳施肥量

| 地区 | 每亩最佳施肥量（kg） | | | 平衡施肥每亩产量（kg） |
|---|---|---|---|---|
| | N | $P_2O_5$ | $K_2O$ | |
| 高产田 | 12.4 | 6.5 | 6.8 | 495 |
| 中产田 | 9.6 | 5.9 | 6.4 | 409 |

#### （2）不同土壤供肥条件下的小麦适宜施磷、钾量

根据不同区域的土壤有效磷、速效钾丰缺指标，将试验点数据按照土壤供磷、钾能力划为低等、中等、较高、高 4 类。利用最佳

施肥量与养分测定值建立函数关系式，可求得对应丰缺指标下的推荐施肥量，以此推荐施肥量为基础，综合考虑农民的施肥习惯，结合当地种子、土肥、农技专家的意见提出了不同丰缺指标的推荐施肥体系（附表2-9）。

**附表 2-9　小麦磷、钾推荐施肥量**

| 丰缺指标 | 每亩推荐施磷（$P_2O_5$）量（kg） | 每亩推荐施钾（$K_2O$）量（kg） |
| --- | --- | --- |
| 高 | 6.5 | 4.0 |
| 较高 | 7.0 | 4.5 |
| 中 | 7.5 | 5.5 |
| 低 | 8.0 | 6.5 |

# 四、玉米施肥指标体系

## 1. 丰缺指标

利用 Excel 图表及其添加趋势线功能，对本区域 25 个有效数据进行散点图分析，并添加趋势线，得出本区域缺素区玉米相对产量与土壤养分的回归方程，再利用回归方程计算相对产量 75%、90%、95% 对应的土壤养分含量，即丰缺指标（附表 2-10）。

**附表 2-10　临沂市玉米土壤养分丰缺指标**

| 养分等级 | 相对产量（%） | 丰缺指标（mg/kg） | | |
| --- | --- | --- | --- | --- |
| | | 碱解氮 | 有效磷 | 速效钾 |
| 高 | >95 | >168 | >66 | >170 |
| 较高 | 90~95 | 142~168 | 48~66 | 105~170 |
| 中 | 75~90 | 86~142 | 18~48 | 25~105 |
| 低 | ≤75 | ≤86 | ≤18 | ≤25 |

从附图 2-5 可以看出，土壤各养分测定值与相对产量的相关性较高，数据较为集中，与小麦土壤养分丰缺指标体系相近，这与临沂市较为普遍的小麦、玉米轮作种植模式有关。

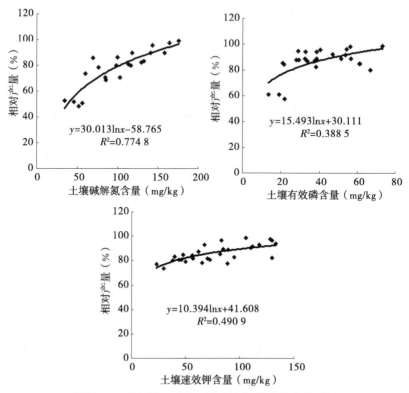

附图 2-5 临沂市玉米相对产量与土壤养分的关系图

### 2. 适宜施肥量

**（1）不同产量水平下氮、磷、钾施肥量**

由于临沂地区中产田、低产田数据较少，无法进行统计，用平均法分别计算出高产田所有试验点最大、最佳施肥量（附表 2-11、附表 2-12）。

附表 2-11　高产田玉米每亩最大施肥量

| 产量水平 | 每亩最大施肥量（kg） | | | 平衡施肥每亩产量（kg） |
| --- | --- | --- | --- | --- |
| | N | $P_2O_5$ | $K_2O$ | |
| 高产田 | 15.9 | 5.1 | 7.9 | 511 |
| 中产田 | — | — | — | — |

**附表 2-12　高产田玉米每亩最佳施肥量**

| 产量水平 | 每亩最佳施肥量（kg） | | | 平衡施肥每亩产量 |
|---|---|---|---|---|
| | N | $P_2O_5$ | $K_2O$ | （kg） |
| 高产田 | 13.3 | 4.2 | 6.6 | 511 |
| 中产田 | — | — | — | — |

### （2）不同土壤供肥条件下的玉米适宜施磷、钾量

根据不同区域的土壤有效磷、速效钾丰缺指标，将试验点数据按照土壤供磷、钾能力划为低等、中等、较高、高4类。利用最佳施肥量与养分测定值建立函数关系式，可求得对应丰缺指标下的推荐施肥量，以此推荐施肥量为基础，综合考虑农民施肥习惯，结合当地种子、土肥、农技专家的意见提出了不同丰缺指标的推荐施肥体系（附表 2-13）。

**附表 2-13　玉米磷、钾推荐施肥量**

| 丰缺指标 | 每亩推荐施磷（$P_2O_5$）量<br>（kg） | 每亩推荐施钾（$K_2O$）量<br>（kg） |
|---|---|---|
| 高 | 3.0 | 4.0 |
| 较高 | 3.5 | 4.5 |
| 中 | 4.0 | 5.0 |
| 低 | 4.5 | 5.5 |

# 五、大蒜施肥指标体系

## 1. 丰缺指标

利用 Excel 图表及其添加趋势线功能，对本区域 26 个有效数据进行散点图分析，并添加趋势线，得出本区域缺素区大蒜相对产量与土壤养分的回归方程，再利用回归方程计算相对产量 75%、90%、95% 对应的土壤养分含量，即丰缺指标（附表 2-14、附图 2-6）。

**附表 2-14 临沂市大蒜土壤养分丰缺指标**

| 养分等级 | 相对产量（%） | 丰缺指标（mg/kg） | | |
| --- | --- | --- | --- | --- |
| | | 土壤碱解氮 | 土壤有效磷 | 土壤速效钾 |
| 极高 | >95 | >234 | >105 | >328 |
| 高 | 90～95 | 200～234 | 84～105 | 257～328 |
| 中 | 75～90 | 125～200 | 43～84 | 124～257 |
| 极低 | ≤75 | ≤125 | ≤43 | ≤124 |

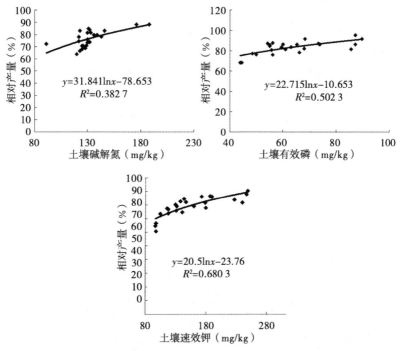

附图 2-6 临沂市大蒜相对产量与土壤养分的关系图

## 2. 推荐施肥

不同土壤供肥条件下的花生适宜施磷、钾量：根据不同区域的土壤有效磷、速效钾丰缺指标，将试验点数据按照土壤供磷、钾能力划为低等、中等、较高、高 4 类。利用最佳施肥量与养分测定值建立函数关系式，可求得对应丰缺指标下的推荐施肥量，以此推荐施肥量为基础，综合考虑农民施肥习惯，结合当地种子、土肥、农技专家的意见提出了不同丰缺指标的推荐施肥体系（附表2-15）。

**附表 2-15　大蒜磷、钾推荐施肥量**

| 丰缺指标 | 每亩推荐施磷（$P_2O_5$）量（kg） | 每亩推荐施钾（$K_2O$）量（kg） |
|---|---|---|
| 高 | 7 | 12 |
| 较高 | 9 | 14 |
| 中 | 11 | 16 |
| 低 | 13 | 17 |

# 附录 3　临沂市主要农作物科学施肥技术规程

## 一、旱地冬小麦科学施肥技术规程

本规程规定了旱地冬小麦科学施肥的要求、技术要点及配套技术。

### 1. 要求

**(1) 品种选择**

选用抗旱、广适、增产潜力大、单株生产力高、扎根深、抗寒性强、株型紧凑的品种。

**(2) 种子处理**

提倡用高效低毒的专用种衣剂进行包衣。没有包衣的种子用药剂拌种，预防根病、茎病及地下害虫等。

**(3) 种植方式及播量**

旱地小麦采用均行精细平播技术，即在没有水浇条件的旱地，不做畦，不留套种行，进行等行距 20～22 cm 平播，以增加穗数，提高产量。旱地适宜播期一般为 9 月 27 日至 10 月 8 日，抢墒播种，每亩播量为 8～10 kg，播深为 3～5 cm，下种均匀，不重播。10 月 8 日之后，每晚播一天每亩播种量增加 0.5 kg，做到播期播量相配合。

### 2. 施肥技术要点

**(1) 增施有机肥**

一般每亩高产田施农家肥 2 000～3 000 kg，每亩中低产田施农家肥 1 500～2 000 kg。有机肥和无机肥配合施用，达到长期培肥地力与短期效益相平衡的效果。

**（2）施肥量的确定**

肥料施用量应因地制宜。施用单质肥料可按照高产田全生育期每亩施氮（N）14～16 kg，磷（$P_2O_5$）6.5～7.5 kg，钾（$K_2O$）10～12 kg，也可施用 20-10-15 三元复合肥 60～70 kg。中产田每亩施氮（N）12～14 kg，磷（$P_2O_5$）6～7 kg，钾（$K_2O$）8～10 kg，也可施用 19-10-13 三元复合肥 50～60 kg。低产田每亩施氮（N）10～12 kg，磷（$P_2O_5$）4～6 kg，钾（$K_2O$）5～8 kg，也可施用 19-10-13 三元复合肥 40～50 kg。在缺锌地区每亩可以基施硫酸锌1～2 kg，缺硼地块每亩可酌情基施硼砂 0.5～0.75 kg。

**（3）施肥方法**

采用集中基施为主的施肥方法。大部分旱地因缺少灌溉条件而影响追肥效果，应集中大部分肥料基施。包括有机肥、大部分氮肥、磷肥、钾肥等在耕地时作基肥一次翻入，施肥深度一般控制在30 cm 左右。追肥要根据苗情进行，旱薄地麦田苗情差，群体生长量不足时，应尽早趁墒追施肥料，于早春土壤返浆期昼融夜冻时借墒每亩追施尿素 10～15 kg；一些土层深厚肥沃的旱肥地或出现脱肥现象时，每亩应根据墒情或随降雨追施尿素 15～20 kg。

**3. 配套技术**

**（1）机械深耕**

把田地深层的土壤翻上来，浅层的土壤覆下去，打破犁底层，耕深以 25～30 cm 为宜，将粉碎的秸秆与耕层土壤充分混匀。深耕或旋耕后及时耙耱镇压，机械耙耱两遍，镇压器镇压 1 遍，除净根茬，粉碎坷垃，达到地面平整、上虚下实。

**（2）播后镇压**

小麦播后镇压是提高小麦苗期抗旱能力和出苗质量、减轻冻害的有效措施。旱地播种时要选用带镇压装置的小麦播种机，在小麦播种时随种随压，也可在小麦播种后用镇压器镇压两遍，努力提高镇压效果。

**（3）秸秆还田**

用配备秸秆粉碎功能的联合收割机能一次完成收获、秸秆粉碎，秸秆切断长度要＜10 cm，粉碎合格率≥90％，覆盖率达到40％左右，抛撒均匀率＞80％。粉碎还田作业一般在玉米收获后立即进行，此时秸秆脆性大，粉碎效果较好。秸秆还田地块在基施时每亩增施氮（N）5～7.5 kg，调节土壤碳氮比，以加速秸秆腐解，防止出现生物夺氮现象。

**（4）"一喷三防"技术**

"一喷三防"是小麦后期防病虫、防早衰、防干热风等灾害的关键措施。在抽穗期至灌浆初期，选用 100～150 g 微量元素叶面肥或磷酸二氢钾和 200～400 g 尿素，兑水 50 kg 配成混合液进行叶面喷洒，最好在晴天 16：00 以后进行，间隔 7～10 d 再喷一次，喷后 24h 内如遇到降雨应补喷一次。

**（5）中耕划锄**

在雨后和早春土地化冻后，耕层墒情较好时及早划锄保墒；秋冬雨雪较少，表土变干而坷垃较多时应进行镇压，或先镇压后划锄。

# 二、玉米应用缓释肥配套栽培技术规程

## 1. 品种选择

玉米选用适合机械化作业、耐密植、抗倒伏、高产潜力大的登海 605、金海 5 号、鲁单 818、伟科 702 等品种；品种质量要求，种子纯度≥98％、发芽率≥95％、净度≥98％、含水量≤13％。

## 2. 药剂拌种

选用高效低毒玉米专用种衣剂包衣的种子；若种子未包衣可进行药剂拌种，晾干后再播种，防治地下害虫及苗期病害。

## 3. 前茬处理

夏玉米机播前首先处理好小麦秸秆，否则影响播种质量。小麦收获使用带秸秆切碎和抛撒功能的联合收割机，要求秸秆切碎长度≤10 cm，切碎合格率≥95％，抛撒不均匀率≤20％，漏切率≤1.5%；根茬高出地面≤15 cm。

## 4. 施肥措施

### (1) 施肥量的确定

①推荐合理施肥量。根据土壤肥力状况，结合夏玉米各生育期需肥特性、目标产量等因素确定氮、磷、钾肥的合理施用量，中、高产田一般每亩推荐施肥量为：氮（N）14～15 kg，磷（$P_2O_5$）3～3.5 kg，钾（$K_2O$）4.5～5.5 kg。

②选用适宜配方肥。夏玉米播种前，根据土壤养分测试结果和作物全生育期生长特点确定适宜的缓释配方肥。在中磷高钾土壤上一般选用43%（27-8-8）、42%（28-6-8）或近似配方，在高磷中钾土壤上选用一般44%（26-6-12）、42%（26-6-10）或近似配方。其中缓释氮肥占50%以上。

③缓释肥质量要求。缓释肥产品所用的缓控释尿素在储存、搬运和施用过程中尽量避免重物挤压。所用肥料养分构成及数量见附表3-1。

附表3-1　夏玉米中高产田每亩养分构成及数量表

| 肥料养分种类 | 缓控释氮（kg） | 速效氮（kg） | $P_2O_5$（kg） | $K_2O$（kg） |
|---|---|---|---|---|
| 养分数量 | 7.5～8.0 | 6.0～7.5 | 3.0～3.5 | 4.5～5.5 |
| 要求 | 控释期（25 ℃测定）为3个月 | 粒状 | 粒状 | 粒状 |

④缓释肥施用量。夏玉米中高产田一般每亩施用42%（28-6-8）或42%（26-6-10）缓释掺混肥料50～60 kg。

### (2) 施肥方法的确定

实施种肥同播。小麦收获秸秆粉碎后，利用多功能高精度玉米播种机，一次性将玉米种子和缓释肥播到地里，实现种肥同播、缓释肥一次性深施。施肥方式为种床侧位深施，玉米行距为60 cm，株距为22～25 cm，每亩下种4 500～5 000粒，播种深度为3～5 cm。种子与肥料的行数比为1∶1，种肥水平距离为10～15 cm，施肥深度≥15 cm。做到种肥隔离，防止烧苗。播种前，根据农艺要求安装调整机械，测定调整好肥料用量和玉米种子播量。准确调整排肥器，排肥器排肥应均匀、稳定，无漏施，施肥断条率≤5％。播种时经常检查播种机、排肥器，以防堵塞漏播、漏施；足墒播种，促苗全苗齐苗壮，若遇土壤墒情不足，可先机械播种再浇蒙头水，以利抢时播种培育壮苗。

播种的同时，采用带有喷药装置的播种机喷洒土壤封闭型除草剂，一次完成；或于苗前土壤墒情适宜时，用40％已阿合剂或48％丁草胺·莠去津或50％乙草胺等除草剂兑水封闭除草。结合除草喷洒杀虫杀卵剂，可用高效氯氰菊酯、吡虫啉杀灭麦茬上的二点委夜蛾、灰飞虱、蓟马麦秆蝇等害虫。

### 5. 田间管理

加强玉米田间水分管理，前期控上促下、促根壮秆，打好丰产基础；中后期促粒多粒大粒饱，实现高产。病虫害综合防治、适期收获等按正常要求进行。

# 三、花生科学施肥技术规程

## 1. 技术规程术语

### （1）肥料

①有机肥料。主要来源于植物和（或）动物，施于土壤以提供植物营养为其主要功能的含碳物料。分商品有机肥和农家有机肥两大类。

②商品有机肥。选用经无害化处理的粪尿肥、堆沤肥、绿肥、饼肥、草木灰、腐殖酸类肥料、秸秆肥等工厂化生产且标明养分含量的商品肥料。

③农家有机肥。选用堆肥、沤肥、厩肥、沼气肥、绿肥、作物秸秆肥、泥肥、饼肥等农家肥料，须充分发酵腐熟完成后，方可施用。

④无机肥料。也叫矿质肥料或化学肥料。主要是无机盐形式的

肥料。所含的氮、磷、钾等营养元素都以无机化合物的形式存在（尿素是有机物，但是它是无机肥料），大多数要经过化学工业生产。

⑤单质肥料。仅具有一种养分标明量的化学肥料（氮肥、磷肥或钾肥）的总称。氮肥如尿素、硫酸铵、碳酸氢铵、石灰氮等；磷肥如过磷酸钙、重过磷酸钙；钾肥如硫酸钾、钾镁肥等；微量元素肥料如硼砂、硼酸、硫酸锰、硫酸亚铁、硫酸锌、硫酸铜、钼酸铵等。

⑥复合（混）肥料。复合化肥即复合肥，是指氮、磷、钾三种养分中，至少有两种养分标明量的仅由化学方法制成的肥料，是复混肥料的一种。复混肥料是由几种单质肥料或单质肥料与化学复合肥料相混而成的肥料的总称。

**（2）丰缺指标**

也叫土壤丰缺指标法，是指通过土壤养分测试结果和田间肥效试验结果，建立不同作物、不同区域的土壤养分丰缺指标，提供肥料配方的一种方法。

**（3）基肥**

是在花生播种前施用的肥料。它主要是供给花生整个生长期所需要的养分，为花生生长发育创造良好的土壤条件，也可改良土壤、培肥地力。

**（4）种肥**

是指与播种同时施下或与种子拌混的肥料。

**（5）追肥**

是指在花生生长中加施的肥料。

**（6）折纯用量**

本标准氮肥、磷肥、钾肥折纯用量，分别是指 N、$P_2O_5$、$K_2O$ 用量。

**2. 花生需肥规律**

**（1）花生全生育期吸收氮、磷、钾的量**

花生全生育期对氮、磷、钾、钙、铁等元素的吸收量均较大。

每生产 100 kg 荚果需氮（N）4.5~6 kg，磷（$P_2O_5$）0.8~1.3 kg，钾（$K_2O$）3~4.5 kg，钙（Ca）1.3~1.9 kg，铁 0.16 kg。花生对微量元素硼、钼、铁较为敏感。

**（2）花生不同生育阶段对氮、磷、钾的吸收规律**

花生对各种物质的吸收随不同生长发育阶段不同而不同，幼苗期对氮、磷、钾的吸收较少，花针期开始显著增加，结果期达到高峰，荚果成熟后，对各种养分的吸收显著减少。

花生对氮、磷的吸收高峰在结荚期，对钾的吸收高峰比氮、磷早，一般在花针期。

**3. 花生施肥原则**

一般情况下化肥绝大多数用作基肥。花生虽然可通过根瘤菌固定大气中的氮素，但对氮肥仍有一定需求。花生增施磷肥可促进根瘤菌共生固氮，起到以磷增氮的作用。钾肥的施用对花生的生长发育和根瘤菌的共生固氮也具有促进作用，所以在中、高产条件下钾肥的施用十分必要。

花生施肥以基肥为主适当追肥，以有机肥为主、化肥为辅。基肥施用优质农家肥或商品有机肥，混加风化好的生石灰，调节 pH 提供钙素养分，以促进荚果饱满，并添加硼、铝、锌、铁等微肥。

**4. 施肥量及施肥方法**

**（1）有机肥**

有机肥料全部用作基肥。一般每亩施农家肥 2 000~3 000 kg 或商品有机肥 150~200 kg。

**（2）无机肥**

春花生生育期长，产量较高，一般荚果产量每亩在 250~350 kg，需要施用氮（N）7~8 kg，磷（$P_2O_5$）5~6 kg，钾（$K_2O$）6~8 kg。夏花生荚果产量每亩为 200~300 kg，需要施用氮（N）5~6 kg，磷（$P_2O_5$）3~4 kg，钾（$K_2O$）4~6 kg，同时混加 50~75 kg 风化好的生石灰（根据土壤酸化程度），调节 pH 提供钙素养分。施肥量根据土壤具体的丰缺指标（附表 3-2）。

### 附表 3-2　花生施肥指标体系

| 每亩花生目标产量（kg） | 每亩推荐施肥量（kg） | | | | | | | | | | | |
|---|---|---|---|---|---|---|---|---|---|---|---|---|
| | 尿素施用量 | | | | 磷酸二铵施用量 | | | | 硫酸钾施用量 | | | |
| | 土壤碱解氮含量（mg/kg） | | | | 土壤有效磷含量（mg/kg） | | | | 土壤速效钾含量（mg/kg） | | | |
| | ≤60 | 60~70 | 70~80 | >80 | ≤10 | 10~20 | 20~30 | >30 | ≤60 | 60~80 | 80~100 | >100 |
| <250 | 2 | 10 | 8 | 6 | 6 | 3 | 不施 | 施 2 | 8 | | 4 | 不施 |
| 350 | 4 | 12 | 10 | 8 | 7 | 6 | 4 | 施 6 | 12 | | 8 | 4 |
| >400 | 8 | 16 | 14 | 2 | 8 | 12 | 6 | 2 0 | 16 | | 10 | 6 |

注：花生在施肥中，亩施纯 N、$P_2O_5$、$K_2O$ 最大量一般分别不超过 20 kg、10 kg、10 kg，最低量分别不低于 6 kg、2 kg、5 kg。

**（3）微肥**

花生上用 0.1%~0.15% 的钼酸铵拌种，拌种时用 10~15 g 兑 40 ℃温水溶解，加水稀释后拌种。硼肥一般用硼砂。硼砂作基肥每亩用 0.5~0.75 kg 与有机肥或干细土 15~20 kg 拌匀条施或穴施。或叶面喷施，一般浓度为 0.1%~0.3% 的硼砂溶液，在花期连喷 2~3 次，每隔 7~10 d。锌肥一般作基肥，每亩用量为 1~1.5 kg。

**5. 施肥时期**

花生在施足基肥的基础上，一般不需要追肥，特别是覆膜的花生不便于追肥。对于露地花生或地力差、基肥不足的地块，可视苗情在苗期或花针期适当追肥。

**（1）苗期追肥**

土壤肥力低、基肥用量不足，幼苗生长不良时，应早追施苗肥、促苗早发。苗期追肥应在始花期前施用，应以氮肥为主，磷、钾肥配合。一般每亩施氮肥 4~5 kg，或施复合肥 10~15 kg，结合中耕培土施入。

**（2）花针期追肥**

花生始花后，植株生长旺盛，有效花大量开放，大批果针陆续入土，对养分的需求量急剧增加，如果基肥、苗肥不足，则应根据花生长势长相，及时追肥。但此时花生根瘤菌固氮能力较强，固氮量基本可满足自身需要，而对磷、钙、钾肥需求迫切，因此氮肥用量不宜过高，以追磷、钾、钙肥为主，以免引起徒长。一般亩施过磷酸钙 20 kg，以改善花生磷、钙营养，促进荚果充实饱满，提高产量。

**(3) 叶面喷肥**

花生叶面喷肥（也称根外追肥），具有吸收利用率高、省肥、增产效果显著的特点。特别是花生生长发育后期，根系衰老，叶面喷肥效果更为明显。叶面喷施氮肥，花生的吸收利用率达到50％以上；叶面喷施磷肥，可以很快运转到荚果，促进荚果充实饱满。

# 四、大蒜科学施肥技术规程

## 1. 技术原理

### (1) 大蒜需肥规律

大蒜是需肥较多而且较耐肥的蔬菜之一。大蒜不同生育时期对营养元素的吸收是随植株生长量的增加而增加的。

大蒜从播种到初生叶伸出地面为发芽期，此期的特点是根系以纵向生长为主，生长点陆续分化新叶，根系的主要作用是吸收水分。由于生长量小，生长期短，消耗的营养也少，所需的各种营养由种蒜提供。

从初生叶展开到鳞芽及花芽开始分化，为幼苗期。此期不断分化新叶，为鳞芽、花芽分化打基础。从发芽到幼苗生长，依靠种蒜供给养分，随着幼苗的生长，种蒜储藏的营养逐渐消耗，当养分被吸收利用后，蒜母就开始干缩，生产上称为"退母"。退母期一般在幼苗期结束前后，此期大蒜的生长完全靠土壤营养供应，吸肥量明显增加，如土壤养分不足，植株易出现营养青黄不接而叶片干尖的情况。

大蒜幼苗期结束后，进入了鳞芽、花芽分化期。此期新叶停止分化，以叶部生长为主，植株的生长点形成花原基，同时在内层叶腋处形成鳞芽，根系生长增强，营养物质积累增多，为蒜头和蒜薹的生长打下基础，加速对土壤养分的吸收利用，是大蒜生长发育的关键时期。

从花芽分化结束到蒜薹采收，营养生长和生殖生长并进，生长量最大。在蒜薹迅速伸长的同时，鳞茎也逐渐形成和膨大，此期根系生长和吸肥能力达到高峰，是需肥量最大和施肥的关键时期。蒜薹收获后，为鳞茎膨大盛期，根系开始衰老，吸收的养分及叶片和鞘中的储藏养分大量向鳞茎输送，鳞茎加速膨大和充实。此时由于叶片和根逐渐衰老，吸肥量不大，鳞茎膨大所需要的养分，大多数来自自身营养的再分配。

**(2) 大蒜的吸肥比例**

大蒜对各种营养元素的吸收量以氮最多，钾、钙、磷、镁次之。把氮的吸收量作为 1 时，则各种元素的吸收比例为氮：磷：钾：钙：镁＝1：（0.25～0.35）：（0.85～0.95）：（0.5～0.75）：0.06，每生产 1 000 kg 大蒜需吸收氮 8.4～10.2 kg，磷 1.2～1.5 kg，钾 4.4～5.3 kg，钙 0.7～1.3 kg。

**(3) 大蒜不同生长时期的需肥规律**

大蒜在鳞芽和花芽分化后是大蒜一生中三要素吸收量的高峰期；抽薹前是微量元素铁、锰、镁的吸收高峰期；采薹后三要素及硼的吸收再次达到小高峰，锌的吸收达到高峰。在三要素肥料中，缺氮对产量的影响最大，缺磷次之，缺钾影响最小，三要素同时缺乏时，对大蒜产量的影响则更大。

**(4) 大蒜的吸氮规律**

大蒜出苗后开始吸收氮素营养，而且在以后的每个生长发育阶段，吸收量都在迅速增加，尤其是在提薹后的鳞茎膨大期对氮的吸收量最高。试验结果表明大蒜苗期氮的吸收量约为 5.8 kg，占总吸收量的30%左右；蒜薹伸长期的吸收量约为 7.4 kg，约占总吸收量的38%；蒜头膨大期的吸收量约为 6.0 kg，约占总吸收量的30.7%。在大蒜的生长发育过程中，氮肥供给充足，植株生长速度加快，营养体大，叶片浓绿而厚实；氮素不足，植株生长缓慢，瘦弱，叶小而黄。苗期缺氮，生长缓慢，叶片狭长，叶色淡绿；中后期缺氮，除全株退绿外，特别明显的特征是下部易出现黄叶，严重时叶片容易干枯。

**(5) 大蒜的吸磷规律**

磷素对促进大蒜根系的生长发育，蒜薹和蒜瓣的分化、生长等都是不可缺少的。每亩大蒜苗期对磷的吸收量为 0.855 kg，占总吸收量的 17%；蒜薹伸长期的磷吸收量最高，每亩吸收量为 3.095 kg，约占总吸收量的 62%；提薹后进入蒜头膨大期吸收量减少，每亩吸收量为 1.1 kg，占总吸收量的 21%。

**(6) 大蒜的吸钾规律**

钾素是大蒜吸收的主要营养元素之一，它和氮素一样，在大蒜整个生长发育过程中被吸收的量多，在植株体内的含量也高，对大蒜的生长发育起着重要的作用，尤其是对蒜体内糖的含量和大蒜的品质有着直接的影响。所以在生产中应十分重视钾肥的施用，保证大蒜对钾素的需要。大蒜对钾素的吸收量比较高，苗期每亩的吸收量为 4.883 kg，约占总吸收量的 21.2%；蒜薹伸长期每亩的吸收量为 12.25 kg，约占总吸收量的 53.2%；蒜头膨大期的吸收量减少，每亩吸收量为 5.889 kg，约占总吸收量的 25.6%。

**2. 技术措施**

**(1) 品种选择**

大蒜尽量选用早熟、品质优良、抗逆性好、商品率高、适合本地消费的品种，如杂交白皮蒜。

**(2) 播种**

①种子处理。播种前，去除病虫害侵染的蒜瓣，按大、小分开，分级播种。生产上为打破休眠，促进发芽，可在播种前剥去蒜皮或在播种前把蒜瓣在水中浸泡 1~2 d，或用 50% 多菌灵 500 倍液浸种 10~12 h，捞出晾干播种。

②播种时间。为兼顾蒜棉（辣椒）双丰收，大蒜适宜播期在10月上中旬，一般以 10 月 5~15 日（寒露节气前后）为宜。

③种植密度。以收获蒜头为主的大蒜每亩播种 2.6 万～3.0 万株。

④播种方法。播种宜采用南北行种植，并将蒜瓣背连线与行平行；播种时按照适宜行距开 3 cm 左右的浅沟，然后按照适宜株距（9 cm 左右）在浅沟中按蒜瓣，大蒜播种不宜过深，5～6 cm 为宜，并且应做到深浅一致。播种后平沟覆土 1.5～2 cm，播后如无雨需浇透水。

⑤覆膜方法。只要大蒜播种后不降大雨，应及时浇好蒙头水并及早盖膜，一般沙壤地第二天即可盖膜，重黏壤地要隔 2～3 d。地膜顺畦铺开，两边扯紧，使地膜紧靠地面，将地膜两边压进湿土中，压紧、压实。

**(3) 肥料运筹**

①基肥。采用有机肥和化肥相结合的原则，亩施农家肥 1 500～3 000 kg 或商品有机肥 100～200 kg、硫酸钾新型包膜缓控释配方肥（18-12-18）120 kg。连续种植大蒜 5 年以上的地块施用抗重茬农用微生物菌剂 3～5 kg。

②追肥。3 月上中旬每亩用点肥机隔行隔棵点施硝基复混肥（20-10-15）30 kg；4 月下旬结合浇水亩施硫铵 15～20 kg、磷酸二氢钾 3～5 kg；叶面施肥。配方一：尿素＋微量元素＋云大 120；配方二：尿素＋磷酸二氢钾＋云大 120。配方一、二各喷 2 次，微量元素肥料与磷酸二氢钾不得混用。

# 五、桃树科学施肥技术规程

## 1. 品种选择

遵循适地适树的原则，注意早、中、晚熟品种搭配，同一果园内的品种不宜过多，一般以 3～4 个为宜，最好选择有花粉不需要人工授粉的品种。生产上可选择锦春、锦香、锦园、锦花、锦绣、黄金蜜 4 号、金黄金、霞脆、沂蒙霜红、中桃红玉、中蟠 11、中蟠 17、中蟠 15、中蟠 19、瑞蟠 21、中油蟠 5、中油蟠 9、中油蟠

7、瑞油蟠 2、金霞油蟠、中油桃 8 号、黄中皇、黄金冠、黄金实、黄金魁等。

## 2. 苗木、砧木选择

砧木以山桃、毛桃为宜。建园苗木最好采用二年生苗，苗木品种与砧木纯度不小于 95%，侧根数量不少于 5 条，侧根粗度不小于 0.5 cm，长度不少于 20 cm，苗木粗度不小于 1.0 cm，高度不小于 100 cm，茎倾斜度不小于 15°，整形带内饱满叶芽数不少于 6 个，接芽饱满、未萌发、无根癌病和根结线虫病、无介壳虫。定植前要修剪断折劈裂根，用 30 倍 "K-84" 放线菌蘸根，防止桃树根癌病的发生。

## 3. 栽植

### (1) 密度

宜采用宽行密植的栽培方式，一般株行距为（1.5～3）m×（4～6）m，提倡高密度建园。

### (2) 授粉树的配置

主栽品种与授粉品种的比例一般在（5～8）：1；当主栽品种的花粉不稔时，主栽品种与授粉品种的比例提高至（2～4）：1。

### (3) 栽植时

以春季发芽前较为适宜，也可在秋末冬初落叶后定植，但要采取适当的防冻保护措施。

### (4) 栽植方法

定植前深翻改土，按株行距沿行向挖定植沟，深宽 80 cm×100 cm。提倡推广基肥一次性施用技术，每亩施用 20～30 m³ 腐熟的农家肥，施用时与土壤 1：（1～2）混合均匀后施入，起高 30～40 cm、宽 100～120 cm 的垄。在垄畦中间挖定植穴，深 40～45 cm，宽 50～60 cm。栽苗时要将根系展开，深度以根颈部与地面相平为宜。栽后需立即灌水，水渗下后覆土盖膜。

## 4. 整地管理

### (1) 覆盖

覆盖可用麦秸、麦糠、玉米秸、干草等生物材料。把覆盖物覆盖在树冠下，厚度为 10～15 cm，上面压少量土。连覆 3～4 年后浅翻一次，浅翻结合秋施基肥进行。可以选择用园艺地布覆盖。

**（2）行间生草**

提倡桃园实行生草制，以豆科、禾本科植物为宜，适时刈割翻埋于土壤或覆盖于树盘，推荐种植鼠茅草、紫花苜蓿、长毛野豌豆或黑麦草等，不宜选用种植三叶草等生长量小的草种。

### 5. 施肥

**（1）施肥原则**

提倡测土配方施肥，大力推广应用堆肥、沤肥、厩肥、饼肥等农家肥和有机肥料、微生物肥料、水溶性肥料、复混肥料（硫基），禁止使用未经无害化处理的城市垃圾或含有重金属、橡胶等有害物质的垃圾。优先使用腐熟的优质农家肥和商品有机肥料，减少化肥施用。有机肥、微生物肥、化肥相配合，保持或增加土壤肥力和生物活性。

**（2）施肥量的确定**

合理增加有机肥施用量，依据土壤肥力和早、中、晚熟品种及产量水平，合理调控氮、磷、钾肥施用量，早熟品种需肥量比晚熟品种一般少 15%～30%；同时，注意钙、镁、硼、锌、铁的配合施用。不同产量水平的桃树推荐施肥量如附表 3-3 所示。

**附表 3-3　不同产量水平下桃树推荐施肥量**

| 产量水平 | 推荐施肥 | | | |
| --- | --- | --- | --- | --- |
| | 有机肥<br>（kg） | 氮肥（N）<br>（kg） | 磷肥（$P_2O_5$）<br>（kg） | 钾肥（$K_2O$）<br>（kg） |
| 每亩 1 500～2 000 kg | 1 000～3 000 | 12～15 | 5～8 | 15～18 |
| 每亩 2 000～3 000 kg | 1 500～3 000 | 15～18 | 7～9 | 18～20 |
| 每亩≥3 000 kg | ≥3 500 | 18～20 | 8～10 | 20～22 |

**（3）基肥**

提倡果实采收后施基肥，以桃果采摘后一个月后或在 9 月中旬至 10 月中旬施秋季基肥为宜，以农家肥为主，每亩施 3 000～5 000kg，30%～40% 的氮、50% 的磷肥、30% 的钾肥一同与有机肥混施，施肥方法为挖放射状沟、环状沟或平行沟，沟深 30～45 cm，施肥部位在树冠投影范围内，以达到主要根系分布层为宜，杜绝地面撒施。实行一次性施肥的可每隔 3～5 年施一次有机肥。

**(4) 追肥**

幼龄树和结果树的果实发育前期，追肥以氮、磷肥为主；果实发育后期以磷、钾肥为主。萌芽前追肥以氮肥为主，后两次追肥以磷、钾肥为主。60%～70% 的氮肥和 50% 的磷肥、70% 的钾肥分别在春季桃树萌芽期、硬核期和果实膨大期分次追施（早熟品种 1～2 次、中晚熟品种 2～4 次），钾肥主要在果实膨大期前施入。

**(5) 叶面喷肥**

全年 4～5 次，一般生长前期 2 次，以氮肥为主；后期 2～3 次，以磷、钾肥为主，可补喷果树生长发育所需的微量元素。常用肥料浓度：尿素为 0.2%～0.4%，磷酸二铵为 0.5%～1.0%，磷酸二氢钾为 0.3%～0.5%，过磷酸钙为 0.5%～1.0%，硫酸钾为 0.3%～0.4%，硫酸亚铁为 0.2%，硼酸为 0.1%，硫酸锌为 0.1%，草木灰浸出液 10%～20% 以及中、微量元素水溶肥、含氨基酸水溶肥、含腐殖酸水溶肥、有机水溶肥等。最后一次叶面喷肥应在距果实采收期 20 d 以前喷施。

**6. 桃树推荐施肥方案**

**(1) 鲁南地区露天早熟桃树品种推荐施肥方案**

鲁南地区早熟品种，如春雪、突围、曙光、中油 4 号、早凤王、沙子早生等，收获时间在 6 月上旬至 7 月中旬，每亩目标产量为 2 500～4 000 kg。在常规施用腐熟有机肥的基础上，采用如下方案（附表 3-4）。秋季未施用基肥或者只用有机肥的用户建议在春季萌芽肥时，搭配农用微生物菌剂与硅钙钾镁肥一同施入，施用量与方法同秋施基肥。

**附表 3-4　鲁南地区露天早熟桃树品种推荐施肥方案**

| 施肥时期 | 肥料品类 | 施肥量及方式 |
|---|---|---|
| 基肥<br>9～10 月 | 45％（15-15-15）<br>硫酸钾型复混肥 | 1.5～2 kg/株，每亩穴施<br>或沟施 100 kg，覆土 |
| | 硅钙钾镁肥 | 1～1.5 kg/株，每亩穴施<br>或沟施 75 kg，覆土 |
| | 生物有机肥 | 25 kg/株，与其他肥料混<br>匀施用，每亩穴施1 500 kg，<br>覆土 |
| 追肥 | 萌芽促花肥<br>3 月下旬 | 40％（21-6-13）硝硫基<br>水溶肥＋微量元素 | 每亩施 15～20 kg，水肥一<br>体化施用，或者冲施 |
| | 5 月初硬核、<br>膨果肥 | 50％（15-10-25）硝硫水<br>溶肥＋微量元素 | 每亩施 25 kg，水肥一体化<br>施用，或者冲施 |
| | 5～6 月<br>月子肥 | 50％（20-10-20）硫基水<br>溶肥＋微量元素 | 每亩施 15～20 kg，水肥一<br>体化施用，或者冲施 |
| | 9 月上旬，<br>储存营养肥 | 50％（20-10-20）硫基<br>水溶肥＋微量元素 | 每亩施 15～20 kg，水肥一<br>体化施用，或者冲施 |

## （2）鲁南地区露天中熟桃树品种推荐施肥方案

鲁南地区中熟品种，如朝晖、仓方早生、白凤，大久保、金童 5 号等，收获时间在 7 月中旬至 8 月下旬，每亩目标产量为 2 500～4 000 kg，在常规施用腐熟有机肥基础上，采用如下方案（附表 3-5）。

**附表 3-5　鲁南地区中熟桃树品种推荐施肥方案**

| 施肥时期 | 肥料品类 | 施肥量及方式 |
|---|---|---|
| 基肥 9～10 月 | 45％（15-10-20）硫酸钾型<br>复混肥 | 1.5 kg/株，每亩穴施或沟<br>施 100 kg，覆土 |
| | 硅钙钾镁肥 | 1～1.5 kg/株，每亩穴施或<br>沟施 75 kg，覆土 |
| | 生物有机肥 | 25 kg/株，每亩穴施1 500 kg，<br>与其他肥料混匀施用，覆土 |

（续）

| 施肥时期 | 肥料品类 | 施肥量及方式 |
|---|---|---|
| 追肥 | 萌芽促花肥 3月下旬 50％（25-10-15）硝硫基水溶肥＋微量元素 | 每亩施15～20 kg，水肥一体化施用，或者冲施 |
| | 5月初硬核、膨果肥 50％（15-10-25）硝硫基水溶肥＋微量元素 | 每亩施20 kg，水肥一体化施用，或者冲施 |
| | 膨果品质肥，6～7月（采收前1个月）50％（15-5-30）硫基水溶肥＋微量元素 | 每亩施20 kg，水肥一体化施用，或者冲施 |
| | 9月上中旬，储存营养肥 50％（20-10-20）硫基水溶肥＋微量元素 | 每亩施15～20 kg，水肥一体化施用，或者冲施 |

### （3）鲁南地区露天晚熟桃树品种推荐施肥方案

鲁南地区晚熟品种，如映霜红、燕红、21世纪、肥城佛桃、晚蜜、中华寿桃等，收获时间在9月上旬至10月下旬，每亩目标产量为3 500～5 000 kg。晚熟品种较早熟品种在施肥量上，增加20％～30％，由于果实发育期长，重点在硬核期和膨大期相应增加施肥量。秋季未施用基肥或者只用有机肥的用户建议在春季萌芽肥时，搭配菌剂与硅钙钾镁肥一同施入，施用量与方法同秋施基肥，施肥方案详见附表3-6。

**附表3-6　鲁南地区晚熟品种桃树推荐施肥方案**

| 施肥时期 | 肥料品类 | 施肥量及方式 |
|---|---|---|
| 基肥9～10月 | 45％（15-12-18）硫酸钾型复混肥 | 1.5～2 kg/株，每亩穴施或沟施100 kg，覆土 |
| | 硅钙钾镁肥 | 1～1.5 kg/株，每亩穴施或沟施75 kg，覆土 |
| | 生物有机肥 | 25 kg/株，每亩1 500 kg，与其他肥料混匀施用，覆土 |

（续）

| 施肥时期 | 肥料品类 | 施肥量及方式 |
|---|---|---|
| **追肥** 萌芽促花肥 3月下旬 | 50％（25-10-15）硝硫基水溶肥＋微量元素 | 每亩施 15～20 kg，水肥一体化施用，或者冲施 |
| 5月初硬核、膨果肥 | 50％（15-10-25）硝硫基水溶肥＋微量元素 | 每亩施 20 kg，水肥一体化施用，或者冲施 |
| 膨果肥，6～7月 | 50％（15-10-25）硫基水溶肥＋微量元素 | 每亩施 20 kg，水肥一体化施用，或者冲施 |
| 9月上中旬，储存营养与膨果品质肥 | 10月采收：40％（16-6-28）硫基水溶肥＋微量元素；9月初采收：50％（20-10-20）硫基水溶肥＋微量元素 | 每亩施 20 kg，水肥一体化施用，或者冲施 |

## 7. 日常管理

桃树的灌溉、排水、整形修剪、疏花疏果、套袋、病虫害防治、收获等管理措施按照正常要求进行。

**图书在版编目（CIP）数据**

临沂耕地/丁文峰等主编．—北京：中国农业出版社，2021.7
ISBN 978-7-109-28150-9

Ⅰ．①临⋯　Ⅱ．①丁⋯　Ⅲ．①耕作土壤－土壤肥力－土壤调查－临沂②耕作土壤－土壤评价－临沂　Ⅳ．①S159.252.4②S158.2

中国版本图书馆 CIP 数据核字（2021）第 068609 号

中国农业出版社出版
地址：北京市朝阳区麦子店街 18 号楼
邮编：100125
责任编辑：国　圆　郭晨茜　　文字编辑：郝小青
版式设计：王　晨　　责任校对：刘丽香
印刷：化学工业出版社印刷厂
版次：2021 年 7 月第 1 版
印次：2021 年 7 月北京第 1 次印刷
发行：新华书店北京发行所
开本：880mm×1230mm　1/32
印张：8.75
字数：250 千字
定价：69.00 元